土壤调查实验室分析方法

SOIL SURVEY LABORATORY METHODS

张甘霖　龚子同　主编

科 学 出 版 社

北　京

内 容 简 介

本书是一本服务于土壤调查的实验室分析方法工具书。全书共分15章,包括土壤样品的采集和制备、土壤物理性质分析、有机物质的分析、全量组成和各种化学性质的测定,以及强酸消化元素、土壤氧化物、原生和黏土矿物鉴定、土壤微形态薄片制备和鉴定等多用于土壤发生和分类研究的方法。此外,还对野外土壤鉴定和原位测定所常用的田间速测方法进行了介绍。

本书侧重于相对稳定的基本土壤性质测定方法,主要适用于土壤学教学和土壤调查、分类、制图、评价等基础和应用研究,也适用于土壤环境和生态等学科的需求。

本书在采用成熟的土壤常量元素经典分析方法的基础上,增加了一些快速和稳定的仪器分析方法,并对每种分析方法进行了精度评价。

图书在版编目(CIP)数据

土壤调查实验室分析方法/张甘霖,龚子同主编.—北京:科学出版社, 2012

ISBN 978-7-03-032979-0

Ⅰ.①土… Ⅱ.①张…②龚… Ⅲ.①土壤调查-分析方法 Ⅳ.①S159-3

中国版本图书馆CIP数据核字(2011)第253696号

责任编辑:胡 凯 周 丹 刘燕春/责任校对:钟 洋

责任印制:张 伟/封面设计:王 浩

科学出版社出版

北京东黄城根北街16号

邮政编码:100717

http://www.sciencep.com

北京凌奇印刷有限责任公司印刷

科学出版社发行 各地新华书店经销

*

2012年1月第 一 版 开本:B5(720×1000)

2025年4月第八次印刷 印张:16 1/2

字数:312 000

定价:69.00元

(如有印装质量问题,我社负责调换)

《土壤调查实验室分析方法》编委会

主　编　张甘霖　龚子同

副主编　杨金玲　陈志诚

编　委（按姓氏笔画为序）

王伏雄　过兴度　李德成　杨德涌
张　民　张连弟　罗家贤　郑莲芬
赵文君　赵玉国　教剑英　黄　钺
曹升赓　蒋梅茵

前　　言

要获得土壤资源信息，可靠的野外调查和正确的实验室分析是重要的前提。土壤工作者对实验室分析方法的研究和应用是非常关注的，因为只有在相对标准化的方法和程序基础上，获得的数据才有可比性，相关的土壤解译才有意义，无论这些解译是为了土壤类型的最后判定，还是肥力评价或者其他管理措施。国际上，像美国农部土壤调查中心编辑出版的《Soil Survey Laboratory Methods Manual》享有较高的声誉，应用非常广泛；在国内，早期的《土壤理化分析》和新近出版的《土壤农业化学分析》等都是土壤分析实验室不可或缺的工具书。但是，服务于土壤分类和土壤鉴定目的的专门土壤分析方法在国内尚不多见，常规的土壤理化分析方法通常都偏重于不同的应用侧面，对辨识土壤本身所需用的分析方法则较缺乏介绍。

现代土壤分类，包括中国土壤系统分类，都是以诊断层和诊断特性为基础的定量的土壤分类。《中国土壤系统分类》的出版标志着我国土壤分类向标准化方向发展迈出了重要一步。诊断层和诊断特性是以大量物理、化学数据和其他实验室分析、鉴定结果为依据的，基于中国土壤系统分类的基层分类研究，包括土族和土系的建立，同样涉及定量分类指标的应用。但到目前为止，现有的方法并不完全统一，分析鉴定项目也并不能完全满足土壤分类的需要，这样所得结果就难以比较，也难以应用于诊断层和诊断特性之中。在土壤调查、土壤分类和制图过程中，应用规范的实验室分析方法无疑是获得正确结果的前提。因此，统一的实验室分析方法是必不可少的。

本书中分析项目的确定是以用于鉴别土壤类型的诊断层和诊断特性需要为根据，兼顾在野外可以快速实施的田间测定。在选择具体测定方法时，尽量采用国内已经普遍使用的方法，同一分析项目列了几种测定方法，可以根据土壤性质及实验室设备条件分别选用。同时，为了便于我国土壤系统分类的国际交流，采用了与国际上土壤分类相应可以对比的测定方法，例如，颗粒组成测定中粒级划分、有效阳离子交换量、铝饱和度、水溶盐总量(电导法)、碱化度、焦磷酸钠浸提性铁、铝、碳的测定等。另外，还介绍了一些必要的新项目及其测定方法，例如，细黏粒、水可分散黏粒、水分吸持差、线性膨胀系数、强酸消化元素组成、纤维物质、焦磷酸盐浸提液颜色等的测定等，以及应用激光粒度仪测定土壤颗粒组成的方法，以供试用。

本书共 15 章，主要包括土壤的物理性质、化学性质和矿物鉴定等，特别是针对一些能够反映土壤发生和发育特点的相对稳定的基本性质测定方法进行了比较系统的介绍，如土壤三酸消化组成和土壤矿物。主要适用于土壤学教学和土壤调查、土壤评价等基础和应用研究，也可适用于土壤环境和生态等学科的需求。本书在采用成熟的土壤常量元素经典分析的基础上，适当增加了一些快速和稳定的仪器分析方法，并对每种分析方法进行了精度评价。

本书初稿的形成在中国土壤系统分类高级单元研究阶段，已经有较长的时间了。初稿第一章由陈志诚、王伏雄、宋瑞玲编写，第二章由王伏雄、宋瑞玲、杨艳生、陈志诚、张民编写，第三章由黄钺、张连弟编写，第四章由教剑英、过兴度、陈志诚、赵文君编写，第五章由教剑英编写，第六章由陈志诚、教剑英编写，第七章由黄钺、过兴度编写，第八章由张连弟、郑莲芬编写，第九章由郑莲芬编写，第十章由过兴度、黄钺编写，第十一章由赵文君编写，第十二章由过兴度编写，第十三章由过兴度编写，第十四章由罗家贤、杨德涌、蒋梅茵编写，第十五章由曹升赓编写。初稿完成后在国内不同实验室已经有不少应用，这次重新对方法进行修订和校对，由张甘霖、黄钺、杨金玲补充了一些新的测定方法，使整个方法体系更为完整。在编辑过程中，杨金玲、黄钺、张连弟等对全书进行了校阅。在此对他们付出的辛勤劳动表示感谢！希望使用者在应用过程中对可能存在的错误和疏漏提出批评指正，以便今后进一步加以补充、修改和完善。

本书的出版得到科技部“我国土系调查与《中国土系志》编制”（2008FY110600）基础性工作专项的资助。

张甘霖　龚子同

2011年10月

目　录

第一章　土壤样品的采集和制备

正确的采集和制备土壤样品对于实验室分析结果能否确切地反映野外土壤实际情况具有重要意义。

1.1　土壤样品的采集

1.1.1　位置选择

采样位置应远离道路、围墙、老的村庄及其他可能造成土壤特性错乱的场地。

若采集单个土体的重复样品，两个重复样点位置应根据不同制图比例尺的要求相隔一定距离，且不在土壤图上的同一个图斑范围内。若按横切断面采样，则必须注意使所要测验的变量在考虑其他变量之后能得到充分评定，所采集的各单个土体应具有可比性。为了扩充以某一中心位置为重点研究所取得的数据，可以采集卫星式单个土体，这些单个土体相互间距依赖于所进行测验的性质不同可能为几米或几千米。

1.1.2　单个土体样品采集

挖剖面分层取样，一般剖面宽 1m，长 2m，深度应为 1.2～20m。若母质层出现在离土表 1.2m 深之内，则应挖至母质层；若石质接触面或准石质接触面出现在离地表 1.2m 深以内，就挖至石质接触面或准石质接触面。若需要评定和描述大于剖面的单个土体，则用打钻或挖对照剖面加以补充。侧向均一的单个土体，每层采集样品宽度应为 30～50cm。每个样品应代表每个土层的全部横断面的土壤，每层取土 2～3kg，装入塑料袋或布口袋中，填写 2 张标签，注明单个土体编号、地点、土壤名称、层次、深度、日期及采集人，1 张放入土样袋中，另 1 张结在袋口，扎紧袋口以防土样泄漏。供测定容重和水分吸持的土块应该采自每个土层的中心位置，供制备薄片的土块则应从形态特征表现明显的部位采样。土块先放入塑料袋内，然后再装在坚固纸盒中，以便运输。若某单个土体的发生土层沿侧面方向呈现不连续，或其厚度或某些形态特征表现程度有显著变化，则应从该单个土体的不同部分（或土壤剖面上不同部位）分别采样。从土坑底部开始，向上逐层采样，以减少污染。

若有＞20mm 的岩屑存在，需按 1.1.3 所述的方法采样。对于差别明显的土壤物质，应估计各个组成分所占的比例，并记载入单个土体的描述中。若有必要，可分别采取各个组成分的样品。若形态上可识别的发生土层厚度在单个土体上部＞30cm或在单个土体下部＞60cm，则应细分亚层采样，并考虑土壤分类系统的需要划定亚层界限。

1.1.3 具有岩屑的土壤样品采集

"岩屑"是指土壤中粒径为2mm或更大，但其水平阔度小于单个土体大小的部分。"岩屑"与"粗碎块"的含义并不相同，粗碎块是指土壤中粒径为2～250mm的部分，它不包括＞250mm的石块和巨砾。

对于具有岩屑的土壤需按下列2种方法中的任意一种进行估测采样。

(1) 体积估测

目测估计＞250mm，75～250mm及20～75mm的岩屑各占土壤总体积的比例($mL \cdot L^{-1}$)，并记载入单个土体描述中，然后采取＜20mm部分的样品2～3kg，并装入密封闭气的塑料袋中，以便测定田间水分含量，计算各级粗碎块的体积含量。

(2) 质量估测

目测估计并记载＞75mm部分占土壤总体积的比例($mL \cdot L^{-1}$)。先取＜75mm部分的样品15～20kg，称重，过筛，分出其中20～75mm部分并称其质量，记载20～75mm和＜75mm部分的质量，再从＜20mm部分中采取2～3kg样品，装入密封闭气的塑料袋中，以便测定田间水分含量，计算各级粗碎块的质量含量。

1.1.4 沼泽土样品采集

若土壤已被排干或自然水位在地表以下，则上部土层的样品可以通过挖剖面采取。在水位下面的原状土样用泥炭钻采取。若原状土块可以完全无损地取出，则可用锋利的小刀切削，采取测定容重的样品，或切削至恰好与装样铁皮盒或铝盒一样大小，然后装入盒中。

水位下面各土层的大量样品则以竖杆用的掘洞器采取。先去除地面铺垫物，后用竖杆掘洞器采取下部土层样品。把各层土样排在塑料布上，经验对后，立即装入塑料袋，以手搓揉样袋驱出空气，扎紧袋口，再套上另一个塑料袋，扎紧袋口，结上标签。软烂的原状土样可用泥炭钻采取。

1.2 土壤样品的制备

土壤机械组成包括岩屑和细土两大部分，其详细划分如表1.1所示，通常按不同需要取其中某一部分或全部进行样品制备。

表 1.1　土壤机械组成

名称			粒径/mm
岩屑部分	石块、巨砾		>250
	粗碎块（石砾）	大	75～250
		中	20～75
		小	5～20
		极小	2～5
细土部分	砂粒	极粗	1～2
		粗	0.5～1
		中	0.25～0.5
		细	0.1～0.25
		极细	0.05～0.1
	粉粒		0.002～0.05
	黏粒	粗	0.0002～0.002
		细	<0.0002

1.2.1　细土(<2mm)样品

野外采回的土壤样品应及时摊放在托盘或干净纸张上，挑去植物根茎残体及砖瓦片等侵入体，进行风干，适宜温度为30～35℃，不得置于阳光下直接曝晒。把风干的土样放在木板或塑料板上用圆木棍碾碎，然后通过10号筛(2mm)，反复进行，使土块全部碾碎过筛。若在土样中有铁锰结核、石灰结核、铁子或半风化体则不能用木棍碾碎，应细心拣出称重，保存备用。对于具有岩屑的土壤样品应在风干前把野外采回的湿润土样称重，并按2.4所述的方法分离出粗碎块，测定计算其含量，并保存备用。

经风干过筛的细土(<2mm)样品充分混匀后盛于广口瓶内。再根据化学分析项目的不同要求，按四分法取一部分已通过10号筛的土样进一步研磨，使其全都通过60号筛(0.25mm)为止，并从通过60号筛的土样中取一部分继续研磨，使其全部通过100号筛(0.149mm)为止。研磨过筛后的样品混匀后，即可装瓶或装袋，并贴上标签，写上号码。瓶内或袋内的样品应保存在样品架上，尽量避免日光、高温、潮湿、酸碱气体等的影响，否则会影响分析结果的准确性。

1.2.2　含碳酸盐的土壤样品

对于含碳酸盐的土壤样品可以预先经过去除碳酸盐处理，然后再进行分析测定。下面介绍用酸性乙酸钠缓冲液(pH5)去除土壤样品中碳酸盐的方法。

(1) 方法

用宽约 15cm 的纤维质包装套制成渗析膜口袋,底部用宽橡皮带扎紧,装入土样(若为非砾质且高含石灰质的土样,需装 6kg);加 1L pH5 的 $1mol \cdot L^{-1}$ NaOAc 缓冲液,渗析袋的上口围绕一根长 10cm 的玻璃排气管扎紧,把整个渗析袋装置悬挂在盛有 60L 缓冲液的塑料桶里。若碳酸盐正在进行溶解作用,可搓揉渗析膜口袋,使 CO_2 气泡逸出。当搓揉渗析膜口袋没有 CO_2 气泡形成时,打开渗析膜袋口,并用强酸检验粗颗粒上碳酸盐包被物(在粗颗粒上碳酸盐保留时间较长);若土样已没有碳酸盐,就把渗析膜口袋装置移到另一大塑料桶内用自来水流连续洗涤脱盐,通过玻璃排气管取出少量清液,测量其电导,检查渗析膜口袋内的离子浓度,继续渗析,直至盐分浓度$<1cmol \cdot L^{-1}$为止。

按土样在用缓冲液处理之前是否去除>2mm 的颗粒,采用不同干燥土样的方法。若已去除,在渗析膜口袋中用滤管抽吸去除多余的水分,搓揉渗析膜口袋,混匀土样,并把它放置于酒精中,使其进一步脱水,然后,从渗析膜口袋中取出土样,进行风干。若用缓冲液处理的土样尚含有>2mm 的颗粒,则用 10 号筛(2mm)把土样进行湿筛,然后将留在筛面上(>2mm)的样品再进行干筛,并把筛下来的<2mm部分与由湿筛分离出来的<2mm 部分放在一起,用滤管去除大部分水分后,再用酒精把土样转移到浅盘上进行风干。酒精可以防止在干燥过程中黏粒团聚成为稳固的薄片结构物。

(2) 说明

去除碳酸盐所需的时间,依颗粒大小、碳酸盐种类和含量及样品量多寡而变化很大,受碳酸盐强烈胶结的发生层土壤样品需要 2 个月。缓冲液中碱土金属离子的浓度明显地影响着去除碳酸盐的速率,在缓冲能力未被消竭之前,经常更换塑料桶内缓冲液,使其中碱土金属离子维持在低浓度水平,可明显增加去除碳酸盐的速率。脱盐通常约需 4 天。

对于碳酸盐-胶结的发生层土壤,全部样品并不都是<2mm 的颗粒,必须用缓冲液处理。对于没有碳酸盐胶结的发生层土壤,全部样品用缓冲液处理也具有洗涤>2mm 的粗骨部分,去除黏附其上的细小颗粒和有机物质的优点。

对于非砾质的发生层土壤,需用大量样品(约几千克)进行缓冲液处理,因为其<2mm 部分的数量少,同时,使用大量样品也增加>2mm 部分含量比例的准确性。

1.2.3 碳酸盐固结的含粗碎块土壤样品

把野外采回的土样捣碎混匀,用 4 分法分成若干份亚样品。取 1 份亚样品称重后,用酸性乙酸钠缓冲液(pH5)处理,去除碳酸盐,并把粗碎块与细土部分分开,两部分再分别称重,用无碳酸盐细土部分进行物理、化学和矿物学测定;另取 1 份亚样品全部研磨，使其通过 60 号筛，测定其中碳酸盐含量(质量)。

上述所测出的各项质量可用来计算细土部分 $CaCO_3$ 含量，可以把无碳酸盐细土为基础的各项分析结果数值换算为以全部土壤为基础的或含碳酸盐细土为基础的数值。

1.2.4　粗碎块(2～20mm)样品

(1) 2～20mm 样品

把从 1.2.1 分离出的 2～20mm 粗碎块用机器粉碎至＜2mm。

(2) ＜2mm 样品

把上述由粗碎块(2～20mm)粉碎为＜2mm 的样品与从 1.2.1 中分离出的细土(＜2mm)样品充分混匀而成。

1.2.5　全部土壤样品

野外采回的土壤样品摊放在托盘上，置于 30～35℃温度下，进行风干，然后，用机器粉碎，使全部样品通过 10 号筛(2mm)。

1.3　黏粒(＜0.002mm)样品的制备

土壤中黏粒样品制备的目的在于提纯黏粒，分析其化学成分和鉴定矿物组成，其方法是以斯托克斯定律为基础，利用土粒在静水中沉降规律，将＜0.002mm 的黏粒部分收集起来(参见土壤颗粒组成的测定)。

1.3.1　主要仪器设备

特制虹吸管、陶瓷滤管、玛瑙研钵等。

1.3.2　试剂

同土壤颗粒组成的测定 2.1.1.2。

1.3.3　操作步骤

(1) 称样

一般称取通过 2mm 孔径筛的风干土样约 30g(如样品质地偏砂，可稍增加其称量)于 400mL 高型烧杯中。

(2) 去除碳酸盐

去除方法参见土壤颗粒组成的测定 2.1.1.3(2)，待样品中碳酸盐全部分解后，继续用 0.05mol·L^{-1} HCl 溶液处理，但要改换用陶瓷滤管抽气过滤清洗，直至滤液中无钙离子存在，随后再换用水继续抽气过滤清洗，洗尽氯离子。

(3) 去除有机质

去除方法参见土壤颗粒组成的测定 2.1.1.3(3)。

(4) 制备悬液

① 加分散剂，煮沸分散。将上述去尽碳酸盐及有机质的样品，用少量水转移到有柄瓷蒸发皿中，分散剂一般为 $20g \cdot L^{-1} Na_2CO_3$ 溶液 50mL(也可用其他分散剂来达到改善分散效果)。再加水至 250mL，加盖表面皿，放置于电热板上加热煮沸，沸腾后保持 15min。也可采用振荡分散方法。

② 过洗筛、定容。将煮沸分散的悬液，通过 0.05mm 孔径筛，用水把＜0.05mm 的土粒全部洗入 1L 高型烧杯(事先在杯外壁，距底起分别划 3cm、5cm、15cm 三条标记线，图 1.1)，加水定容至 15cm 标记线，筛上＞0.05mm 粒径的颗粒部分一般可弃去。如果需要测定＞0.05mm 砂粒部分的元素含量，可将其转入铝盒烘干，称重，保留。

(5) 黏粒分离

① 用带橡皮头的玻棒搅拌 1min，使悬液均匀分布。搅拌停止，即为开始沉降时间，记录时间，并盖上表面皿，在沉降过程中，需测记 3 次液温，取其平均值，计算黏粒(＜0.002mm)提取时间(参见土壤颗粒组成的测定表 2.3)。

② 在规定吸取时间前 30s，将虹吸管轻轻插入悬液，到预定深度，到时打开活塞抽吸悬液于 5L 磨口试剂瓶中(图 1.1)。

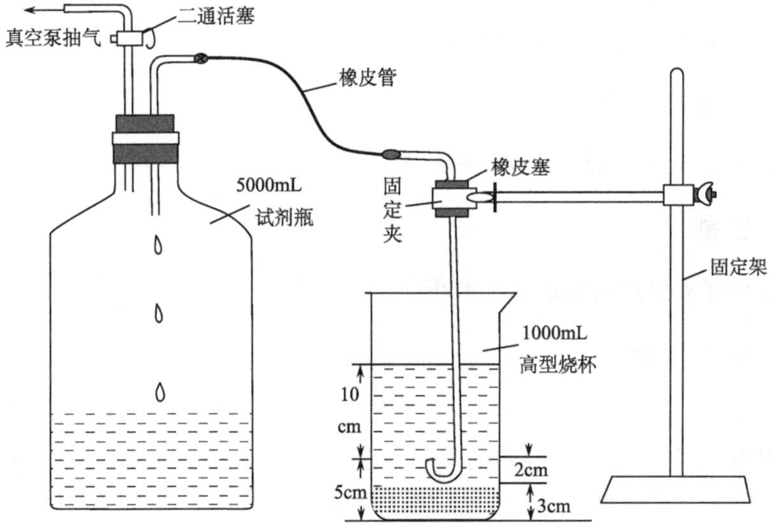

图 1.1 黏粒提取装置图

③ 向烧杯中加水，液面低于 15cm 标记线 2～3cm，用分散剂 $20g \cdot L^{-1}$ Na_2CO_3 溶液来调至 pH8～9，再用水定容至 15cm 标记线。按规定时间沉降、吸取。

④ 按上述步骤，加分散剂调节 pH，定容、搅拌、沉降、吸取，如此反复多次进行，直至到规定吸液时，自液面(15cm 标记线)下 10cm(5cm 标记线)高度内几乎全部澄清为止。

⑤ 浓缩，用 1∶9 HCl 边滴加边搅拌黏粒悬液，直至分散的黏粒悬液出现凝絮为止。

⑥ 黏粒悬液凝絮沉淀后，抽去上部清液，将下部的黏粒移入 400mL 高型烧杯，加水，用陶瓷滤管抽洗，除尽氯离子。

⑦ 将上述除尽氯离子的黏粒，置于红外灯下烘干(50℃左右)。用玛瑙研钵将黏粒磨细，并通过 0.149mm 孔径筛，装瓶备用。

主要参考文献

中国科学院南京土壤研究所. 1978. 土壤理化分析. 上海：上海科学技术出版社：1-6.

USDA，SCS. 1984. Procedures for Collecting Soil Samples and Methods of Analysis for Soil Survey. Washington，D. C.：Soil Survey Investigations Report，No. 1：12-14.

USDA，NRCS. 1995. Soil Survey Laboratory Information Manual. Washington，D. C.：Soil Survey Investigations Report，No. 45. Version 10.

第二章　土壤物理分析

2.1　颗粒组成的测定

2.1.1　吸管法

土壤是由液体、气体、固体三相组成。不同直径的土壤颗粒是土壤的主要组成部分，不同直径的颗粒，有着不同的特性。确定土壤质地在土壤的形成和土壤的农业利用中具有重要意义。

由于各种颗粒分级标准不同，因此相对应的土壤质地分类也不同，质地名称也有差异；即使质地名称相同，它的各级粒径及其含量也不一致。在1949年前，我国大都采用国际制或美国制的土壤颗粒分级和质地分类标准；1949年后，又比较普遍采用苏联H.A.卡庆斯基分类系统；通过1958～1959年全国土壤普查工作，虽然订出了一套我国自己的颗粒分级及质地分类标准（中国科学院南京土壤研究所、西北水土保持生物土壤研究所），但至今未推广；近年来，随着国际间相互交往增多，采用美国农部制分级（表2.1）分类（图2.1）标准日益普遍。

表2.1　土壤颗粒分级标准

土粒有效直径/mm	粒级名称	
＞2	石砾	
2～1	砂粒	极粗
1～0.5		粗
0.5～0.25		中
0.25～0.1		细
0.1～0.05		极细
0.05～0.002	粉粒	
＜0.002	黏粒	

美国农部制质地分类是用等边三角形图来表示。等边三角形的3个顶点，分别代表$1000g \cdot kg^{-1}$的砂粒（2～0.05mm）、粉粒（0.05～0.002mm）及黏粒（＜0.002mm），而以其相对应的底边作为其含量（$g \cdot kg^{-1}$）的起点线，各自代表$0g \cdot kg^{-1}$的砂粒、粉粒及黏粒。为了应用方便起见，根据图2.1列表如下（表2.2）。

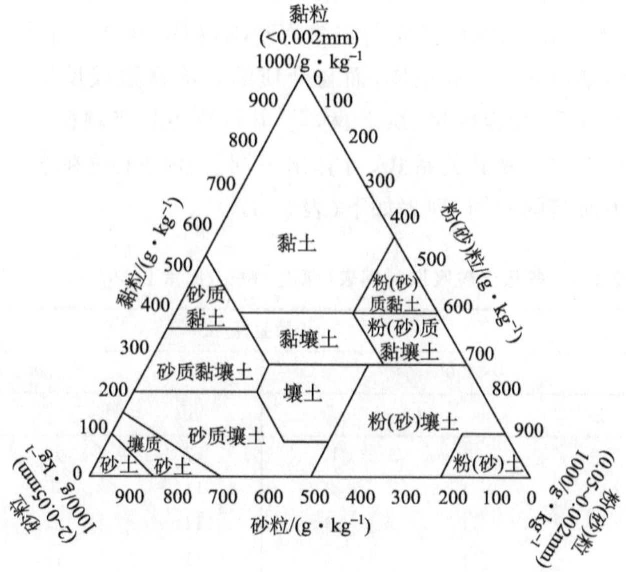

图 2.1　美国制土壤质地三角坐标图

表 2.2　土壤质地分类

类　别	名　称	颗粒组成/(g·kg⁻¹)		
		砂粒/mm 2～0.05	粉粒/mm 0.05～0.002	黏粒/mm <0.002
砂土类	砂土	550～1000	0～150	0～100
	壤质砂土	700～850	0～300	0～150
	粉砂土	0～200	800～1000	0～120
壤土类	砂质壤土	430～850	0～500	0～200
	壤土	230～520	280～500	70～270
	粉砂壤土	0～500	500～800	0～270
黏壤土类	砂质黏壤土	450～800	0～280	200～350
	黏壤土	200～450	150～530	270～400
	粉砂质黏壤土	0～200	400～730	270～400
黏土类	砂质黏土	450～650	0～200	350～550
	粉砂质黏土	0～200	400～600	400～600
	黏土	0～550	0～400	400～1000

注：源自 USDA，1952。

土壤颗粒组成的测定(吸管法),一般对>0.1mm 的粗粒部分采用筛分法,而对<0.1mm 的颗粒部分,以斯托克斯定律为基础,利用土粒在静水中沉降规律,其沉降速度与球体半径的平方成正比,而与介质的黏滞系数成反比。将不同直径的土壤颗粒按粒级分开,加以收集、烘干、称重,并计算各粒级颗粒含量($g \cdot kg^{-1}$)。

根据斯托克斯定律及其关系式,可算出不同直径的土粒在水中沉降 10cm,在不同温度(℃)下所需的时间,列表如下(表 2.3)。

表 2.3 各级土粒吸取时间表(深度 10cm;比重 $2.65g \cdot cm^{-3}$)*

温度/℃	土粒直径/mm					
	<0.05			<0.002		
	h	′	″	h	′	″
4		1	10	12	6	0
5		1	8	11	43	40
6		1	6	11	22	30
7		1	4	11	1	30
8		1	2	10	40	10
9		1	0	10	23	30
10			58	10	8	10
11			57	9	51	0
12			55	9	34	40
13			54	9	19	20
14			52	9	2	40
15			51	8	48	10
16			49	8	34	40
17			48	8	21	40
18			47	8	9	20
19			46	7	57	10
20			45	7	45	40
21			44	7	34	30
22			43	7	23	50
23			42	7	13	30
24			41	7	3	30
25			40	6	54	0
26			39	6	44	50
27			38	6	35	50
28			37	6	27	20
29			36	6	19	0
30			36	6	11	0

* 表中 h 为时;′为分;″为秒。

2.1.1.1　主要仪器设备

(1) 吸管仪(图 2.2):包括吸管架、吸管(图 2.3)、冲洗吸管用的洗瓶、真空泵、保险瓶、洗气瓶、真空瓶、缓冲瓶、调压指示表(即为 U 型玻管)、水银压力表、连接各部件的胶管及二通活塞。

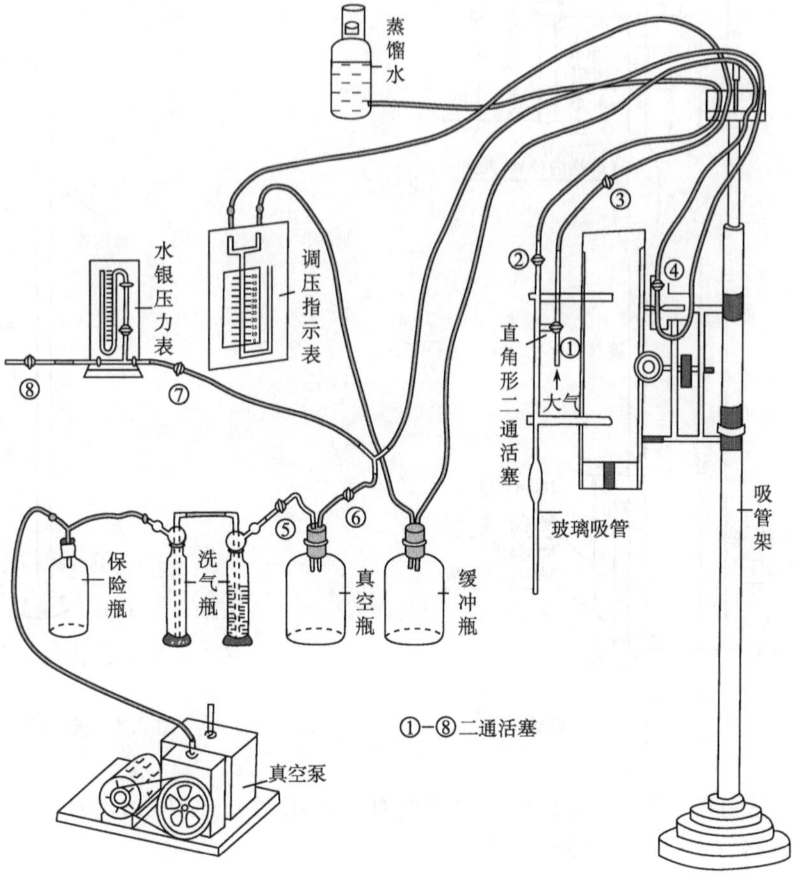

图 2.2　吸管仪示意图

(2) 搅拌棒(图 2.4):搅拌棒系不锈蚀材料制成,也可用粗玻璃棒为杆,下端装上有孔铜片。

(3) 沉降筒:即 1L 平口量筒,直径不小于 6cm,高为 45cm。

(4) 土壤筛:孔径为 75mm、20mm、5mm、3mm、2mm、1mm、0.5mm、0.25mm 以及洗筛(筛框直径 6cm,孔径 0.1mm)。

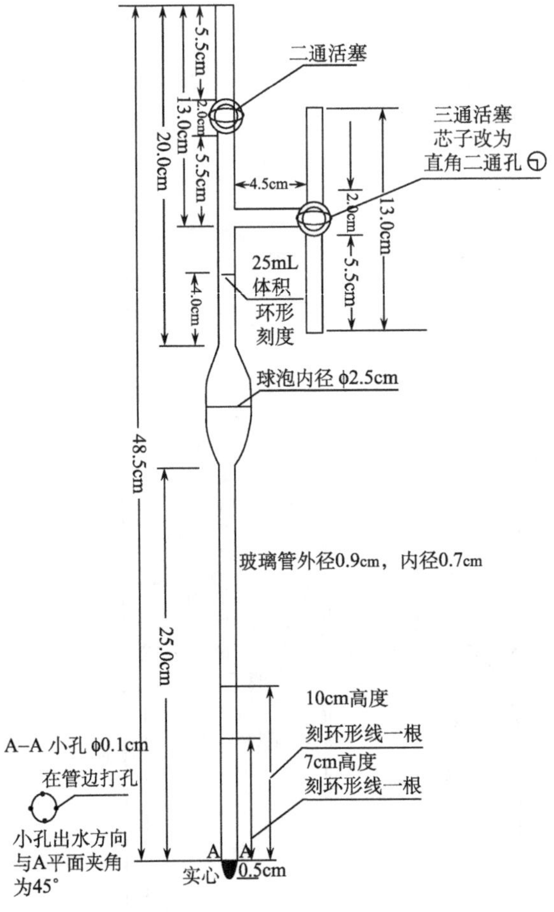

图 2.3　吸管

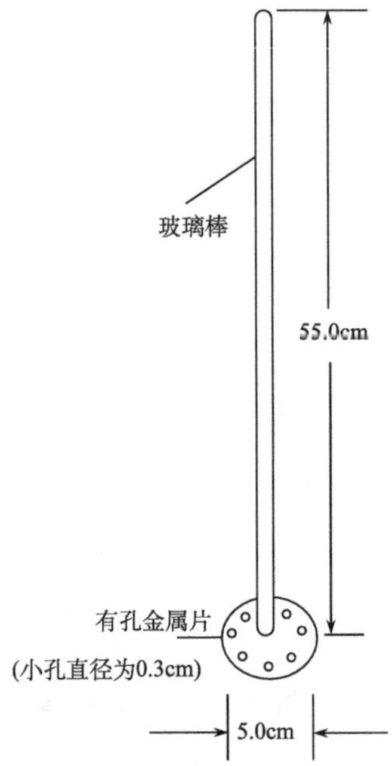

图 2.4　搅拌棒

(5) 三角瓶(500mL)、250mL 高型烧杯、50mL 硬质烧杯、温度计(±0.1℃)、真空干燥器、电热板、电烘箱、秒表等。

2.1.1.2　试剂

(1) 0.5mol · L^{-1} NaOH 溶液：称取 20g 氢氧化钠(NaOH，化学纯)，加蒸馏水溶解后，定容至 1L，摇匀。

(2) 0.5mol · L^{-1} 1/2 $Na_2C_2O_4$ 溶液：称取 33.5g 草酸钠($Na_2C_2O_4$，化学纯)，加蒸馏水溶解后，定容至 1L，摇匀。

(3) 0.5mol · L^{-1} 1/6$(NaPO_3)_6$ 溶液：称取 51g 六偏磷酸钠[$(NaPO_3)_6$，化学纯]，加蒸馏水溶解后，定容至 1L，摇匀。

(4) 0.2mol · L^{-1} HCl 溶液：量取浓盐酸(HCl，化学纯)25mL，用蒸馏水稀释至1.5L，摇匀。

(5) 0.05mol · L^{-1} HCl 溶液：量取浓盐酸(HCl，化学纯)6.3mL，用蒸馏水稀释至1.5L，摇匀。

(6) 1∶9 HCl溶液：量取浓盐酸(HCl，化学纯)10mL与90mL蒸馏水混合而成。

(7) 1∶4 H_2O_2 溶液：量取浓过氧化氢(H_2O_2，化学纯)10mL与40mL蒸馏水混合而成。

(8) 2∶8 NH_4OH 溶液：量取浓氨水(NH_4OH，化学纯)20mL与80mL蒸馏水混合而成。

(9) 1∶9 CH_3COOH 溶液：量取冰醋酸(CH_3COOH，化学纯)10mL与90mL蒸馏水混合。

(10) 1∶9 HNO_3 溶液：量取浓硝酸(HNO_3，化学纯)10mL与90mL蒸馏水混合而成。

(11) 40g · L^{-1} $(NH_4)_2C_2O_4$ 溶液：称取4g草酸铵[$(NH_4)_2C_2O_4$，化学纯]，溶于100mL蒸馏水中。

(12) 50g · L^{-1} $AgNO_3$ 溶液：称取5g硝酸银($AgNO_3$，化学纯)，溶于100mL蒸馏水中。

(13) 异戊醇[$(CH_3)_2CHCH_2CH_2OH$，化学纯]。

(14) 1mol · L^{-1} $NaHCO_3$ 溶液：称取84g碳酸氢钠($NaHCO_3$，化学纯)溶于1L蒸馏水中。

(15) 饱和NaCl溶液：20℃时，称取360g氯化钠(NaCl，化学纯)溶于1L蒸馏水中。

(16) 0.3mol · L^{-1} $Na_3C_6H_5O_7$ 溶液：称取柠檬酸钠($Na_3C_6H_5O_7 \cdot 2H_2O$，分析纯)88.2g，用蒸馏水定容稀释到1L。

(17) $Na_2S_2O_4$(保险粉)：连二亚硫酸钠($Na_2S_2O_4$，化学纯，固体)。

2.1.1.3　操作步骤

(1) 称样

称取过2mm孔径筛的风干样品(已全部去除粗有机质)4份，每份10g(精确到0.01g)。其中，1份供测定吸湿水含量；另3份分别倒入250mL高型烧杯(1份供测定碳酸盐和有机质洗失量，另2份供制备颗粒组成测定的悬液用)。

(2) 去除碳酸盐

① 如果样品中有较多的碳酸盐存在，需用盐酸脱钙，即分次滴加0.2mol · L^{-1} HCl溶液于上述盛有样品的烧杯中(先加少量蒸馏水湿润)，分解碳酸盐，为避免盐酸浓度降低，需倾去上部清液，再继续滴加0.2mol · L^{-1} HCl溶液，直至样品中所有盐类全部分解(若盐类含量较高，可适当提高盐酸浓度)。

② 将碳酸盐全部分解后的样品，用 0.05mol · L^{-1} HCl 溶液，淋洗过滤（慢速硬质滤纸），直至滤液无钙离子反应为止①。

③ 交换性钙被淋洗尽后，改用水洗除氯化物及盐酸，直至无氯离子为止②。某些土样，特别是黏重土壤，在洗氯过程后期，滤液常出现浑浊现象，是因电解质洗失后，土壤趋于分散状态，黏粒透过滤纸，进入滤液所致。所以在淋洗过程中，如发现滤液浑浊，即表明土壤样品中的黏粒已开始透过滤纸，此时说明氯离子含量已极微，应立即停止淋洗。

④ 如样品不需去除有机质，则将上述其中 1 份样品，参照吸湿水测定方法（烘干法），测定盐酸洗失量（样品如还需去除有机质，其洗失量可到去尽有机质后一并进行）；另 2 份转移到 500mL 三角瓶，为制备颗粒组成测定的悬液用。

(3) 去除有机质

① 对于含有较多有机质需去除的样品，则将上述 3 份去除尽碳酸盐的样品，从漏斗中分别转移到 250mL 高型烧杯中，加 1∶4 的 H_2O_2 10～20mL，并用玻棒常搅动，促进有机质氧化（当氧化强烈时，产生大量气泡。为避免样品逸出杯外，可滴加异戊醇 2～3 滴来消泡，也可将杯移到冷水盆中降温制止）。有时虽猛烈反应，但不是有机质氧化，可加滴 1∶9 CH_3COOH 来起缓冲作用，样品需用 H_2O_2 反复多次处理，直至土色变淡，有机质完全被氧化为止。过量的 H_2O_2 可用加热法排除（如样品不需去除碳酸盐，则需去除有机质，称样倒入 250mL 高型烧杯，加少量水湿润后，直接去除有机质）。

② 将上述其中 1 份样品，参照吸湿水测定方法（烘干法），测定盐酸、双氧水洗失量。

③ 将上述其余 2 份样品，转移入 500mL 三角瓶，为制备颗粒组成测定的悬液用。

(4) 去铁

如果样品中含有较多的氧化铁（如铁铝土），则在样品测定前需要进行去铁处理，使得土壤颗粒充分分散后再测定。对于需要去铁的样品，前处理步骤如下：

① 称样：根据样品中的 Fe_2O_3 含量计算需要称取风干土的重量。40mL 柠檬酸盐中最多可溶 0.5g Fe_2O_3，调整＜2mm 风干土的重量，使每个烧杯中 Fe_2O_3 都小于 0.5g，溶解后的样品总质量约为 10g，盛装于 300mL 烧杯中。

② 去有机质：加入 50mL 蒸馏水和 5mL H_2O_2，盖上 50mm 可视玻璃皿，放置过夜，让样品反应完全。将样品放在电热板上，温度调节到 90℃，再加热 45min 除去 H_2O_2。

③ 去铁：加 40mL 柠檬酸钠和 5mL 碳酸氢钠，水浴至 80℃，加 1g 连二亚硫酸

---

① 检查钙离子的方法：用试管收集少量（约 5mL）滤液，滴加 1～2 滴 2∶8 NH_4OH 中和，再加数滴 1∶9 CH_3COOH 使呈微酸性，然后加几滴 40g · L^{-1} $(NH_4)_2C_2O_4$ 溶液（可稍加热）。若有白色沉淀物（草酸钙），即显示尚有钙离子存在；如无白色沉淀物，则显示已无钙离子。

② 检查氯离子方法：用试管收集少量（约 5mL）滤液，滴加 1∶9 HNO_3 酸化滤液，然后滴加 1～2 滴 50g · L^{-1} $AgNO_3$ 溶液。若有白色沉淀物（氯化银），即显示尚有氯离子存在；如无白色沉淀物，则显示样品中已无氯离子。

钠粉末，用玻璃棒搅拌 1min，再间隔搅拌 15min，加入 10mL 饱和 NaCl 混合。

④ 离心：用离心机将样品离心以除去溶解的 Fe_2O_3。若样品中 Fe_2O_3 少于 0.5g，重复上述溶解步骤；若多于 0.5g，重复上述溶解步骤 2 次以上。

(5) 制备悬液

① 加分散剂煮沸分散：分别加 10mL 0.5mol · L^{-1} NaOH 溶液于三角瓶中，并加蒸馏水至 250mL。盖上小漏斗，置于电热板上加热煮沸（在未沸腾前常摇动三角瓶，不使土粒烧结于三角瓶底，影响分散），沸腾后保持 1h，使样品充分分散。对于经过去铁处理的样品可不另外加分散剂。

② 过洗筛、定容：将煮沸分散好的冷却悬液，过 0.1mm 孔径筛，用蒸馏水冲洗，使<0.1mm 的土粒全部洗入 1L 沉降筒，并用带橡皮头的玻棒轻擦，直至筛下流出的水色澄清为止。但洗水量控制不超过 1L，并定容至 1L，摇匀。将留在筛上部分（2～0.1mm 砂粒部分）转移入铝盒，烘干，过 1mm、0.5mm、0.25mm 孔径筛，并分别称重、计算。

对于不需去除碳酸盐及有机质的样品，在测定吸湿水的同时，则可直接称样于 500mL 三角瓶中加水 250mL，充分浸泡（8h 以上）。然后，根据样品的 pH，加入不同的分散剂煮沸分散[中性加 0.5mol · L^{-1} 1/2 $Na_2C_2O_4$ 溶液 10mL；酸性加 0.5mol · L^{-1} NaOH 溶液 10mL；对于石灰性土样加 0.5mol · L^{-1} 1/6$(NaPO_3)_6$ 溶液 10mL]制备悬液。对于一般土壤来说，按上述分散剂能得到良好分散。但对某些特殊样品或剖面需根据土质等条件，从微观到宏观来全面考虑加以权衡，酌情选用适当的分散剂。

(6) 样品悬液吸取

① 将待测沉降筒置于吸管仪的平台上。

② 测定悬液温度后，按斯托克斯定律公式计算所需粒级在水中沉降 10cm 所需的时间，即为吸液时间，可查表 2.3。

③ 记录开始沉降时间和吸液时间，用搅拌棒搅拌 1min（速度为上、下各 30 次左右），搅拌结束时，即为开始沉降时间（含有机质多，而又未经去除的样品，在搅拌时，会引起气泡，影响吸管深度的刻度线观察，可加 1～2 滴异戊醇消泡）。随即将吸管放到规定深度处，按所需粒径预先计算好的吸液时间，提前 10s 开始吸取悬液 25mL（约用 20s 时间）。将吸取的悬液全部移入有编号的已知质量的 50mL 烧杯中（并用水冲洗吸管）。

④ 将盛吸取悬液的烧杯，置于电热板上蒸干，再放进烘箱中，105℃烘 6h，称至恒重（两次质量相差不超过 0.03g），计算。

2.1.1.4　结果计算

一般以烘干土重为计算基础。但对碳酸盐、有机质洗失量较高的样品，可用经盐酸、双氧水处理后的烘干土重为计算基础，其洗失量不包括在各级颗粒含量

(g·kg^{-1})之内,可列出一栏供参考。

(1) 土壤吸湿水(g·kg^{-1})$=\frac{风干样品重-烘干样品重}{烘干样品重}\times 1000$　(2-1)

(2) 洗失量(g·kg^{-1})$=\frac{洗失重}{烘干样品重}\times 1000$　(2-2)

式中,洗失重(g)=烘干样品重－洗除碳酸盐和有机质后烘干样品重。

(3) 2～1mm;1～0.5mm;0.5～0.25mm;0.25～0.1mm 颗粒含量(g·kg^{-1})

$=\frac{某粒级烘干颗粒重}{烘干样品重}\times 1000$　(2-3)

(4) <0.05mm;<0.002mm 颗粒含量(g·kg^{-1})$=\frac{g_V}{m}\times\frac{V}{V_1}\times 1000$　(2-4)

式中,g_V 为吸取小于某粒径颗粒烘干重(包括分散剂)(g);m 为烘干样品重(g);V 为 1L(沉降筒容积);V_1 为 25mL(吸管容积)。

(5) 分散剂质量校正,由于加入悬液中的分散剂本身有质量,故对<0.1mm各级颗粒含量需校正。由于在计算中各级含量由各级依次递减而得,所以分散剂占烘干样品重(或占洗除碳酸盐和有机质后烘干样品重)的含量,可直接在<0.002mm部分减去。

分散剂占烘干样品的含量(g·kg^{-1}) $=\frac{所加入的分散剂的溶质重}{烘干样品重}\times 1000$

(2-5)

(6) 0.1～0.05mm 颗粒含量(g·kg^{-1})由减差法计算而得。

根据以上测定结果,按美国农部分类,命名土壤质地。

2.1.1.5　精密度

本法允许平行绝对误差:黏粒级<10g·kg^{-1};粉(砂)粒级<20g·kg^{-1}。

2.1.2　激光粒度仪法

土壤粒度大小及其特征是主要的土壤性质,它决定着诸多其他的土壤物理化学行为,因此,粒度的测定一直是土壤学研究中的一个主要内容。20 世纪 90 年代以前,土壤粒度测量普遍采用沉降法或筛析法,其测量过程完全依靠人工操作。但是上述分析方法速度慢,对实验室技术和实验者的操作水平依赖性很强,不适合大量样品快速准确地测定。随着科学技术的发展,利用光学衍射原理测量颗粒粒径的激光粒度仪诞生了,由于其测量具有速度快、测量范围广、自动化程度高、误差小、重现率高等特点,一出现便得到快速发展和广泛应用。

2.1.2.1　激光粒度仪测定粒度的原理

激光粒度仪测量土壤颗粒组成的原理是基于光与颗粒之间的作用。激光通过颗粒时发生衍射，其衍射光的角度与颗粒的粒径相关，颗粒越大，衍射光的角度越小。在仪器测量颗粒时，单色激光光束穿过悬浮的颗粒流，颗粒产生的衍射光通过凸透镜被聚于探测器上，在探测器上记录下不同衍射角的散射光强度。当颗粒流经过固定的激光束时就产生一个稳定的衍射谱，衍射光的强度 $I(\theta)$ 与颗粒的粒径有如下关系

$$I(\theta) = \frac{1}{\theta}\int_0^\infty R^2 n(R) J_1^2(\theta KR)\,\mathrm{d}R \tag{2-6}$$

式中，θ 为散射角度；R 为颗粒半径；$I(\theta)$ 为以 θ 角散射的光强度；$n(R)$ 为颗粒的粒径分布函数；$K=2\pi/\lambda$（λ 为激光波长）；J_1 为第一贝叶斯函数。根据测得的 $I(\theta)$，可由上式反演求得粒径的分布 $n(R)$。

2.1.2.2　主要仪器设备

激光粒度分析仪、计算机及相应的软件、天平、超声波清洗器、小烧杯（50mL）、离心机、电热板等。

2.1.2.3　试剂

同 2.1.1.2。

2.1.2.4　操作步骤

(1) 样品处理

① 称样：根据土壤的大概粗细程度称取 0.03～0.5g 过 2mm 筛孔的风干土样放入 50mL 的小烧杯中，壤土一般称 0.1g 左右。因为激光粒度仪测定土壤机械组成的计算中不需要土壤称样量的数据，但对于测定样品的颗粒含量要求有一个最佳的范围。一般地就同样重量的土壤而言，土壤黏性大其颗粒数量就多，而土壤砂性其颗粒数量就少，因而黏性大的土壤取样量可适当小，砂性土壤的取样量适当大。所以通常有机质含量高的土壤取样量适当大，有机质含量低的土壤取样量可适当小；$CaCO_3$ 含量高的土壤取样量适当大，$CaCO_3$ 含量低的土壤取样量可适当小，以保证达到仪器测定要求的最佳颗粒含量范围。

② 去有机质：对于含有大量有机质又需去除的样品，用 H_2O_2 去除。加少量蒸馏水使样品湿润，然后加 1∶4 的 H_2O_2，其用量视有机质多少而定，并经常用玻璃棒搅拌，使有机质与 H_2O_2 接触，以利于氧化。由于有机质与 H_2O_2 反应会产生大量的气泡，因此加 H_2O_2 一定要少量多次，避免样品溢出烧杯。待样品中加入 H_2O_2 后不再有反应时，在电炉上微热，将过量的 H_2O_2 加热排除。

③ 去碳酸盐：如果样品中含有碳酸盐，需用盐酸脱钙。分次滴加 0.2mol·L^{-1} 盐酸于盛有样品的烧杯中，并经常用玻璃棒搅拌，直至无气泡（CO_2）产生。为避免烧杯中盐酸浓度过低，需要不断地倾去上面清液，然后继续加入 0.2mol·L^{-1}

的盐酸，直至样品中的所有碳酸盐全部分解。

④ 经上述处理的样品，尚需用 0.05mol · L^{-1}盐酸反复淋洗，直至溶液中无钙离子为止。再用蒸馏水洗氯化物及盐酸，直至无氯离子存在。检查钙离子和氯离子是否淋洗完全的方法同 2.1.1.3。为了便于操作和减少黏粒的损失，洗钙离子和氯离子的时候，可以采用离心机使得溶液与土壤样品分离。

(2) 制备悬液

① 向上述处理的样品中加入 0.5mol · L^{-1} NaOH 溶液 1～1.5mL 搅拌后放置过夜。

② 对于不需要去除有机质及碳酸盐的样品，可直接向称取的土样中加入 10mL 左右的蒸馏水浸泡过夜，然后根据样品的 pH 加入不同的分散剂。对于石灰性土壤，加入 0.5mol · L^{-1} 的 $1/6(NaPO_3)_6$ 溶液 1～1.5mL；中性土壤加入 0.5mol · L^{-1} 的 $Na_2C_2O_4$ 溶液 1～1.5mL；酸性土壤，加入 0.5mol · L^{-1} 的 NaOH 溶液 1～1.5mL。搅拌后放置过夜。

③ 超声分散，将处理的样品放入超声仪中用 160W，超声 10～15min（分散的方法有很多，如传统的煮沸法、振荡法等，但现在较普遍采用超声分散）。

(3) 样品的测定（上机）

不同厂家和型号的激光粒度仪操作步骤和仪器软件略有差异，这里以美国贝克曼公司生产的库尔特 LS230 为例做简单介绍。

打开激光粒度仪上的开关按钮，打开电脑上的 LS230 软件，连机，根据测定要求选择需要的相关项目，点击“Start”。仪器按照软件设定的要求自动运行，仪器自动进行光补偿，镜头位置的调整，背景测定。如果采用手动加样，仪器运行到加样时，操作者将分散好的样品全部加入样品池中，点击“Done”，输入样品代号，仪器便进行测定，并自动将测定结果保存在指定的文件夹中。如果采用自动加样台，将分散好的样品洗入小试管中，排在自动加样台上，选择“Use Auto-Prep Station”，仪器将自动连续测定样品，无需人工加样。

2.1.2.5　测定结果

仪器测定结果可直接在计算机上显示出来，结果有 3 种表达方式：图形“Graph”、列表“Listing”和区间值“Interpolation”。图形直观地表达了该样品的粒度分布情况；列表列出了所测定的每个粒径的含量；区间值可以根据自己的要求划区间计算某一段粒径的含量（如$<2\mu m$ 颗粒的含量）。

2.1.2.6　精密度

平行测定结果允许绝对误差：黏粒级<1%；粉（砂）粒级<2%。

2.1.2.7 注意事项

① 由于一次取样量很少，不管是黏土、壤土还是砂土，取样时都需要充分混匀，非常仔细地取样才可减少取样误差。

② 一定不可将超过仪器测量范围的土壤或物品放入进样池中(LS230 的测量范围为 0.04～2000μm)。不能将强酸、强碱、氧化性的物质(如 H_2O_2)加入样品池中，这些物质会严重腐蚀仪器。

③ 在有机质去除后，H_2O_2 一定要加热排除，否则在测定时 H_2O_2 会产生气泡，对结果产生影响；另外，H_2O_2 对仪器也会产生氧化腐蚀。所以，H_2O_2 一定要加热排除干净。

④ 在仪器的操作过程中不要晃动和振动主机，否则会影响测定的结果。

⑤ 本仪器测定的是土壤的体积百分含量，与以前用吸管法测定的重量百分含量不完全相同，因为这两者所依据的原理不同。

2.1.2.8 激光粒度仪测定的颗粒组成与吸管法的比较

根据已有的研究结果，应用激光粒度仪和吸管法测定的土壤颗粒组成结果具有一定的差异。激光法测定的黏粒含量明显地小于吸管法测定的数据，而激光法测定的粉粒含量明显地大于吸管法测定的数据，对于砂粒则两者的测定结果互有高低(杨金玲等，2009)。两种方法测定结果产生差异的根本原因在于两者测定原理不同和土壤颗粒的不规则形状。传统的湿筛-吸管法是建立在斯托克斯定律基础上的当量直径，反映颗粒的沉速；而激光粒度仪法是依据光学衍射原理(Fraunhofer 衍射理论和 Mie 氏理论)测定的当量直径，反映颗粒的横截面特征。这两种方法测量的是同一颗粒的不同特征。根据初步的研究结果，应用激光粒度仪和吸管法测定的结果具有一定的换算关系(杨金玲等，2009)。

2.2 水可分散黏粒(＜0.002mm)含量的测定

2.2.1 原理

水可分散黏粒也称“自然黏粒”，是土壤样品不经去除胶结物预处理，且不加分散剂，仅用蒸馏水浸泡、振荡所能分散的黏粒(＜0.002mm)。高度富铁铝化土壤因受铁、铝氧化物的胶结作用，B 层中水可分散黏粒含量非常少，几乎接近于零。它可作为铁铝土纲中某些土类诊断特性的定量指标之一。

2.2.2 主要仪器设备

振荡机、振荡瓶(容积 250mL)、0.1mm 孔径洗筛、其他的与土壤颗粒分析(吸管法 2.1.1.1)的相同。

2.2.3 操作步骤

(1) 称样

称取通过 2mm 筛孔的风干土样 10g(精确到 0.01g),倒入 250mL 振荡瓶中,加蒸馏水至 150mL 左右,静置浸泡过夜。另称 10g 样品,用烘干法测定吸湿水含量。

(2) 振荡分散

将盛有样品的振荡瓶用橡皮塞塞紧,放于水平振荡机中并固定(以防振荡过程中容器破裂样品损失)。开动振荡机,振荡 8h(每分钟往返 180 次)。若振荡机马达发热,应暂时停止 30min,待其降温后,再继续振荡。

(3) 悬液制备

将振荡后的土液通过 0.1mm 孔径洗筛、用蒸馏水洗入 1L 沉降筒内,并用蒸馏水定容至 1L,摇匀。将制备好的悬液置于吸管架圆桌上,测量液温,并从表 2.3 查<0.002mm 黏粒的吸液时间。

(4) 悬液的吸取和处理

沉降筒内悬液用搅拌棒搅拌 1min(速度为上下各 30 次左右),搅拌结束时即为开始沉降时间。随即将吸管放到规定深度处,按查表得知的吸液时间,提前 10s 开始吸取悬液 25mL(约用 20s 时间),并移入已知质量的 50mL 小烧杯中,开启蒸馏水管活塞,用蒸馏水冲洗吸管,使附着于管壁的悬液全部移入 50mL 小烧杯中。

将盛有悬液的 50mL 小烧杯放于电热板上蒸干,然后放入烘箱(105℃)中烘干,冷却后称至恒重(精确到 0.0001g)。

2.2.4 结果计算

(1) 根据吸湿水含量,将风干土换算成烘干土重(参照"土壤吸湿水含量")。

(2) 水可分散黏粒(<0.002mm)含量按下式计算

$$x(\mathrm{g\cdot kg^{-1}}) = \frac{g_V}{m} \times \frac{V}{V_1} \times 1000 \tag{2-7}$$

式中,x 为水可分散黏粒(<0.002mm)含量($\mathrm{g\cdot kg^{-1}}$);g_V 为 25mL 吸液中水可分散黏粒质量(g);m 为样品烘干重(g);V 为 1L 沉降筒容积;V_1 为 25mL(吸管容积)。

2.3 细黏粒(<0.0002mm)含量的测定

土壤颗粒分析常采用沉降法。土壤颗粒是由于重力的作用而下沉,但对于<0.0002mm的细黏粒来说,沉降一定距离所需的沉降时间太长。因此需应用斯托克斯定律的原理,用离心力代替重力,以使颗粒沉降的速度加快,缩短沉降一定

距离所需的时间。

2.3.1　主要仪器设备

离心机、离心管(500mL)、其他仪器同 2.1.1.1。

2.3.2　试剂

同 2.1.1.2。

2.3.3　操作步骤

(1) 继土壤颗粒分析的吸管法测定之后，搅拌混匀沉降筒内细土悬液，放置 15min，移取足够量悬液在 500mL 离心管中，使悬液深度达 8cm(约 250mL)。

(2) 搅拌混匀离心管内细土悬液，立即以 1500r/min 速度离心，离心的时间可根据下式计算确定

$$t = \frac{\eta \log \dfrac{R_2}{R_1}}{3.81 N^2 r^2 (d_1 - d_2)} \tag{2-8}$$

式中，t 为所需离心的时间(s)；N 为每秒钟的转数(本方法即为 1500r/min)；r 为所要离心的细黏粒的半径(cm)；d_1 为土粒密度，可以测定或假定其为 $2.65\text{g}\cdot\text{cm}^{-3}$；$d_2$ 为介质(水)的密度，可作为 $1\text{g}\cdot\text{cm}^{-3}$；$R_1$ 为离心机旋转时转轴至离心管内液面的距离(cm)；R_2 为离心机转轴至离心管内吸管吸液部位的距离(cm)，为 R_1＋吸液深度(cm)；R_1 和 R_2 根据所用离心机量出。

若使用 Internation No. 11 离心机和 976 机头，吸液深度为 3cm 时，离心的时间则可根据温度作如下调节(表 2.4)。

表 2.4　离心时间与温度对照表(吸液深度为 3cm 时)

温度/℃	20	21	22	23	24	25	30
时间/min	42	41	40	39	38	37	33

(3) 离心完毕后，调节吸管装置，使其达到 3cm 吸液深度，缓慢地把离心管移到吸管支架下面，再把吸管向下直接伸入离心管内，用 12～15s 的时间吸取 25mL 试样(细黏粒悬液)，避免扰动，移入已知质量的称量器或铝盒中，105℃烘干，置于干燥器中，冷却后称重。

2.3.4　结果计算

参照＜2mm 颗粒组成测定中黏粒的结果计算方法(见 2.1.1.4)。

2.3.5　注意事项

(1) 使用离心机分离黏粒时，由于颗粒沉降的速度较快，悬液过浓可以造成较大的误差，因此悬液浓度以不超过 $10g \cdot L^{-1}$ 为宜。

(2) 使用其他型号的离心机时，由于离心机转轴至离心管内液面的距离不同，离心时间应按 2.3.3(2) 中的公式(2-8)进行计算。对于一定的离心机(即 R_1 和 R_2 已固定)，可以调节转速(N)来控制分离时间。

2.4　岩屑部分(＞2mm)含量的测定

土壤中岩屑部分含量是鉴别土壤类型的一个指标，它还关系到土壤质地命名。样品中如＞2mm 粒径部分，其含量＜$350mL \cdot L^{-1}$ 者，一般不另说明；若其含量＞$350mL \cdot L^{-1}$ 者，在质地命名的基础上加"粗骨"二字说明。

2.4.1　占土壤质量含量($g \cdot kg^{-1}$)

2.4.1.1　野外或实验室称重法

(1) 取全层土壤，用 75mm、20mm 孔径筛筛分，弃去＞75mm 岩屑部分。＜75mm部分分级(75～20mm、＜20mm)称重。

(2) 取一部分＜20mm 的样品测定其风干土重，以便校正全部＜20mm 土样由田间状况经风干后水分损失重，并用 2mm、5mm 孔径筛筛分出 20～5mm、5～2mm 石砾部分，并分别称重，计算其占＜20mm 部分(风干)的含量($g \cdot kg^{-1}$)。

(3) 以＜75mm 部分为基数，计算 75～20mm、20～5mm、5～2mm 石砾部分质量，分别占＜75mm 土壤部分的质量含量($g \cdot kg^{-1}$)。

2.4.1.2　野外体积估测与实验室称重相结合方法

(1) 在野外以目测方法估计＞20mm 岩屑部分占土壤总体积的比例。

(2) 在实验室用 20mm、2mm 孔径筛筛分，弃去＞20mm 岩屑部分。将＜20mm部分分级 20～2mm(石砾)及＜2mm 细土部分(湿润)分别称重。

(3) 用石砾部分比重(假定为 $2.65g \cdot cm^{-3}$)和细土部分湿润容重，分别算出20～2mm 石砾部分和＜2mm 细土部分的体积，以及其占＜20mm 部分的体积的比例。

(4) 根据上述比例及＜20mm 部分占土壤总体积的比例，计算出 20～2mm 石砾部分和＜2mm 细土部分各占土壤总体积的比例。

(5) 把＞20mm 部分和 20～2mm 部分各占土壤体积的比例相加获得＞2mm 岩屑部分占土壤总体积的比例(x)。

(6) 最后根据下式换算出>2mm岩屑部分占全部土壤质量的含量($g \cdot kg^{-1}$)

$$> 2mm\text{岩屑部分含量}(g \cdot kg^{-1}) = \frac{Dp(x)}{Dp(x) + Dbm(1-x)} \times 1000 \quad (2\text{-}9)$$

式中,Dp为>2mm岩屑比重($2.65g \cdot cm^{-3}$);Dbm为<2mm细土部分湿容重;x为$\frac{>2mm\text{岩屑部分体积}}{\text{土壤总体积}}$;1000为换算成每1kg全部土壤中>2mm岩屑部分的含量。

2.4.2 占土壤体积含量($mL \cdot L^{-1}$)

(1) 在野外以目测法估计>20mm岩屑部分占全层土壤总体积的比例(x)。

(2) 在野外或实验室内以称重法测定20～2mm石砾部分占<20mm土壤质量的比例(y)。

全层土壤用20mm孔径筛筛分弃去>20mm部分。另取一部分<20mm的土样测定其风干重,以便校正全部<20mm土样由田间状况经风干后水分损失重,并用2mm孔径筛筛分出20～2mm石砾部分,称重,计算其占<20mm部分(风干)的含量($g \cdot kg^{-1}$)。

根据以上的<20mm湿润土壤质量和风干后水分损失重,可计算得全部<20mm风干的土壤质量,同时,再把20～2mm石砾部分占<20mm部分(风干)重的含量($g \cdot kg^{-1}$)与全部<20mm风干土壤质量相乘即得20～2mm石砾部分的质量。

(3) 测定<2mm细土部分的湿润容重(Dbm)。

(4) 根据下式计算求出岩屑部分的换算因数(Cm)

$$Cm = \frac{< 2mm\text{细土部分湿润体积}}{\text{土壤湿润总体积}} = \frac{Dp(1-y)(1-x)}{Dp(1-y) + Dbm(y)} \quad (2\text{-}10)$$

式中,土壤湿润总体积,指<2mm细土部分加>2mm岩屑部分的体积;Cm为岩屑部分的换算因数;Dp为岩屑部分的比重;Dbm为<2mm细土部分湿润容重;x为$\frac{>20mm\text{岩屑部分体积}}{\text{土壤总体积}}$(野外目测法);$y$为$\frac{20\sim2mm\text{岩屑部分质量}}{<20mm\text{土壤质量}}$(野外或实验室称重法)。

(5) 按下式计算出>2mm岩屑部分体积占土壤总体积的含量

$$> 2mm\text{岩屑部分}\ mL \cdot L^{-1} = 1000(1 - Cm) \quad (2\text{-}11)$$

式中,Cm为岩屑部分的换算因数;1000为换算成每1L中的体积。

2.5 土壤自然含水量的测定

2.5.1 方法提要

烘干法是测定土壤含水量的通用方法,测定本身的误差决定所用天平的精确度和取样的代表性。土壤样品在(105±2)℃烘至恒重时的失重,即为土壤样品所含水分的质量。

2.5.2 主要仪器设备

铝盒、天平(感量为0.01g)、电热恒温鼓风干燥箱、干燥器。

2.5.3 操作步骤

(1) 新鲜土样水分的测定

将盛有新鲜土样的铝盒(在装土样前空铝盒已称过质量)在天平上称重,精确至0.01g。将盒盖倾斜放在铝盒上,置于已预热至(105±2)℃的恒温干燥箱烘6~8h,取出盖好,放入干燥器中平衡30min,立即称重,并称至恒重,精确至0.01g。

(2) 风干土样水分的测定

称取通过2mm筛孔的风干土样5~10g,放入已知质量的铝盒内,盖好,称重,精确至0.01g。将盒盖倾斜在铝盒上,置于已预热至(105±2)℃的恒温干燥箱烘6h,取出盖好,移入干燥器内平衡30min,立即称重,并称至恒重,精确至0.01g。

2.5.4 结果计算

$$\text{水分(分析基)}=\frac{m_1-m_2}{m_1-m_0}\times 100\% \tag{2-12}$$

$$\text{水分(烘干基)}=\frac{m_1-m_2}{m_2-m_0}\times 100\% \tag{2-13}$$

式中,m_0 为烘干空铝盒质量(g);m_1 为烘干前铝盒及土样质量(g);m_2 为烘干后铝盒及土样质量(g)。

2.5.5 精密度

平行测定结果的允许绝对误差:

水分含量	允许绝对误差
<5%	≤0.2%
5%~15%	≤0.3%
>15%	≤0.7%

2.5.6 注意事项

(1) 严格控制烘箱温度,温度过高,土壤有机质易碳化散逸。

(2) 一般土壤烘6h即可烘至恒重。含水较多质地黏重的土壤样品烘8h。

(3) 干燥器内的干燥剂,要经常更换或处理。

2.6　容重的测定

土壤容重是指土壤在自然状态下单位体积内(包括粒间孔隙)的干土重。因此测定土壤容重要用未破坏土壤自然结构的原状土块,用一定的方法测定此土块的体积,烘干后称其质量,或测其含水量换算成干土重,即可计算出土壤容重。

2.6.1　莎纶树脂包膜土块法

莎纶树脂(Saran Resin)包膜土块法是测定土壤在不同含水状态下的容重和干容重最为适用的方法。由于莎纶树脂可溶于丙酮,土块在此莎纶树脂胶液中浸蘸后,形成不透水的树脂包膜,可浸在水中称其重量以求得土块的体积。而且此包膜具有一定张拉和收缩特性,可随土块而胀缩,并在105℃烘箱中烘干时不发生熔化,还可根据树脂的质量和比重计算出包膜的体积,因此用莎纶树脂包膜土块法不仅可以测定指定水吸力状态下的土壤容重和干容重,计算土壤的线胀系数(COLE),而且还可测定自然湿润状态下的容重,求出土壤自然含水量和指定水吸力时的含水量,并可同时作出土壤水分特征曲线。

2.6.1.1　主要仪器设备

土壤水分特征曲线测定仪、1/100天平、烘箱等。

2.6.1.2　试剂

1∶7莎纶树脂胶液:用1份重的莎纶树脂溶于7份重的丙酮中。混合时将莎纶树脂慢慢加入丙酮中,并不断搅拌。待其全部溶解后即配成1∶7莎纶树脂胶液。适用于黏粒含量>180g·kg^{-1}的大多数土壤。

1∶4莎纶树脂胶液:用1份重的莎纶树脂溶于4份重的丙酮中,配制方法同上。适用于具有大孔隙的土壤和黏粒含量<180g·kg^{-1}的土壤。

2.6.1.3　操作步骤

(1) 从野外采样的土壤剖面上,每一土层挖取三个比拳头略大的土块,细心地切削成蛋卵形,直径约6～7cm,体积为100～200cm^3。

(2) 如果土块不易破碎,把土块放在双股细绳或铜丝做成的圈内拴牢。如果土块易碎则应放在发网中,然后悬挂在一横拉的绳索上。

(3) 把装盛莎纶树脂胶液的容器向上抬升,使土块浸没在胶液中,经短暂时间,把容器向下移去,让莎纶树脂包被土块,继续悬挂在空中30min或更长时间,使其凉干,并装入硬壳容器中运回实验室。若把土块放在不透水的塑料袋中,再装入硬壳容器，运回后还可用以测定田间自然湿润状态下的土壤容重，此容重相当于用环刀法所测的容重。野外包被土块的工作也可把土块运回后在室内进行。

(4) 将运回室内的土块继续在莎纶树脂胶液中浸蘸 3 次，每次间隔 15min。如果测定自然湿润状态时的土壤容重，则在最后一次浸完 30min 后，把包膜土块在空气中称重(*MA*)，记录其质量(精确到 0.01g)。然后将土块浸在水中称重(*EMW*)，称完过夜晾干后进行下一步操作。

(5) 每个莎纶树脂包被的土块，在其平坦的一面移去莎纶树脂包膜，或用金刚锯切割成一个平坦的露面(直径约 2～3cm)。

(6) 用针小心地在包被的树脂层顶部和周围扎一些小洞，然后用纱布包缠土块，以防吸水时土块破碎损失。

(7) 将土块放在瓷盘中，在盘中不断加水保持 3～4cm 深水层，使土块吸水达水分饱和，但不能把土块浸没(吸水时间约 1～2 周)。

(8) 土块达水分饱和后，小心地把纱布取掉，在土块暴露处放一滤纸或纱布，防止土壤损失。将土块暴露的平面朝下放入预先用水饱和的压力膜吸盘上，然后放入压力膜容器锅中，在 $1/3\times10^5$ Pa 压力下，使水流出，直到达水分平衡，不再有水从流水管中流出为止。

(9) 吸水达水分平衡后，在空气中称土块的质量(MA_1)，记录质量(精确至 0.01g)。

(10) 把称重后的土块在莎纶树脂胶液中浸蘸 3 次(步骤同前)，最后一次浸完晾 30min 后即可进行下一步操作。

(11) 在空气中称土块的质量(MA_2)，然后将土块浸没在水里称其在水中的质量(*EQW*)。

(12) 用针在包被的树脂膜上扎一些小洞，对于胀缩性较大的土壤，先将土块在空气中或低温度(约 40℃)烘箱中风干，然后放在 105℃烘箱中烘 48h。

(13) 将土块在莎纶树脂胶液中浸蘸 3 次(步骤同前)，最后一次浸完晾 30min 后在空气中称重(*DA*)，然后浸入水中称重(*DW*)。

(14) 如果土壤中＞2mm 粗颗粒超过 $50g\cdot kg^{-1}$，则需将土块破碎后，湿筛得到粗粒部分，烘干后称重(*FRAG*)。

在 $1/10\times10^5$ Pa 土壤水吸力状态下的土壤容重，测定步骤与 $1/3\times10^5$ Pa 水吸力状态下相同，只是把水分平衡时的压力改变为 $1/10\times10^5$ Pa 即可。

2.6.1.4 结果计算

(1) 1 层莎纶树脂的质量

$$WS = (MA_2 - MA_1)/3^{①} \tag{2-14}$$

① 树脂层数。

（2）自然湿润状态时涉纶树脂的质量

$$MWS = (4^{①} - 1 + 1.5^{②}) \times WS \tag{2-15}$$

（3）自然湿润状态时涉纶树脂的体积

$$MVS = MWS/1.3^{③} \tag{2-16}$$

（4）粗粒部分的体积

$$VF = FRAG/2.65^{④} \tag{2-17}$$

（5）自然湿润状态时土壤的体积

$$MV = MA - EMW - MVS - VF \tag{2-18}$$

（6）自然湿润状态时土壤的质量

$$MW = MA - MWS - FRAG \tag{2-19}$$

（7）$1/3 \times 10^5$ Pa 水吸力时涉纶树脂的质量

$$MWS_{1/3} = (7^{⑤} - 1 + 1.5) \times WS \tag{2-20}$$

（8）$1/3 \times 10^5$ Pa 水吸力时树脂的体积

$$MVS_{1/3} = MWS/1.3 \tag{2-21}$$

（9）$1/3 \times 10^5$ Pa 水吸力时土壤的体积

$$MV_{1/3} = MA_2 - EQW - MVS_{1/3} - VF \tag{2-22}$$

（10）$1/3 \times 10^5$ Pa 水吸力时土壤的质量

$$MW_{1/3} = MA_2 - MWS_{1/3} - FRAG \tag{2-23}$$

（11）烘干后树脂的质量

$$DWS = (10^{⑥} - 1 + 1.5) \times WS \tag{2-24}$$

（12）烘干后树脂的体积

$$DVS = DWS/1.3 \tag{2-25}$$

（13）烘干后土壤的干重

$$DS = DA - DWS - FRAG \tag{2-26}$$

（14）烘干后土壤的体积

$$DV = DA - DW - DVS - VF \tag{2-27}$$

---

① 称 *MA* 时树脂层数。

② 第一层树脂的质量被认为是后来每层树脂质量的 1.5 倍，下同。

③ 1.3 为涉纶树脂的密度（$g \cdot cm^{-3}$），下同。

④ 2.65 为粗粒部分的比重（$g \cdot cm^{-3}$）。

⑤ 称 MA_2 时树脂层数。

⑥ 树脂总层数。

(15) 田间自然含水量

$$W(\mathrm{g\cdot kg^{-1}}) = \frac{MW - DS}{DS} \times 1000 \tag{2-28}$$

(16) 自然湿润状态时<2mm 细土部分容重

$$BD = DS/MV \tag{2-29}$$

(17) $1/3\times10^5$ Pa 水吸力时<2mm 细土部分容重

$$BD_{1/3} = DS/MV_{1/3} \tag{2-30}$$

(18) 烘干状态下<2mm 细土部分容重

$$BDD = DS/DV \tag{2-31}$$

2.6.1.5 精密度

平行测定结果绝对误差≤0.03$\mathrm{g\cdot cm^{-3}}$。

2.6.1.6 注意事项

(1) 因为莎纶树脂在丙酮中溶解较慢，在配制莎纶树脂胶液时，应将莎纶树脂缓慢加入丙酮中，并不断搅拌，使其完全溶解。配好的胶液应盖紧密封，以防溶剂蒸发。

(2) 第一次包膜土块时，浸蘸时间不宜太长，以免土块散落在胶液中，尤其是易碎土块，要把盛胶液的容器上下移动，土块不动。

(3) 土块在水中称重时，用细绳悬挂在天平上，计算时应扣除绳的质量。

(4) 悬挂土块的细绳，在每次包膜后要换一下位置，以免取下时使胶膜破损，以防水分进入土块内。

(5) 包膜土块吸水达饱和的时间因土壤质地、结构等不同而有很大差别。土块完全被水饱和一般以包膜上扎的小孔可见水珠为准。

(6) 土壤容重是以<2mm 细土部分为基础计算的值。但>2mm 粗颗粒<50$\mathrm{g\cdot kg^{-1}}$时，可按无粗颗粒计算，土壤容重即为<2mm 细土容重($\mathrm{g\cdot cm^{-3}}$)。

(7) >2mm 粗颗粒>50$\mathrm{g\cdot kg^{-1}}$时，应压碎土块，筛出粗碎屑并称重，再把容重值校正为以<2mm 细土部分为基础计算的值。

2.6.2 环刀法

一般对可切削的土壤采用环刀法，即利用一定容积的钢制环刀，切割自然状态的土样，计算其单位容积烘干土(或湿润土)质量。

2.6.2.1 主要仪器设备

环刀(容积一般采用 100$\mathrm{cm^3}$，其高 5cm，切口部分的直径为 5.05cm，如图

2.5)、环刀托、锤子、小刀、天平、烘箱等。

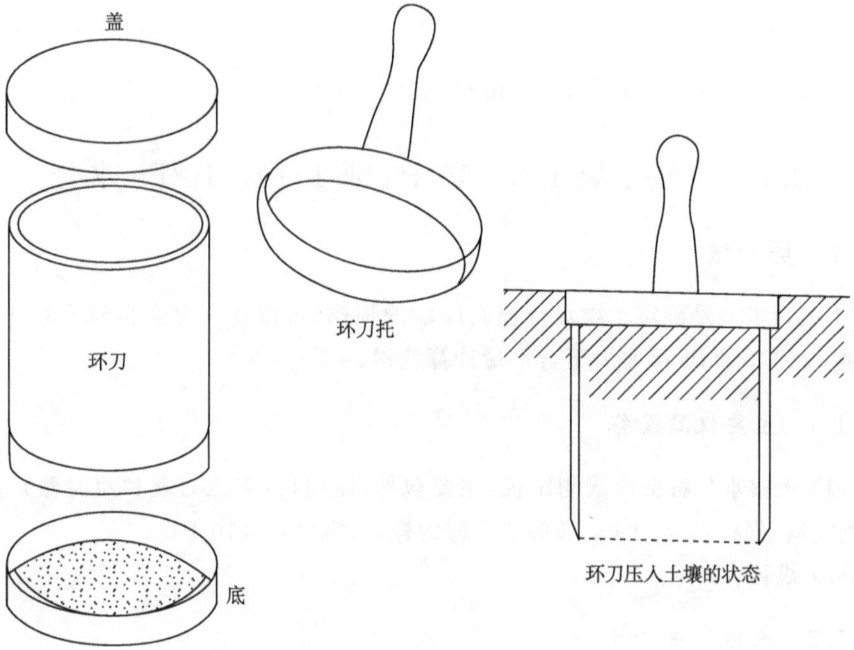

图 2.5　环刀示意图

2.6.2.2　操作步骤

（1）根据挖掘土壤剖面的要求，选择挖坑位置，挖深一般为 1m 或见地下水为止，如只测定耕作层土壤容重，则不必挖坑。

（2）按剖面层次，分层采样（每层重复 3 个），采样时将环刀托放在已知质量的环刀上，其内壁事先稍擦上凡士林，将刀刃口向下，均匀、平稳、用锤子将环刀垂直压入土中，直至环刀筒内充满样品为止。

（3）取出已装满土样的环刀，细心削锯两端多余土样，并擦净外壁，随即两端加盖称重（精确到 0.01g），带回室内烘干称重，得环刀内烘干土块重。

（4）将环刀内烘干土块压碎，过 2mm 孔径筛，并对其中＞2mm 部分称重。

2.6.2.3　结果计算

$$Dbm=\frac{W_c-W_g}{V-V_g} \tag{2-32}$$

式中，Dbm 为土壤（＜2mm 细土部分）容重（$g \cdot cm^{-3}$）；W_c 为环刀内土块烘干重（g）；W_g 为环刀内土块中＞2mm 石砾重（g）；V 为环刀容积（cm^3）；V_g 为环刀内土块中>2mm石砾的体积(cm^3)(假定石砾比重为2.65g·cm^{-3}计算而得)。

2.6.2.4 精密度

平行测定结果绝对误差≤0.03g·cm^{-3}。

2.7 自然土块 $1/3\times10^5$Pa 或 $1/10\times10^5$Pa 水分

2.7.1 环刀法

土壤持水差是确定土壤水分控制层段的根据,可以通过测定自然土块 $1/3\times10^5$ 或 $1/10\times10^5$Pa 吸水力下含水量计算获得。

2.7.1.1 主要仪器设备

(1) 土壤水分特征曲线测定仪,主要包括:压缩机(附压力表和定时器)、多枝管、测定锅(规格:5×10^5Pa)和搁置土样的瓷盘(规格:1×10^5Pa)。

(2) 烘箱。

2.7.1.2 操作步骤

(1) 对于一般土壤,可用环刀在田间采取土样,重复3份;对于缩胀性明显的土壤,则先从田间采取原状土块,重复3份,然后按测定土壤容重一样,用莎纶树脂包膜法制备。

(2) 先用 1×10^5Pa 的陶瓷盘,放入水中浸泡约30min后,取出陶瓷盘,并在盘内垫上一张大小相同的滤纸,加水湿润。

(3) 将环刀样品底部用同样大小的圆形滤纸垫上,编号,小心放入准备好的陶瓷盘中,然后在瓷盘中加入约1cm深的水,使土样为水所饱和。对于非环刀样品,或吸水缓慢的黏质土壤样品,可先在其他容器中用水饱和后,再放到测定瓷盘中。

(4) 将瓷盘和测定样品一起放入测定锅内,接上出水管,拧紧测定锅盖螺丝,并调节压力。首先调节至2500Pa,然后再调节使与所选定的吸持力相对应,这时测定锅出水管开始排水。

(5) 样品放入测定锅3天后进行水分平衡检查,当看见测定锅外不挂水珠时,用一小片滤纸抹拭出水管口,如果滤纸上不带水迹,表示测定锅内土壤样品水分已达到平衡。达到水分平衡的时间因土壤质地不同而不同,砂质土吸持力较低,时间较短,黏质土吸持力较高,则时间较长,甚至需2~3个星期。

(6) 当达到水分平衡后,关闭进气阀,排出测定锅内的高压气体,将样品取出,并称重(G_1)。

(7) 将环刀样品放入烘箱内，在 105℃下烘干至恒重，取出冷却并称重(G_2)。最后将环刀内土样取出、压碎、筛分出>2mm 石砾部分，并称重(G_3)，同时将环刀称重(G_0)。

2.7.1.3　结果计算

按下式计算 $1/3\times10^5$ 或 $1/10\times10^5$ Pa 吸水力下水分含量

$$W(\mathrm{g\cdot kg^{-1}})=\frac{G_1-G_2}{G_2-G_3-G_0}\times1000 \tag{2-33}$$

式中，$W(\mathrm{g\cdot kg^{-1}})$为 $1/3\times10^5$ 或 $1/10\times10^5$ Pa 水分含量($\mathrm{g\cdot kg^{-1}}$)；G_1 为 $1/3\times10^5$ 或 $1/10\times10^5$ Pa 吸水力下土块+环刀重(g)；G_2 为烘干土状态下土块+环刀重(g)；G_3 为环刀土样中>2mm 石砾重(g)；G_0 为环刀重(g)。

2.7.2　莎纶树脂包膜土块法

自然土块 $1/3\times10^5$ Pa 水分是指水分饱和的土块经 $1/3\times10^5$ Pa 张力平衡后所吸持的水分含量。可以在上述用莎纶树脂包膜的土块测定 $1/3\times10^5$ Pa 水吸力下土壤容重的同时进行测定，以<2mm 部分烘干土重为基础计算。结果计算公式如下

$$W_{1/3}(\mathrm{g\cdot kg^{-1}})=\frac{MW_{1/3}-DS}{DS}\times1000 \tag{2-34}$$

式中，$W_{1/3}$为 $1/3\times10^5$ Pa 水吸力时土壤含水量($\mathrm{g\cdot kg^{-1}}$)；$MW_{1/3}$为 $1/3\times10^5$ Pa 水吸力时土壤的质量(g)(见 2.6.1.4)；DS 为烘干后土壤的干重(g)(见 2.6.1.4)。

自然土块 $1/10\times10^5$ Pa 水分是指水分饱和的土块经 $1/10\times10^5$ Pa 张力平衡后所吸持的水分含量。可以在上述用莎纶树脂包膜的土块测定 $1/10\times10^5$ Pa 水吸力下土壤容重的同时进行测定，以<2mm 部分烘干土重为基础计算。结果计算公式如下

$$W_{1/10}(\mathrm{g\cdot kg^{-1}})=\frac{MW_{1/10}-DS}{DS}\times1000 \tag{2-35}$$

式中，$W_{1/10}$为 $1/10\times10^5$ Pa 水吸力时土壤含水量($\mathrm{g\cdot kg^{-1}}$)；$MW_{1/10}$为 $1/10\times10^5$ Pa 水吸力时土壤的质量(g)；DS 为烘干后土壤的干重(g)(见 2.6.1.4)。

2.8　土壤水特征曲线测定

不同土壤有各自的颗粒组成和结构特征，反映出不同的持水特性。土壤内部不同孔径孔隙空间比例的差异，决定着土壤对水分吸持力的差别。土壤内部的孔隙越大，它对土壤水分的吸持力就越小；反之，孔隙越小，吸持力越大。据此，可在不同压力下，测定土壤持水变化，以描述土壤水分变化特征。一般从相应于田间持水量条件下的数百帕，到相应于永久凋萎系数条件下的 15×10^5 Pa 的整个水分变

化过程作测定，并以纵坐标为土壤水分含量，以横坐标为土壤对水分的吸持力，作图得出土壤水分特征曲线。它是一项很重要的土壤特征，反映出从土壤田间持水量到永久凋萎系数土壤水分的变化过程。

2.8.1 主要仪器设备

土壤水分特征曲线测定仪(压力膜水分提取器，压力板承受压力大小分为 1×10^5 Pa、3×10^5 Pa、5×10^5 Pa、10×10^5 Pa 和 15×10^5 Pa)、土壤环刀、压力泵或高压气源、小塑料圈、瓷盘、烘箱等。

2.8.2 操作步骤

(1) 如果测定原状土的水分特征曲线，可以在野外直接用标准环刀采集(采集方法同 2.6.2.2)；如果测定扰动土的水分特征曲线，需要按照规定的容重称取风干、磨制过 2mm 的土壤样品，小心装入放置好的塑料圈或标准环刀内，装好后用小玻璃瓶将土表压平。

(2) 将备好的土样连同相配的压力板一起放入一磁盘内，加水饱和土样和压力板。注意应缓慢加水，使环刀外的水面和环刀一样高，但勿使水浸淹环刀的顶端，以免造成土样内空气封闭，影响饱和水量，如果由于土样吸水使得液面下降，应及时补充水分，保持环刀外水面与环刀一样高。放置至少 24h，使土样完全饱和。

(3) 将饱和的压力板(根据不同的测定压力选择相配的压力板)连同土样一起放入水分提取器内，用耐压胶管连通压力板。放置压力板时要注意压力板面及其以下橡皮面保持水平，因此压力板下橡皮面必须架起悬空，并擦干高压容器底的水。连接好出水管，盖紧锅盖，调节好压力。加压后锅外部出水管有水慢慢流出，保持气压不变，直至没有水从水分提取器内排出，可判定已达到平衡。压力越大，需要平衡的时间越长。如果测定 15×10^5 Pa 时，需要 1 周以上时间。

(4) 开启压力锅盖前，首先切断气源，将气压调回 0 值，开盖取样，称重。

(5) 在测定过程中，需要从低压力开始测定，逐渐增加到高压力，在每个测定压力下，均需要取出土样称重。

(6) 在测定 15×10^5 Pa 时，取出土样称重，并将样品放入烘箱内在 105℃条件下烘干，称重。

2.8.3 结果计算

$$W_i=\frac{M_i-M_0}{M_0}\times1000 \tag{2-36}$$

式中，W_i 为 i 水吸力下土壤含水量($g\cdot kg^{-1}$)；M_i 为 i 水吸力下湿土质量(g)；M_0 为测定土样在 105℃条件下烘干质量(g)；1000 为换算成每 1kg 中土壤水分的含量。

根据计算的不同压力下的土壤含水量和相应压力下的土壤基质势($\psi_m = -P$)在直角坐标系中点绘土壤水分特征曲线。

2.8.4　测定允许误差

原状土平行测定变异系数<5%,扰动土平行测定变异系数<1%。

2.8.5　注意事项

(1) 向塑料圈装入样品时,要小心勿将土壤撒出塑料圈外和滞留在塑料圈的上部边缘,否则易增大测定误差。

(2) 样品装填完毕,加水饱和样品时,应注意勿使水滴滴到土壤样品上,以免使样品从塑料圈中溅出。

(3) 为提高测定精度,垫圈滤纸要求剪制均匀,大小尽量相等并使之质量相同;在测定过程中,同时放入空滤纸圈并随样品一道测定相应质量,以消除滤纸吸水对土壤含水量的影响。

(4) 测定不同吸持力下的土壤含水量时需用不同的陶瓷板,故在测定前应注意陶瓷板的选取配用。

(5) 根据环刀体积和最后土样的烘干质量,该方法还可以同时获得土壤容重。

2.9　凋萎含水量的测定

凋萎含水量(凋萎系数)是指作物开始永久凋萎时的土壤含水量。它是土壤中作物能利用的水分下限,一般以田间持水量和凋萎系数之间的水分为有效水,它是重要的土壤水分常数之一。通常采用生物法来测定土壤凋萎含水量,也可用土壤最大吸湿水(是指通过10号筛的风干土样在空气湿度接近饱和时的吸湿量)乘上一系数(1.2～2.3)后间接求得。

2.9.1　生物法

2.9.1.1　主要仪器设备

木箱(内放湿锯木末,使箱内水汽饱和)、作物种子、温度计等。

2.9.1.2　试剂

营养液:2.8g 磷酸氢铵($NH_4H_2PO_4$)、3.5g 硝酸钾(KNO_3)和 5.4g 硝酸铵(NH_4NO_3)溶于 1L 水中。

2.9.1.3 操作步骤

(1) 装土

将通过 2mm 孔径筛的风干土均匀装满烧杯(杯高 6～7cm,直径 4～5cm,杯中插入一直径 0.5cm,长 8cm 的玻管,以便浇水时空气由此排出)。每一样品重复 4 次。

(2) 浇水(或营养液)

用塞有棉花的漏斗,均匀滴加,浸湿土样(空气可由玻管逸出)。

(3) 幼苗准备

在装土前几天,选好所需种子(一般用大麦种子),着手开始催芽,发芽 3～4 天后即可应用。

(4) 种植

在湿润的土表下 2cm 处种入 5～6 棵已发芽的种子,盖土后称重记载,杯口用厚纸遮盖,以免土表蒸发(以后每杯选留下 3 株)。

(5) 培育

将杯放到光线充足处(避免烈日直射),待幼苗生长到与杯口齐平时,杯口用蜡纸封住,纸上有孔,幼苗即由此长出,纸与杯壁接合处,封上石蜡,然后在蜡纸上盖一薄层石英砂,防止土表蒸发,排气的玻管口可塞上棉花。

(6) 观察、管理

在生长过程中,每天早、中、晚观察室温和生长情况,并隔 5～6 天称重 1 次(如杯内水分蒸发过多,可进行第二次灌水)。当第二片子叶长得比第一片子叶较长时,证明幼苗根已分布于杯内的整个土体,此时可进行试验(也可最后灌一次水)。然后将杯移到没有阳光直射处,直到第一次凋萎(叶子下垂)。

当植株出现凋萎后,将杯移入木箱内,经一昼夜后观察,如凋萎现象消失,即把杯放回原处,待凋萎现象再次出现后,再把杯置进箱内,如此往返观察,直到植株并不复苏,就可认为植物已达到永久凋萎。

(7) 取样分析

去除石蜡封面、土表 2cm 的土层、植株及根系,参照测定土壤吸湿水的方法,测定杯中土壤的含水量即为凋萎含水量。

2.9.1.4 结果计算

参见土壤吸湿水测定 2.5.4。

2.9.1.5 精密度

本法重复误差不得＞±10g · kg^{-1},取算术平均值。

2.9.2　15×10^5 Pa 吸持力含水量测定法

15×10^5 Pa 吸持力下土壤含水量，相应于一般土壤的凋萎点含水量，它处于水分特征曲线中的一点，当吸持力$>15\times10^5$ Pa 时，土壤中的水分不能为植物吸收利用。

15×10^5 Pa 吸持力下土壤含水量的测定方法参见 2.8。

2.10　水分吸持差(WRD)的计算

水分吸持差(WRD)，像线胀系数(COLE)一样，也是根据在 $1/3\times10^5$ Pa(较砂性土壤为 $1/10\times10^5$ Pa)和 1.5×10^6 Pa 水吸力状态下的水分含量进行计算的数值，它是以体积为基础的水分含量之差。如果土壤中含有$>$2mm 砾石，该数值也要进行相应的校正，因此，WRD 是以全部土壤为基础的。由于 $1/3\times10^5$ Pa(砂性土壤为 $1/10\times10^5$ Pa)水吸力时的含水量相当于土壤的田间持水量，而 1.5×10^6 Pa 水吸力时的含水量相当于土壤的凋萎系数，因此 WRD 反映了土壤中以体积比表示的有效水的最大量。结果计算公式如下

$$\mathrm{WRD}=\frac{(W_{1/3}-W_{15})(BD_{1/3})\times Cm\times P_w}{1000} \tag{2-37}$$

式中，WRD 为每 cm^3 全部土壤在 $1/3\times10^5$ Pa 和 1.5×10^6 Pa 水吸力间所保持的水分量，表示单位为 cm/cm；$W_{1/3}$ 为 $1/3\times10^5$ Pa 水吸力时所保持的水分($\mathrm{g\cdot kg^{-1}}$)[见 2.7.2，公式(2-34)]；W_{15} 为 1.5×10^6 Pa 水吸力时所保持的水分($\mathrm{g\cdot kg^{-1}}$)[见 2.8.3，公式(2-36)]；$BD_{1/3}$ 为 $1/3\times10^5$ Pa 水吸力时$<$2mm 细土部分容重(见 2.6.1.4)；Cm 为占土壤体积的换算因数(见 2.4.2)；P_w 为水密度($\mathrm{1g\cdot cm^{-3}}$)。

$1/10\times10^5$ Pa 和 1.5×10^6 Pa 间水分吸持差在上面的计算式中用 $1/10\times10^5$ Pa 的水分含量 $W_{1/10}$[见公式(2-35)]代替 $1/3\times10^5$ Pa 的水分含量($W_{1/3}$)进行计算。

2.11　饱和含水量的测定

土壤饱和水是指土壤中的全部孔隙都充满水分时的土壤含水量。它代表土壤的最大容水能力，其中包含重力水。测定饱和水含量，一般与土壤容重(环刀法)结合进行，也可用土壤总孔隙度来代替，但此值稍偏大。

2.11.1　主要仪器设备

瓷盘或塑料盘、环刀、环刀托、锤子、小刀、天平、烘箱等。

2.11.2　操作步骤

(1) 野外取原状环刀土壤样品，主要应不破坏土壤样品的结构，重复 3 次。

(2) 把盛有原状土的环刀筒称重后，将有孔的底盖打开，垫上滤纸，重新盖好。浸入存水盘中，有孔并垫有滤纸的一端放在下面，使环刀筒外的水面和环刀筒一样高(切勿浸淹环刀顶端，以免造成封闭空气)。环刀筒放入水中的时间，一般砂土4～8h、黏土8～12h。

(3) 到预定浸水时间后，迅速从水中取出，放入预先称重的铝盒盖中，然后称重。再放回水盘中，砂土2h，黏土4h，继续称重，直至前后两次无显著差异时，测其含水量，即为饱和水含量。

2.11.3 结果计算

参见土壤吸湿水测定2.5.4。

2.11.4 制备饱和土浆实际需水量的测定方法

称取风干土用环刀法测得饱和含水量，同时另称风干土测得吸湿水含量，上述两项含水量的差值即为实际需加水量。例如，测得风干土土样饱和水含量为200g · kg^{-1}，吸湿水含量为50g · kg^{-1}，即100g风干土土样中实际需加水量为15mL。

2.11.5 精密度

平行测定结果相对差≤5%。

2.12 线性膨胀系数(COLE)的计算

土壤线性膨胀系数(COLE)是土块在湿时($1/3\times10^5$Pa水吸力状态下)的长度与干时长度差数对其干时长度的比值，这就是$(Lm-Ld)/Ld$。其中Lm是土块在$1/3\times10^5$Pa水吸力时的长度，Ld是土块在烘干时的长度，它可根据土块在$1/3\times10^5$Pa水吸力时容重与烘干时容重之差求得。因此其测定方法、步骤与$1/3\times10^5$Pa水吸力状态下土壤容重和烘干状态下土壤容重的测定相同(见2.6.1)。

(1) 对于>2mm粗颗粒含量<50g · kg^{-1}的土壤可按无砾石计算，计算公式如下

$$\mathrm{COLE}=\left(\frac{BDD}{BD_{1/3}}\right)^{1/3}-1 \qquad (2\text{-}38)$$

式中，BDD为烘干状态下的土壤容重(见2.6.1.4)；$BD_{1/3}$为$1/3\times10^5$Pa水吸力时的土壤容重(见2.6.1.4)。

(2) 因为土壤容重是以>2mm细土部分为基础计算的值，而线胀系数(COLE)是以全部土壤计算基础的，所以对于<2mm粗颗粒含量>50g · kg^{-1}的

土壤,要对粗颗粒进行校正,计算公式如下

$$\mathrm{COLE}=\left[\frac{1}{Cm\left(\dfrac{BD_{1/3}}{BDD}\right)+(1-Cm)}\right]^{1/3}-1 \tag{2-39}$$

式中,BDD 为烘干状态下<2mm 细土部分容重(见 2.6.1.4);$BD_{1/3}$ 为 $1/3\times10^5$ Pa 水吸力时<2mm 细土部分容重(见 2.6.1.4);Cm 为岩屑部分的换算因数(见 2.4.2)。

主要参考文献

华孟,王坚. 1993. 土壤物理学. 北京:中国农业大学出版社:278-279.

全国农业技术推广服务中心. 2006. 土壤分析技术规范. 北京:中国农业出版社:9-10.

瓦久尼娜 A Ȼ,柯察金娜 3 A 著. 1965. 土壤及土质物理性质测定法. 程云生等译. 北京:科学出版社:205-206.

王伏雄,宋瑞玲. 1990. 测定昆仑山区土壤颗粒组成所出现的问题及其改进. 土壤,6:332-334.

杨金玲,张甘霖,李德成. 2009. 激光法与湿筛-吸管法测定土壤颗粒组成的转换及质地确定. 土壤学报,46(5):772-780.

于天仁,等. 1976. 土壤的电化学性质及其研究法. 修订本. 北京:科学出版社:517-523.

中国科学院南京土壤研究所,姚贤良等. 1986. 土壤物理学. 北京:中国农业出版社:1-42.

中国科学院南京土壤研究所. 1978. 土壤理化分析. 上海:上海科学技术出版社:469-490,511-512.

中国科学院南京土壤研究所土壤物理研究室. 1978. 土壤物理性质测定法. 北京:科学出版社:110-112.

中国土壤学会. 1999. 土壤农业化学分析方法. 北京:中国农业科技出版社:292-295.

中国土壤学会农业化学专业委员会. 1984. 土壤农业化学常规分析方法. 北京:科学出版社:23-42.

Kimble J M,Holzhcy C H. 1987. 土壤系统分类用的实验室方法. 土壤学进展,土壤系统分类研讨会特刊:52-59.

Kimble J M. 1987. 美国土壤系统分类的指标和计算. 土壤学进展,土壤系统分类研讨会特刊:34-43.

Scheffer,Schachts C. 1976. Lehrbuch der BodenKunde. Stuttgart:Ferdinand Enke Verlay:179-186.

USDA,SCS. 1983. Principles and Procedures for Using Soil Survey Laboratory Data.

USDA,SCS. 1984. Procedures for Collecting Soil Sample and Methods of Analysis for Soil Survey. Soil Survey Investigations Report,No. 1.

USDA,NRCS. 1996. Soil Survey Laboratory Methods Manual. Soil Survey Investigations Report,No. 42. Version 3.0.

USDA,NRCS. 2004. Soil Survey Laboratory Methods Manual. Soil Survey Investigations Report,No. 42. Version 4.0.

第三章　土壤 pH、碳酸盐和石膏的测定

3.1　pH 的测定(电位法)

用电位法测定土壤 pH 时，精密度较高。目前选用液土比为 2.5∶1，枯枝落叶层采用 5∶1。一般土壤采用水浸提法，对于酸性土壤，除用水提外，还需用 $1mol \cdot L^{-1}$ KCl 浸提法。用 $1mol \cdot L^{-1}$ NaF 测定土壤中的 pH，只限于具有大量短序(无定形)黏土矿物的土壤。

3.1.1　水浸提法

3.1.1.1　主要仪器设备

酸度计、玻璃电极、饱和甘汞电极或 pH 复合电极等。

3.1.1.2　试剂

(1) pH4.01 标准缓冲溶液：称取经 105℃烘过的苯二甲酸氢钾($KHC_8H_4O_4$，分析纯)10.21g 溶于蒸馏水中，并稀释至 1L。

(2) pH6.87 标准缓冲溶液：称取经 50℃烘过的磷酸二氢钾(KH_2PO_4，分析纯)3.39g 和经 120℃烘过的无水磷酸氢二钠(Na_2HPO_4，分析纯)3.53g 溶于蒸馏水中，并稀释至 1L。

(3) pH9.18 标准缓冲溶液：称取 3.80g 硼砂($Na_2B_4O_7 \cdot 10H_2O$，分析纯)溶于无 CO_2 的蒸馏水中，并稀释至 1L，此缓冲溶液的 pH 易变，注意保存。

3.1.1.3　操作步骤

称取通过 2mm 筛孔的风干土样 10g 于 50mL 高型烧杯中，加入 25mL 无 CO_2 蒸馏水，剧烈搅拌 1min，静置 30min。同时将酸度计预热 20～30min(具体使用参照各种型号酸度计的使用说明书)，用两种 pH 标准缓冲溶液反复校正仪器，使标准缓冲溶液的 pH 和仪器标度上的 pH 相一致。

测定时，将玻璃电极的球泡插到土壤悬浊液中，并轻轻摇动以去除表面水膜，随后将饱和甘汞电极插到土壤上部澄清液中，然后读出 pH。每测完 1 个样品需用蒸馏水冲洗电极，并用滤纸将水吸干，每测完 5～6 个样品，再用 pH 标准缓冲溶液校正 1 次。

3.1.1.4 精密度

平行测定结果允许绝对误差≤0.1pH 单位。

3.1.1.5 注意事项

(1) 测定前,玻璃电极必须活化。可放入蒸馏水中或 0.1mol · L^{-1} HCl 溶液中浸泡 12h 以上。甘汞电极中应随时补充饱和 KCl 溶液和固体 KCl,使用时要把电极侧口的小橡皮塞取下。

(2) 测定时,实验室里应没有氨或挥发性酸等气体存在。

(3) 平衡时间随各种土壤而异,一般规定平衡 2min 读出 pH。

3.1.2 氯化钾浸提法

3.1.2.1 主要仪器设备

同 3.1.1.1。

3.1.2.2 试剂

(1) 1mol · L^{-1}KCl 溶液:称取 74.60g 氯化钾(KCl,化学纯)溶于蒸馏水中,用 1mol · L^{-1}KOH 和 1mol · L^{-1}HCl 调 pH 至 5.5~6.0 之间,然后稀释至 1L。

(2) 其他 pH 标准缓冲溶液配制参照 3.1.1.2(1)、(2)。

3.1.2.3 操作步骤

当水提液的土壤 pH 低于 6.5 时,需用 1mol · L^{-1}KCl 溶液测定盐提 pH,测定方法是用 1mol · L^{-1}KCl 代替无 CO_2 蒸馏水制备土壤 pH 测定悬液外,其他操作步骤同 3.1.1.3。

3.1.2.4 注意事项

同 3.1.1.5。

3.1.3 氟化钠浸提法

3.1.3.1 主要仪器设备

酸度计、玻璃电极、饱和甘汞电极、搅拌器等。

3.1.3.2 试剂

(1) 1mol · L^{-1}NaF 溶液:取称 42g 氟化钠(NaF,分析纯)于 1L 塑料杯中,加

蒸馏水 900mL 左右，放置两天，中间摇动数次，第三天待 NaF 平衡不变后，此时 pH 达 7.2～8.1 之间，用稀 0.01mol · L^{-1}NaOH 调 pH 至 8.2～8.3，用蒸馏水定容至 1L，摇匀。如果在未调 pH 之前 NaF 溶液的 pH 已超过 8.2，必须更换药品。

(2) 其他 pH 标准缓冲溶液的配制参照 3.1.1.2(1)～(3)。

3.1.3.3 操作步骤

称取通过 2mm 筛孔的风干土 1.0g 于 100mL 烧杯中，加 50mL NaF(pH8.3) 溶液，搅拌 1min(记录时间)，将玻璃电极和饱和甘汞电极插入悬浊液上部 1/3 处，再搅拌 1min，前后约 2min 读取 pH。

3.1.3.4 注意事项

同 3.1.1.5。

3.2 碳酸钙相当物的测定

3.2.1 气量法

用气量法测定碳酸盐总量是较简便的方法，又称约测法。它是用 HCl 与土壤中的碳酸盐作用，生成的 CO_2 在一定的装置上测量其体积，根据 CO_2 体积计算 $CaCO_3$ 含量。因为土壤中可能尚有少量 Na_2CO_3、$NaHCO_3$ 及 $MgCO_3$ 等碳酸盐，所以用此法测得的 $CaCO_3$，统称为碳酸钙相当物。

3.2.1.1 主要仪器设备

碳酸钙气量法测定装置(图 3.1)。

3.2.1.2 试剂

(1) 1∶3 HCl 溶液：1 份浓盐酸(HCl，化学纯)与 3 份蒸馏水混合。

(2) $CaCO_3$：碳酸钙($CaCO_3$，分析纯)。

3.2.1.3 操作步骤

(1) 称取通过 0.149mm 筛孔的风干土样 0.50～10.00g(含 $CaCO_3$0.05～0.40g)，放在反应瓶(250mL 三角瓶)中，用蒸馏水润湿样品及瓶壁瓶口。向固定在橡皮塞上的弯曲小试管(弯曲处有小孔)中注入 10mL 左右 1∶3 HCl 溶液，试管外和底部若沾有酸溶液时应用滤纸擦干(防止在未测定二氧化碳前盐酸滴入三角瓶中)，然后放入反应瓶中塞紧，转动三通活塞使反应瓶及量气管均与外界相通，用

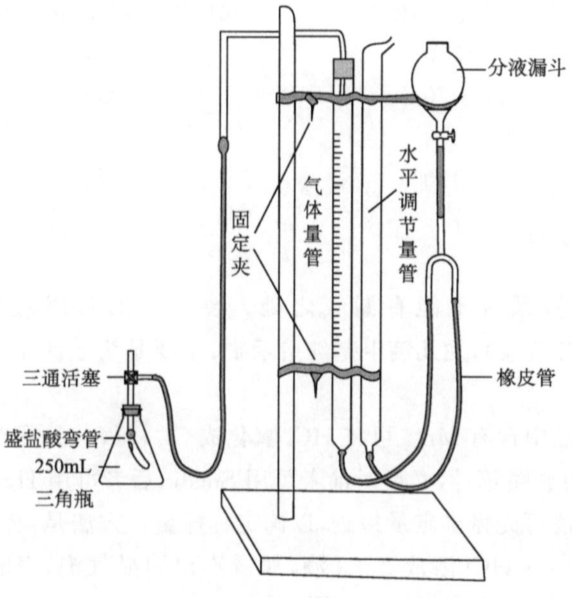

图 3.1　碳酸钙气量法测定装置

分液漏斗中的酸性封闭液调节量气管液面为零，并与水平调节管液面相平。

(2) 转动三通活塞，使反应瓶及量气管均与外界隔绝，用坩埚钳夹住反应瓶颈部，将反应瓶倾斜，将小试管中 HCl 溶液分 2～3 次倒入反应瓶，与样品作用产生 CO_2。充分摇动反应瓶，并随时用分液漏斗调节量气管与水平调节管液面保持相平。摇动反应瓶 3min，两管液面不再变化为止，最后调节两管液面相平读取读数(V)。

(3) 碳酸钙和二氧化碳体积相关曲线：用分析天平称取 105℃烘过的碳酸钙($CaCO_3$，分析纯)0.05g、0.10g、0.20g、0.30g、0.40g(精确到 0.0001g)。同样条件下同样方法测定二氧化碳体积。用统计的方法做碳酸钙质量与二氧化碳体积的相关曲线，再根据样品测定的二氧化碳体积查出碳酸钙质量(也可用直线回归统计的方法求得)。

3.2.1.4　结果计算

$$CaCO_3(g \cdot kg^{-1}) = \frac{G}{m} \times 1000 \tag{3-1}$$

式中，G 为在曲线上查出的碳酸钙质量(g)；m 为样品质量(g)；1000 为换算成每 1kg 土壤中碳酸相当物的含量。

3.2.1.5　精密度

平行测定结果的误差：

碳酸盐含量(g·kg⁻¹)	允许绝对误差(g·kg⁻¹)
<30	$\leqslant 2$
30～70	$\leqslant 3$
70～150	$\leqslant 5$
>150	$\leqslant 7$

3.2.1.6 注意事项

(1) 整个装置系统不能有漏气之处。装置内的封闭液为酸化水(约为 0.1mol·L^{-1} HCl 溶液),加几滴甲基红指示剂,主要是为了减少 CO_2 的溶解和使读数明显。

(2) 如果样品中含有 Mn^{4+} 可将 HCl 氧化成 Cl_2,而 S^{2-} 则可产生 H_2S,但一般土壤中均很少,可忽略不计,必要时前者可用 $SnCl_2$、后者可用 $HgCl_2$ 消除之。

(3) 在称样前可先做半定量检查,以确定称样量。方法是:将土样少许放在白瓷板凹穴中,加 1∶3 HCl 溶液 2～3 滴,如看不出明显气泡,表明 $CaCO_3$ 含量在 10g·kg^{-1}以下,可称样 10g;若有明显气泡又能持续一定时间,表明 $CaCO_3$ 在 10～50g·kg^{-1}之间可称样 5g,如发泡激烈且持久并溢出穴外,表明 $CaCO_3$ 在 50g·kg^{-1}以上,应称样 1g 或 0.5g。

(4) 用蒸馏水润湿样品及反应瓶内壁,可使瓶内水汽压达到平衡,并可缓冲 $CaCO_3$ 与 HCl 反应产生的热量,也可避免 $CaCO_3$ 与 HCl 反应激烈,润湿瓶口可使橡皮塞与瓶口接触紧密,不致漏气。

(5) 操作中应尽量避免用手直接接触反应瓶,以免手温使瓶中气体膨胀而影响测定结果。

(6) 小试管中 HCl 应分 2～3 次倒出,防止 $CaCO_3$ 含量过高时 CO_2 发泡过于激烈,使样品溅在瓶壁上,或使量气管中压力骤增,导致漏气或 CO_2 溶解。

(7) $CaCO_3$ 和 HCl 反应时,应及时用分液漏斗调整量气管与水平调节管中封闭液的液面保持基本相平,勿使相差太高,这样量气管及反应瓶中 CO_2 压力才能接近大气压,避免漏气及 CO_2 溶解。

3.2.2 容量滴定法

用过量的盐酸与土壤中碳酸盐作用,剩余酸用氢氧化钠标准溶液滴定,计算出土壤中碳酸盐含量。

3.2.2.1 主要仪器设备

高型烧杯、容量瓶、三角瓶、滴定架等。

3.2.2.2 试剂

(1) 0.5mol · L^{-1}盐酸标准溶液:量取42mL浓盐酸(HCl,分析纯),用蒸馏水稀释至1L,用硼砂标定其准确浓度。

(2) 0.25mol · L^{-1}氢氧化钠标准溶液:称取10g氢氧化钠(NaOH,分析纯)溶于无CO_2的蒸馏水中并稀释至1L,用苯二甲酸氢钾标定其准确浓度。

(3) 0.1000mol · L^{-1}苯二甲酸氢钾标准溶液:称取经105℃烘过的苯二甲酸氢钾($HOOCC_6H_4COOK$,分析纯)20.423g溶于蒸馏水中,定容到1L,摇匀,此液为0.1000mol · L^{-1}苯二甲酸氢钾标准溶液。

3.2.2.3 操作步骤

称取通过0.149mm筛孔的风干土样3.00～10.00g(含$CaCO_3$0.2～0.40g),放入100mL高型烧杯中,加入20.00mL盐酸标准溶液,用玻璃棒搅拌驱出产生的CO_2,冷却后转入100mL容量瓶中,用冷蒸馏水冲洗土样及烧杯5～6次,加蒸馏水定容,摇匀。吸取50mL清液于150mL三角瓶中,加2滴酚酞指示剂,用氢氧化钠标准溶液滴定到明显的红色为终点,记取所用氢氧化钠标准液的体积。

3.2.2.4 结果计算

$$CaCO_3(g \cdot kg^{-1})=\frac{(c_1\times 0.5V_1-c_2\times V_2)\times M\times ts\times 10^{-3}}{m}\times 1000 \quad (3\text{-}2)$$

式中,c_1和V_1为加入盐酸标准液浓度(mol · L^{-1})和体积(mL);c_2和V_2为滴定氢氧化钠标准液浓度(mol · L^{-1})和体积(mL);0.5为滴定时吸取酸液的体积是总体积的一半;ts为分取倍数;M为1/2$CaCO_3$的摩尔质量(50g · mol^{-1});10^{-3}为将mL换算成L的系数;m为风干土样质量(g);1000为换算成每1kg土壤中碳酸钙的含量。

3.2.2.5 精密度

平行测定结果允许误差:

碳酸盐含量(g · kg^{-1})	允许绝对误差(g · kg^{-1})
<10	≤4
10～50	≤12
50～100	≤16
100～200	≤20

3.2.2.6 注意事项

(1) 盐酸以过量25%～100%为宜,过量不足或太多,将使测定结果偏低或偏高。

(2) 此法只能得近似结果，因为盐酸不仅与碳酸钙作用，而且还有其他副反应发生，例如，交换性盐基被氢离子交换，某些碱土金属的硅酸盐也被分解等，致使测得结果常偏高。

(3) 必要时在称样前可先做半定量试验[见 3.2.1.6(3)]。

3.3 石膏的测定(乙醇洗盐、盐酸提取—EDTA 间接滴定法)

在干旱地区土壤剖面中，常有石膏沉积层，甚至裸露地表形成石膏结晶。石膏的测定一般是先用乙醇洗除可溶性盐类，再用足量的 HCl 把石膏溶提出来，然后用质量法或容量法测定 SO_4^{2-}。这里介绍的是 $BaCl_2$-EDTA 间接滴定法，就是向浸出液中加入过量的 $BaCl_2$ 溶液，使 SO_4^{2-} 呈 $BaSO_4$ 沉淀，过量的 Ba^{2+} 用 EDTA 标准溶液滴定，从而计算石膏含量。

3.3.1 主要仪器设备

电动离心机(3000r/min，75mL 或 100mL 离心管)。

3.3.2 试剂

(1) 7∶3 乙醇溶液：量取 700mL 无水乙醇(CH_3CH_2OH，化学纯)与 300mL 蒸馏水混合。

(2) $1mol \cdot L^{-1}$ HCl 溶液：量取 83.3mL 浓盐酸(HCl，化学纯)用蒸馏水稀释至 1L。

(3) 1∶1 NH_4OH 溶液：量取浓氨水(NH_4OH，化学纯)与蒸馏水等体积混合。

(4) $200g \cdot L^{-1}$ $(NH_4)_2CO_3$ 溶液：称取 200g 碳酸铵[$(NH_4)_2CO_3$，分析纯]溶于蒸馏水稀释至 1L。

(5) Ba-Mg 混合剂：称取 3.66g 氯化钡($BaCl_2 \cdot 2H_2O$，化学纯)和 1.02g 氯化镁($MgCl_2 \cdot 6H_2O$，化学纯)溶于蒸馏水，稀释至 1L。此溶液中 Ba^{2+} 的浓度为 $0.015mol \cdot L^{-1}$ 和 Mg^{2+} 的浓度为 $0.005mol \cdot L^{-1}$。

其余试剂同 8.2.1.1。

3.3.3 操作步骤

(1) 称取通过 0.149mm 筛孔的风干土样 1～5g[精确到 0.01g(根据石膏含量而定，约含石膏 0.1～0.8g)]于离心管中，用 7∶3 乙醇离心洗涤土壤 3～4 次，直至无 SO_4^{2-} 反应为止(用 $BaCl_2$ 检查)。每次分离出的清液弃去。

(2) 在离心管中加入 $1mol \cdot L^{-1}$ HCl 溶液 20～30mL，用玻璃棒充分搅动，放置过夜，以赶尽 CO_2。用蒸馏水平衡后离心，清液移入 200mL 容量瓶中，反复提取 3 次。

(3) 在容量瓶中滴加 1∶1 NH_4OH 溶液，直至铁、铝沉淀出现，再加 $(NH_4)_2CO_3$

溶液 10mL，用蒸馏水定容，摇匀。用干滤纸过滤或放置过夜澄清。

(4) 分别吸取清液 2 份各 20mL 于 200mL 三角瓶中，用 $1mol \cdot L^{-1}$ HCl 调节 pH1～2，并在电炉上加热煮沸，赶尽 CO_2。

(5) 其中 1 份趁沸腾的情况下准确加入 Ba^{2+}-Mg^{2+} 混合剂 5mL，沉淀 SO_4^{2-}，继续煮沸 2min，放置过夜，第二天加 pH10 缓冲溶液 5mL、Ca-Mg 混合指示剂适量，用 EDTA 标准溶液滴定，由紫红色变为蓝色，记取滴定体积(V_1)，用同样方法滴定空白，记取体积(V_0)。

(6) 另 1 份加 pH10 缓冲溶液 5mL，加 Ca-Mg 混合指示剂适量，用 EDTA 标准溶液滴定其中 Ca、Mg 总量，记取滴定体积(V_2)。

3.3.4 结果计算

(1) $$CaSO_4 \cdot 2H_2O(g \cdot kg^{-1}) = \frac{C \times [V_0 - (V_1 - V_2)] \times ts \times 0.172}{m} \times 1000 \quad (3\text{-}3)$$

式中，C 为 EDTA 标准溶液摩尔浓度($mol \cdot L^{-1}$)；V_0 为空白滴定 EDTA 标准溶液体积(mL)数；V_1 为样品中剩余 Ba^{2+}、Ca^{2+} 和 Mg^{2+} 滴定 EDTA 标准溶液体积(mL)数；V_2 为样品中 Ca 和 Mg 滴定 EDTA 标准溶液体积(mL)数；ts 为分取倍数，定容体积与吸取体积之比值；0.172 为每 mmol$CaSO_4 \cdot 2H_2O$ 的质量(g)；m 为样品重(g)；1000 为换算成每 1kg 土壤中石膏的含量。

(2) 如果样品已有可溶盐 SO_4^{2-} 离子组成的分析结果，则可省去乙醇洗盐的步骤，直接用 HCl 提取后，测定土壤中 SO_4^{2-} 总量，再从测得的 SO_4^{2-} 总量中减去土壤中 Na_2SO_4 和 $MgSO_4$ 中的 SO_4^{2-} 量，换算出 $CaSO_4 \cdot 2H_2O$ 的含量，其计算方法如下

$$CaSO_4 \cdot 2H_2O(g \cdot kg^{-1}) = \left\{\frac{C \times [V_0 - (V_1 - V_2)] \times ts \times 2}{m \times 10} \times 1000 - (C_1 - C_2)\right\} \times 0.86 \quad (3\text{-}4)$$

式中，C 为 EDTA 标准溶液的摩尔浓度($mol \cdot L^{-1}$)；V_0 为空白滴定 EDTA 标准溶液体积(mL)；V_1 为溶液中剩余 Ba^{2+}、Ca^{2+} 和 Mg^{2+} 滴定 EDTA 标准溶液体积(mL)；V_2 为溶液中 Ca^{2+}、Mg^{2+} 滴定 EDTA 标准溶液体积(mL)；ts 为分取倍数，浸出体积与吸取体积之比值；m 为样品重(g)；2 为将 SO_4^{2-} 的摩尔数换算成当量(1/2 SO_4^{2-})；10 为将 mmol 换算成 cmol；1000 为换算成 $cmol \cdot kg^{-1}$；C_1 为可溶盐分析中每 1kg 土壤中 1/2 SO_4^{2-} 厘摩尔数[cmol(1/2 SO_4^{2-})$\cdot kg^{-1}$](见 9.6.1.3)；C_2 为可溶盐分析中每 1kg 土壤中 1/2 Ca^{2+} 厘摩尔数[cmol(1/2 Ca^{2+})$\cdot kg^{-1}$](见 9.5.1.3 或 9.5.2.4)；0.86 为 cmol 1/2 $CaSO_4 \cdot 2H_2O$ 的质量(g)。

可溶性 SO_4^{2-} 中也包括一部分微溶的 $CaSO_4$ 的 SO_4^{2-}，故这种计算的方法有一定的误差。

3.3.5　精密度

平行测定结果允许相对误差：

石膏含量($g \cdot kg^{-1}$)	允许相对误差(%)
≤10	≤10
>10	≤8

3.3.6　注意事项

(1) 盐碱土的洗盐至今没有一个很理想的方法，由于 Na_2SO_4、$MgSO_4$ 等盐分在 7∶3 乙醇中溶解度较低，所以建议对含盐特别高的土壤(盐分含量>50g·kg^{-1})可先用较稀的乙醇溶液甚至用水洗涤 1～2 次，然后换用 7∶3 乙醇洗涤，否则盐分很难洗净，这样中溶性的石膏($CaSO_4 \cdot 2H_2O$)可能会有一部分溶解。但是，由于土壤中的石膏在淋溶淀积过程中往往会与 Na_2SO_4、$MgSO_4$、NaCl、$CaCO_3$、$MgCO_3$ 等易溶性和难溶性盐互相包裹在一起，它们之间很难分开，也很难洗净，所以本法测得的结果只能是近似值，这样看来用计算的方法(2)得到的结果可能更好些。从分析结果看到，含有石膏的土壤在做可溶盐分析时，$CaSO_4 \cdot 2H_2O$ 溶解度是不小的，所以在计算中减去可溶性 SO_4^{2-} 时要扣除可溶性 $CaSO_4 \cdot 2H_2O$ 的 SO_4^{2-}。

(2) 每次滴定必须同时吸取两份溶液，使待测液中 Ca、Mg 的含量一致，因为其中 Ca、Mg 含量很容易变化。

(3) 加 Ba^{2+}-Mg^{2+} 混合剂沉淀 $BaSO_4$ 时，必须在微酸性煮沸的条件下进行，防止 $BaCO_3$ 沉淀，并放置过夜，充分陈化，使 $BaSO_4$ 的颗粒不致过细，保证沉淀完全。

(4) 为了使 $BaSO_4$ 沉淀完全，必须保证溶液中有足够过量 Ba^{2+}，这可从最后的滴定结果中看出，即$[V_0-(V_1-V_2)]\leqslant 1/2V_0$，否则应减少吸取量重做。

主要参考文献

刘兆礼，黄钺. 1981. 应用 EDTA 容量法测定土壤中的石膏. 土壤，13(1)：34-37.

赵其国，龚子同. 1989. 土壤地理研究法. 北京：科学出版社：448.

中国科学院南京土壤研究所. 1978. 土壤理化分析. 上海：上海科学技术出版社：146-155，157-161，235.

中国土壤学会. 1999. 土壤农业化学分析方法. 北京：中国农业科技出版社：101-102.

中国土壤学会农业化学专业委员会. 1983. 土壤农业化学常规分析方法. 北京：科学出版社：166-169，221-226.

USDA，SCS. 1984. Procedures for Collecting Soil Samples and Methods of Analysis for Soil Survey. Soil Survey Investigations Report，No. 1：62.

第四章　土壤有机物质的分析

4.1　有机质的测定(重铬酸钾-硫酸消化法)

土壤有机质为土壤中形成的和外部加入的所有动、植物残体不同分解阶段的各种产物和合成产物的总称,包括未分解和半分解的粗有机质以及已被分解合成的腐殖质。目前通常采用重铬酸钾-硫酸消化法进行测定。

在强酸性加热条件下,用过量的 $K_2Cr_2O_7$ 标准溶液,氧化土样中的有机碳,多余的 $K_2Cr_2O_7$ 用 $FeSO_4$ 溶液滴定,由消耗的 $K_2Cr_2O_7$ 实际用量计算出有机碳,再乘以常数 1.724 即为有机质含量。

4.1.1　主要仪器设备

消化装置[油浴锅、铁丝笼、温度计(300℃)]、调压变压器、分析天平、硬质试管(18mm×200mm)、滴定管(25mL)、电炉。

4.1.2　试剂

(1) 0.8000mol · L^{-1} 1/6$K_2Cr_2O_7$ 标准溶液:称取经 130℃烘过 3~4h 的重铬酸钾($K_2Cr_2O_7$,分析纯)39.225g,加热溶于 500mL 蒸馏水中(内含 0.5mL 浓 H_2SO_4),再用蒸馏水定容到 1L,摇匀。

(2) 0.2mol · L^{-1} $FeSO_4$ 溶液:称取硫酸亚铁($FeSO_4 \cdot 7H_2O$,化学纯)55.6g(或硫酸亚铁铵 78.4g),加 200mL 蒸馏水及 5mL 浓 H_2SO_4 溶解,用蒸馏水定容到 1L,摇匀。

(3) 邻菲罗啉指示剂:称取邻菲罗啉 1.485g 及硫酸亚铁 0.695g,溶于 100mL 蒸馏水中。

(4) H_2SO_4:硫酸(H_2SO_4,化学纯)。

(5) 石蜡(固体)或植物油。

4.1.3　操作步骤

(1) 准确称取通过 0.149mm 筛孔的土样 0.1~1g(精确到 0.0001g),放入干燥的硬质试管中,准确加入 $K_2Cr_2O_7$ 标准溶液 5mL,再用注射器加入浓 H_2SO_4 5mL,小心摇匀,管口加上弯颈小漏斗。

(2) 预先将油浴锅升温到 185~190℃,将试管插入铁丝笼中,将铁丝笼放入上述油浴锅中加热，此时温度应严格控制在170～180℃，使溶液保持沸腾5min，取出铁丝笼，待试管稍冷后，用纸擦净管壁。

(3) 将试管内溶物用蒸馏水全部洗入250mL三角瓶中，使总体积在60～80mL(此时溶液酸度$1/2H_2SO_4$为2～3mol · L^{-1})，然后加邻菲罗啉指示剂5滴，用0.2mol · L^{-1} $FeSO_4$溶液滴定，使溶液由黄绿色经绿色突变到红棕色即为终点。记下$FeSO_4$滴定体积(V)。

(4) 在测定样品的同时做2个空白试验，取其平均值。可用纯砂(二氧化硅)代替土样，以防溶液溅出，其他步骤同上。

4.1.4 结果计算

$$有机质(g \cdot kg^{-1})=\frac{\frac{C\times V_1}{V_0}\times(V_0-V)\times M\times 10^{-3}\times 1.724\times 1.08}{m}\times 1000 \tag{4-1}$$

式中，C为1/6 $K_2Cr_2O_7$标准溶液的浓度(mol · L^{-1})，本方法为0.8000mol · L^{-1}；V_1为加入$K_2Cr_2O_7$标准溶液的体积(mL)；V_0为空白溶液滴定消耗$FeSO_4$的体积(mL)；V为样品滴定$FeSO_4$的体积(mL)；M为1/4C(碳)的摩尔质量(3g · mol)；1.724为将有机碳换算成有机质的经验常数；1.08为氧化校正系数；m为样品质量(g)；1000为换算成每1kg土壤中有机质的含量。

4.1.5 精密度

平行测定结果允许误差：

有机质含量(g · kg^{-1})	允许绝对误差(g · kg^{-1})
<10	≤0.5
10～40	≤1.0
40～70	≤3.0
>100	≤5.0

4.1.6 注意事项

(1) 应根据有机质含量高低估计称样量。有机质含量在150～70g · kg^{-1}时，可称取土样0.05～0.1g；有机质含量在70～40g · kg^{-1}时，可称取土样0.1～0.2g；有机质含量在40～20g · kg^{-1}时，可称取土样0.2～0.5g；有机质含量在20～10g · kg^{-1}时，可称取土样0.5～1.0g；有机质含量<10g · kg^{-1}时，可称取土样1g以上。如称样前无法估计有机质的含量范围时，可根据土样颜色深浅估计称样量，一般颜色越深有机质含量越高。

(2) 由于石灰性土壤含 $CaCO_3$，故应徐徐加入浓 H_2SO_4，以免发生的 CO_2 气泡使溶液冲出管外。

(3) 消化温度应严格控制在 170～180°C，消化时间必须从沸腾后准确计时 5min，否则会影响分析结果。

(4) 遇有氯化物的样品，需加入少量硫酸银消除影响。

(5) 消化以后的溶液颜色应为黄棕色或黄绿色，如以绿色为主或消耗 $FeSO_4$ 量小于空白用量的 1/3 时，都说明氧化不完全，可减少称土量重做。

4.2　腐殖质组成的快速测定

土壤腐殖质由胡敏酸、富里酸和存在于残渣中的胡敏素组成。快速测定通常采用焦磷酸钠和氢氧化钠混合溶液提取土壤腐殖酸的方法。

在 $Na_4P_2O_7$-NaOH 混合溶液的强碱和络合剂的双重作用下，土壤中游离态和络合态的腐殖酸形成易溶于碱的腐殖酸钠盐，从而比较完全地将腐殖酸溶解出来，可省去脱钙手续。从溶液中直接测定腐殖酸总碳量，并从腐殖酸中分离胡敏酸后测定胡敏酸碳量；以两项的差值求得富里酸碳量，其残渣中的碳即总称为胡敏素碳量，其量按腐殖质全碳量与腐殖酸总碳量的差值求得。

4.2.1　主要仪器设备

恒温烘箱、恒温水浴锅、振荡机、油浴锅等。

4.2.2　试剂

(1) 0.1mol · L^{-1} $Na_4P_2O_7$-0.1mol · L^{-1} NaOH 混合提取液：称取焦磷酸钠($Na_4P_2O_7 \cdot 10H_2O$，分析纯)44.6g 和氢氧化钠(NaOH，分析纯)4.0g，加蒸馏水后加热溶解稀释到 1L，此溶液的 pH 应为 13 左右。

(2) 0.05mol · L^{-1}NaOH 溶液：称取 2g 氢氧化钠(NaOH，分析纯)，用蒸馏水溶解稀释到 1L。

(3) 0.05mol · L^{-1} 1/2H_2SO_4 溶液：量取 2.8mL 1∶1 H_2SO_4 溶液，用蒸馏水稀释到 1L。

(4) 1mol · L^{-1} 1/2H_2SO_4 溶液：量取 56mL 1∶1 H_2SO_4 溶液，用蒸馏水稀释到 1L。

(5) 0.8000mol · L^{-1} 1/6 $K_2Cr_2O_7$ 标准溶液：配法同 4.1.2(1)。

(6) 0.2mol · L^{-1} $FeSO_4$ 溶液：配法同 4.1.2(2)。

(7) 邻菲罗啉指示剂：配法同 4.1.2(3)。

(8) H_2SO_4：硫酸(H_2SO_4，分析纯)。

(9) 植物油或石蜡(固体)。

4.2.3　操作步骤

(1) 样品待测液的制备：称取 10g(精确到 0.01g)通过 0.25mm 筛孔的风干土样于 200mL 三角瓶中，加入 100mL $Na_4P_2O_7$ 和 NaOH 混合提取液(1∶10 土液比)，加塞后在振荡机上振荡 10min，使土液充分混合。温度控制在 20～25℃，静置提取 14～16h，然后用紧孔滤纸过滤制备清液；如很难过滤，也可加入少量固体硫酸钠用离心的办法得到清液，溶液中如有漂浮物应立即用快速滤纸重新过滤，将清液收集于三角瓶中待测。

(2) 腐殖酸总碳量(胡敏酸和富里酸)的测定：吸取样品待测液 2～15mL(视溶液颜色深浅而定)，移入管壁厚度一致(20cm×2cm)的硬质试管中，用 1mol·L^{-1} 1/2H_2SO_4 溶液中和到颜色突然变浅，试管内溶液 pH 应为 7.0(用 pH 试纸检验)，将试管置于 80～90℃恒温水浴锅中加热，直至蒸干。然后按土壤有机质的测定方法(同 4.1.3)测定含碳量，即得腐殖酸总碳量。

(3) 胡敏酸的分离及其含碳量的测定：

① 吸取样品待测液 10～50mL(视溶液颜色而定)，移入 100mL 烧杯中，在电炉上微微加热的情况下，逐滴加入 1mol·L^{-1} 1/2H_2SO_4 溶液，边加边用玻棒搅动，使溶液的 pH 调至 1.5 左右(用 pH 试纸检验)①。此时应出现胡敏酸絮状沉淀，在 80℃左右保温 30min，然后将溶液放置过夜，使胡敏酸与富里酸充分分离。

② 将溶液用紧孔滤纸过滤，用 0.05mol·L^{-1} 1/2H_2SO_4 洗涤沉淀物多次，直到滤出液呈无色为止，弃去滤液。再将漏斗上沉淀物用加热到近沸的 0.05mol·L^{-1}NaOH 溶液少量多次地溶解，溶出液用 25～100mL 量瓶接收，直到滤出液呈无色为止，用蒸馏水定容，摇匀，即制得胡敏酸的待测液。

③ 吸取此待测液 10～20mL(视溶液颜色深浅而定)，置于硬质试管中，用1mol·L^{-1} 1/2H_2SO_4 溶液中和至 7.0(pH 试纸检验)，再将试管置于 80～90℃恒温水浴锅中加热蒸到近干为止，然后按土壤有机质方法(同 4.1.3)测定胡敏酸含碳量。

4.2.4　结果计算

(1) 腐殖质全 C(g·kg^{-1})，参照土壤有机质测定 4.1.4，但公式中不需乘以 1.724。

(2) 腐殖酸总 C(g·kg^{-1})$= \dfrac{\dfrac{C\times V_1}{V_{01}}\times(V_{01}-V_2)\times m\times10^{-3}\times1.08}{m_1}\times1000$

(4-2)

---

① 原方法(中国科学院南京土壤所，1978)中沉淀胡敏酸的 pH 为 3，现改为 1.5，目的是更有利于新形成的分子量较小的胡敏酸沉淀完全。

(3) 胡敏酸 $C(g \cdot kg^{-1})=\dfrac{\dfrac{C\times V_1}{V_{02}}\times(V_{02}-V_3)\times m\times10^{-3}\times1.08}{m_2}\times1000$ (4-3)

式中，C 为 1/6 $K_2Cr_2O_7$ 标准溶液的浓度($mol \cdot L^{-1}$)，本方法为 0.8000$mol \cdot L^{-1}$；V_1 为消化时加 $K_2Cr_2O_7$ 标准溶液的体积(mL)；V_{01} 为测定腐殖酸总碳时，空白消耗 $FeSO_4$ 的体积(mL)；V_2 为测定腐殖酸总碳时待测液消耗 $FeSO_4$ 的体积(mL)；m 为 1/4C 的摩尔质量($3g \cdot mol^{-1}$)；1.08 为经验校正常数；m_1 为与吸取测定腐殖酸总碳时体积相当的土样重(g)；V_{02} 为测定胡敏酸时空白消耗 $FeSO_4$ 的体积(mL)；V_3 为测定胡敏酸时待测液消耗 $FeSO_4$ 的体积(mL)；m_2 为与吸取测定胡敏酸碳时体积相当的土样重(g)；1000 为换算成每 1kg 土壤中腐殖酸总碳或胡敏酸碳的含量。

(4) 富里酸 $C(g \cdot kg^{-1})$＝腐殖酸总碳(C)量－胡敏酸碳(C)量　(4-4)

(5) 胡敏素 $C(g \cdot kg^{-1})$＝腐殖质全碳(C)量－腐殖酸总碳(C)量　(4-5)

4.2.5 注意事项

(1) 土壤样品必须预先用放大镜仔细剔除植物残根及杂物，再用有机玻棒与绸布摩擦所产生的静电作用进一步剔除之，尽量避免未分解的粗有机质进入溶液。再磨细通过 0.25mm 筛。

(2) 提取温度和时间应尽量符合要求范围，以免对测定结果产生影响。

(3) 在油浴中消化时，每个试管中应加入少许不含有机碳的石英砂或 SiO_2 粉末，以免溶液溅失。

(4) 吸取待测液进行蒸干时，应视颜色深浅吸取适宜的体积，应使 $K_2Cr_2O_7$ 的氧化当量至少过量 1/3，一般以 3～6mg(C)范围为宜。

(5) 在试管中蒸干前，用 pH1～14 试纸检验 pH 的方法：用玻棒蘸 1 滴溶液于试纸上观察 pH，应尽量减少使用量。

(6) 在油浴中消化定碳较电热板上更能准确控制温度和时间，对保证结果准确至关重要。

(7) 用本法所提取的腐殖酸，只能提取胡敏酸和富里酸的绝大部分，因此，存在于残渣的碳量中，除包括胡敏素外，实际上还有极少量的紧结态腐殖酸和部分未经分解的粗有机质等，会增大胡敏素碳的测定值。

4.3 纤维物质的测定

水分散的土壤有机物质中能够通过 0.149mm 孔径筛(100 孔)的部分称为高度分解的有机物质，而通不过的其余部分称为纤维物质。

4.3.1 主要仪器设备

显微镜(或放大镜)、纸巾(餐巾)、搅拌器、塑料注射器(5mL)等。

4.3.2 样品制备

若测定的土壤是干燥的,需加水放置使之饱和,取 50～60cm^3 代表性的样品放在纸巾上堆成长条,沿着样品长条卷曲纸巾,使样品包裹在纸圈中,必要时加以挤压去除水分。另用一张纸巾,照上述一样再卷曲成长条,用剪刀截切成长为 0.5～1cm 的碎段,从中随机取样,测定纤维物质含量、有机物质在焦磷酸盐中溶解度及 pH。

4.3.3 未搓的纤维物质测定

这项测定包括逐渐增加处理强度的三个步骤,每一测定步骤后残留的高度分解有机物质的含量是在显微镜或放大镜下用肉眼估测的。残留的高度分解有机物质组分按下列分级估测:

(1) 干净的(高度分解的有机物质含量<10mL · L^{-1})。

(2) 几乎干净的(高度分解的有机物质含量为 10～100mL · L^{-1})。

(3) 有些高度分解有机物质的(高度分解的有机物质含量为 100～300mL · L^{-1})。

(4) 高度分解有机物质的(高度分解的有机物质含量>300mL · L^{-1})。

第一步:装盛湿润的土壤有机物质样品于纵向对开半的塑料注射器中,调节注射器容量至 5cm^3(即相当于 2.5cm^3 的体积)。随后把所装盛的样品全部转移至 0.149mm 孔径(100 孔)筛上,用冷的自来水流冲洗,调节水流速度,使每 5s 有 200～300mL 的水流量,直至通过筛网的水流呈现干净为止。在显微镜或放大镜下检查样品,确定其是否已没有高度分解的有机物质。若样品中高度分解有机物质的含量尚>100mL · L^{-1},则进行下述的第二步测定处理。若其含量<100mL · L^{-1},就把残余物冲洗至筛网的一边,用吸水纸在筛网下面吸除水分。然后再把残余物装回上述对开半的注射器中,并用吸水纸吸除水分,应使其水分含量与原先样品(冲洗前)的相近似。插入注射器活塞栓,向前推之使测定的残余物质充满对开半注射器的剩余容积,记录其体积(cm^3)并以其占初始 2.5cm^3 体积 mL · L^{-1}表示,而后继续进行搓后纤维物质的测定(见 4.3.4)。

第二步:把第一步测定处理的残余物转移至 500mL 的塑料容器中,加水至容器的一半体积,用搅拌器强烈搅动 1min。然后再把它转移至 0.149mm 孔径(100 孔)筛上,重复第一步测定处理,若残余物中高度分解有机物质的含量尚>100mL · L^{-1},则进行下述的第三步测定处理。

第三步：把第二步测定处理的残余物转移至电动混合容器中，加水大约至容器的2/3体积，混合1min；然后再把它转移到0.149mm孔径(100孔)筛上重复第一步冲洗处理，在显微镜或放大镜下检查残余物。若尚有高度分解的有机物质，确定其$mL \cdot L^{-1}$含量。吸除去样品中水分，测量残余物的体积，而后继续进行下述的搓后纤维物质的测定。

4.3.4 搓后纤维物质测定

把上述未搓的纤维物质测定处理的残余物转移至0.149mm孔径(100孔)筛上，在冷自来水流下用大拇指与其余手指头搓捻样品，调节自来水，使每5s有150～200mL的水流量，直至通过筛网的水流呈干净为止，冲洗干净的纤维物质在大拇指与其他手指头间搓捻时应为滚动感，而不是滑腻感。吸除去样品水分，测量在对开半注射器中的体积。

4.3.5 结果计算

$$\text{纤维物质的体积}(mL \cdot L^{-1})^{①} = V \times 20 \tag{4-6}$$

式中，V为对开半注射器的体积读数(cm^3)。

4.4 土壤有机物颜色的测定

焦磷酸盐浸提液的颜色与纤维物质含量相组合可以区分泥炭表层中有机物质的分解程度。

4.4.1 试剂

焦磷酸钠($Na_4P_2O_7 \cdot 10H_2O$，化学纯)。

4.4.2 操作步骤

(1) 用4mL蒸馏水溶解1g焦磷酸钠(使用前预先研磨至<2mm粒径的颗粒)于30mL塑料容器中，放置平衡5min，按照纤维物质含量测定中所述的方法制备和量取供试样品。把所量取的土壤有机物质试样全部转移至盛有焦磷酸盐溶液的容器中，用小木棒充分搅拌混匀，加盖放置过夜。

(2) 次日早晨再搅拌混合，用钳子夹住色层(分离)纸带一端，另一端垂直地插入溶液中约1cm，直至试验纸带被润湿至离污浊表面以上约2cm时(大约5min，但若加盖密闭，则需要更长的时间)用钳子取出试验纸带，撕去黏附有土壤的部分，把

① 占土壤有机物质的体积($mL \cdot L^{-1}$)。

纸带放在吸水纸上，用钳子轻压，使均匀接触。然后再用钳子取下纸带，将其邻接吸水纸一面的颜色与标准芒塞尔比色卡相比较，记录下颜色的色调、亮度和彩度数值。

主要参考文献

杜丽娟，文启孝，张晓华. 1982. 应用费尔恩法测定氯化钠盐土或底土中有机碳. 土壤，14(4)：149-151.

科诺诺娃 M M 著. 1966. 土壤有机质. 周礼恺译. 北京：科学出版社：221-228.

于天仁，王振权. 1985. 土壤分析化学. 北京：科学出版社：21-29.

中国科学院南京土壤研究所. 1978. 土壤理化分析. 上海：上海科技出版社：132-140.

中国土壤学会农业化学专业委员会. 1983. 土壤农业化学常规分析方法. 北京：科学出版社：74.

USDA，SCS. 1984. Procedures for Collecting Soil Samples and Methods of Analysis for Soil Survey. Soil Survey Investigations Report，No. 1：65.

USDA，NRCS. 1996. Soil Survey Laboratory Methods Manual. Soil Survey Investigations Report No. 42. Version 3. 0.

第五章　土壤氮的测定

5.1　全氮的测定

5.1.1　重铬酸钾、硫酸消化-蒸馏法

土壤中有机态及无机态的含氮化合物，分别经浓 H_2SO_4 消煮分解和经饱和重铬酸钾进一步氧化后，将难溶态的氮一并转化成铵态氮。碱化后把 NH_3 蒸馏出来，用 H_3BO_3 吸收，以标准 HCl 滴定，即可求出全氮含量。

5.1.1.1　主要仪器设备

普通定氮蒸馏仪、调压变压器、分析天平、开氏瓶、电炉等。

5.1.1.2　试剂

(1) H_2SO_4：硫酸（H_2SO_4，化学纯）。

(2) 饱和重铬酸钾溶液：称取 200g 重铬酸钾（$K_2Cr_2O_7$，化学纯）溶于 1L 热蒸馏水中。

(3) $400g \cdot L^{-1}$ NaOH 溶液：称取 400g 氢氧化钠（NaOH，化学纯）加蒸馏水溶解，不断搅拌并稀释到 1L。

(4) $20g \cdot L^{-1}$ H_3BO_3 溶液：称取 20g 硼酸（H_3BO_3，分析纯）用蒸馏水加热溶解，冷却后稀释至 1L。

(5) 定氮混合（甲基红-溴甲酚绿）指示剂：分别称取 0.1g 甲基红和 0.5g 溴甲酚绿指示剂，放入玛瑙研钵中，用 100mL 95％的酒精研磨溶解。

(6) 纳氏试剂：称取 134g 氢氧化钾（KOH，分析纯）溶于 460mL 蒸馏水中。另称取碘化钾（KI，分析纯）20g 溶于 50mL 蒸馏水中，加碘化汞（HgI，分析纯）使溶液呈饱和状态（大约 32g）。最后将两份溶液混合而成。

(7) $0.02mol \cdot L^{-1}$ HCl 标准溶液：量取浓盐酸（HCl，分析纯）1.67mL，用蒸馏水稀释至 1L，用标准碱标定。

(8) 焦硫酸钾（固体）：分析纯。

5.1.1.3　操作步骤

(1) 准确称取通过 0.149mm 筛孔的风干土样 0.5～1g（精确到 0.0001g），放入

150mL 开氏瓶中，加浓 H_2SO_4 5mL 及 1～2g 固体焦硫酸钾，瓶口加弯颈小漏斗。

(2) 在电炉上高温消煮 15min 左右，使硫酸大量冒烟。摇动瓶壁观察无黑色碳粒黏附即说明消化完全。

(3) 冷却后，转动瓶壁慢慢加入 5mL 饱和重铬酸钾溶液，在电炉上低温加热。微沸后记时 5min，取下开氏瓶。

(4) 于瓶内加蒸馏水 70mL 左右，冷却后再从漏斗缓缓加入 400g · L^{-1} NaOH 溶液 30mL，使溶液分成两层，注意不要使 NaOH 粘在瓶口处。

(5) 在 250mL 三角瓶中，加入 20g · L^{-1} H_3BO_3 溶液 10mL 和 2 滴定氮混合指示剂，插入缓冲管，连接在已加热至沸的蒸馏装置的冷凝管下端，然后将开氏瓶接到蒸馏装置上，摇动溶液使其混合均匀，打开螺丝夹，通入蒸气。打开加热电炉，通入自来水冷凝。

(6) 用进气螺丝夹及伸缩缓冲管调节气流速度，使其一致。待硼酸吸收液由红色变蓝色后继续蒸馏 20min，即可用纳氏试剂进行检查，方法是从冷凝管下端取 1 滴蒸出液于白色瓷板上，加纳氏试剂 1 滴，如无黄色，则表示蒸馏完全；如有黄色，应再继续蒸馏。

(7) 将缓冲管连同三角瓶一起取下，用少量蒸馏水冲洗缓冲管后从瓶中取出，然后用 0.02mol · L^{-1} HCl 标准溶液滴定，溶液由蓝色变微红色即达终点，记下滴定的体积(V)。

(8) 测定时需做空白试验，可与样品同样处理。

5.1.1.4 结果计算

$$\text{全 N}(\text{g}\cdot\text{kg}^{-1})=\frac{C\times(V-V_0)\times 0.014}{m}\times 1000 \qquad (5\text{-}1)$$

式中，C 为 HCl 标准溶液的浓度(mol · L^{-1})；V 为滴定时样品消耗 HCl 标准溶液体积(mL)；V_0 为滴定时空白消耗 HCl 标准溶液的体积(mL)；0.014 为每 mmol 氮的质量(g)；m 为样品重(g)；1000 为换算成每 1kg 土壤中全氮的含量。

5.1.1.5 精密度

平行测定结果允许误差：

土壤含 N 量(g · kg^{-1})	允许绝对误差(g · kg^{-1})
>1	≤0.05
1～0.6	≤0.04
<0.6	≤0.03

5.1.1.6 注意事项

(1) 经硫酸高温消煮完毕后，需充分冷却才能加入饱和 $K_2Cr_2O_7$；另外，加 $K_2Cr_2O_7$

后需低温微沸 5min，此时绝对不能冒烟，否则都会引起氮的损失。

（2）消化时加入焦硫酸钾的作用是提高消化液的温度，便于消化得更彻底。

（3）加 $K_2Cr_2O_7$ 后如出现绿色或消化 1～2min 后变绿，则说明 $K_2Cr_2O_7$ 量不足，可补加 1g 固体 $K_2Cr_2O_7$ 继续消化。

（4）蒸馏样品待测液前，需将蒸馏装置空蒸 5min，以便将蒸馏系统中可能存在的含氮杂质去除。

（5）蒸馏时应注意避免倒吸，否则前功尽弃。出现倒吸的原因可能是：①蒸气不足，中途瓶内温度降低。②蒸气发生器先停止加热再取下三角瓶。③蒸馏时突然停电。④酸稀释倍数不够，酸与浓碱作用时产生高热后未及时通入蒸气又迅速冷却。遇到以上情况，可立即打开蒸气瓶塞并使缓冲管下端脱离吸收液。

（6）蒸馏时必须充分冷凝，否则会使吸收液发热造成氨气吸收不完全。

（7）新配的 $400g \cdot L^{-1}$NaOH 不要马上使用，应放置 1 天，使杂质完全沉淀。

（8）用本法消化测得的全氮量，不包括硝态氮在内，特别是对于干旱土壤的全氮含量会偏低，但总的来说，硝态氮量在全氮量中的数量是极少的，可以略而不计。

5.1.2　硒粉、硫酸铜、硫酸钾消化-蒸馏法

土样中的含氮有机化合物在催化剂的参与下，用浓 H_2SO_4 消煮分解，使其中所含氮转化为铵态氮，然后加浓碱使氨蒸馏出来，吸收在硼酸溶液中，用标准酸滴定，求出全氮含量。

5.1.2.1　主要仪器设备

蒸馏定氮仪、调压变压器、开氏瓶、电炉等。

5.1.2.2　试剂

（1）H_2SO_4：硫酸（H_2SO_4，分析纯）。

（2）$400g \cdot L^{-1}$NaOH 溶液：配法同 5.1.1.2(3)。

（3）混合催化剂：100g 硫酸钾（K_2SO_4，分析纯）、10g 硫酸铜（$CuSO_4 \cdot 5H_2O$，分析纯）和 1g 硒粉（Se，分析纯），在研钵中研细混匀，使其通过 0.25mm 筛，贮于瓶中。

（4）$20g \cdot L^{-1} H_3BO_3$ 溶液：配法同 5.1.1.2(4)。

（5）定氮混合指示剂：配法同 5.1.1.2(5)。

（6）纳氏试剂：配法同 5.1.1.2(6)。

（7）$0.02mol \cdot L^{-1}$HCl 标准溶液：配法同 5.1.1.2(7)。

5.1.2.3　操作步骤

（1）准确称取通过 0.149mm 筛孔的风干土 1g 左右（精确到 0.0001g）放入 150mL 开氏瓶中，然后加混合催化剂 2.0g、浓 H_2SO_4 5mL，混合均匀后，瓶口盖上

弯颈小漏斗,放在电炉上消煮。开始温度不宜过高,防止作用过猛,否则会使土样溅到瓶壁上部。当消煮液呈灰白色时,可升高温度。待完全变为灰白稍带绿色后,继续消煮 1h,消煮时的温度以 H_2SO_4 在瓶内回流高度约在瓶颈 1/3 处为好。同时经常转动开氏瓶,使溅到瓶壁上的土粒回流到酸液中去。观察消煮液及瓶壁如无黑色炭粒黏附,则说明消化完全。

(2) 冷却后,加蒸馏水至 70mL 左右,从漏斗缓缓加入 400g · L^{-1}NaOH 溶液 30mL,使溶液分成两层,注意不要使 NaOH 粘在瓶口处。以下蒸馏和滴定步骤参照 5.1.1.3(5)～(8),记下 HCl 标准溶液用量(V)。

5.1.2.4　结果计算

全 N(g · kg^{-1})计算同 5.1.1.4。

5.1.2.5　精密度

同 5.1.1.5。

5.1.2.6　注意事项

参照 5.1.1.6(4)～(8)。

5.2　碱解氮的测定(碱解扩散法)

在扩散皿中,土样于碱性条件下水解,使易水解氮经碱解转化为氨态氮。由硼酸溶液吸收,以标准酸滴定,计算碱解氮的含量。旱地土壤由于土壤硝态氮含量较高,需加还原剂还原。对于水稻土和经常淹水的土壤,由于硝态氮含量甚微,不需加还原剂,因此氢氧化钠溶液浓度采用 1.0mol · L^{-1}。

5.2.1　主要仪器设备

恒温箱(控温在 60℃以内)、扩散皿(图 5.1)、半微量滴定管(3mL)。

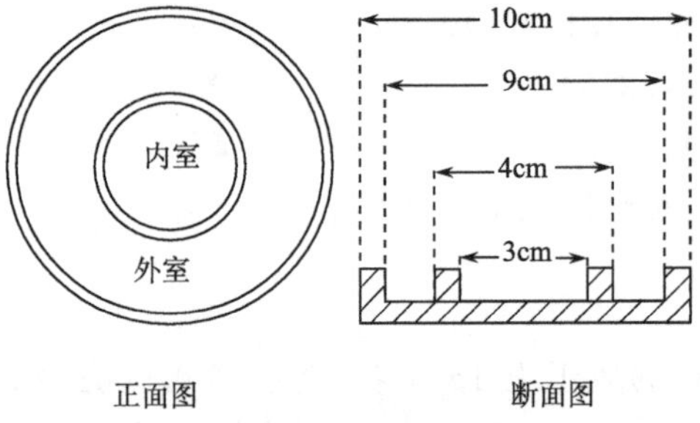

图 5.1　扩散皿示意图

5.2.2　试剂

(1) 1.0mol · L^{-1} 氢氧化钠溶液:称取 40g 氢氧化钠(NaOH,化学纯),溶解于蒸馏水中,稀释至 1L。

(2) 硫酸亚铁还原剂:将硫酸亚铁($FeSO_4$ · $7H_2O$,化学纯)磨细,并通过 0.25mm 孔径筛,贮于棕色瓶中。

(3) 碱性胶液：称取 40g 阿拉伯胶放入装有 50mL 蒸馏水的烧杯中，加热至 70～80℃，搅拌促溶，约 1h 后放冷。加入 20mL 甘油和 20mL 饱和碳酸钾水溶液，搅匀，放冷。离心除去泡沫和不溶物，将清液贮于玻璃瓶中备用。

(4) 0.01mol · L^{-1} 盐酸标准溶液：取 1 : 9 盐酸 8.35mL，用蒸馏水稀释至 1L，然后用标准碱标定。

(5) 20g · L^{-1} 硼酸溶液：配法同 5.1.1.2(4)。

(6) 定氮混合(甲基红-溴甲酚绿)指示剂：配法同 5.1.1.2(5)。

5.2.3 操作步骤

(1) 称取通过 2mm 孔径筛的风干试样 1～2g(精确到 0.01g)和 0.2g 硫酸亚铁还原剂混匀，均匀平铺于扩散皿外室内。

(2) 在扩散皿内室加入 2mL 20g · L^{-1} 硼酸溶液，在扩散皿的外室边缘涂上碱性胶液，盖上毛玻璃，旋转数次，使毛玻璃与皿边完全黏合，再慢慢转开毛玻璃的一边，使扩散皿外室露出一条狭缝，迅速加入 10mL 1.0mol · L^{-1} 氢氧化钠溶液于扩散皿外室，立即用毛玻璃盖严。

(3) 水平地轻轻转动扩散皿，使氢氧化钠溶液与土样充分混合，放在恒温培养箱中于 40℃保温(24±0.5)h。

(4) 将扩散皿取出，小心转开毛玻璃用 0.01mol · L^{-1} 盐酸标准溶液滴定内室硼酸中吸收的氨量，颜色由蓝色刚变紫红色即达终点。滴定时应用细玻璃棒搅动内室溶液，不宜摇动扩散皿，以免溢出。

在样品测定同时进行空白试验，校正试剂和滴定误差。

5.2.4 结果计算

$$\text{水解氮(N)}(\text{mg} \cdot \text{kg}^{-1}) = \frac{C \times (V - V_0) \times 14}{m} \times 1000 \quad (5\text{-}2)$$

式中，V 为滴定待测液消耗酸标准溶液体积(mL)；V_0 为滴定空白消耗酸标准溶液体积(mL)；C 为酸标准溶液浓度(mol · L^{-1})；m 为称取样品重(g)；14 为氮的摩尔质量(g · mol^{-1})；1000 为换算成每 1kg 土壤中水解氮的含量。

5.2.5 精密度

平行测定结果允许相对误差≤10％。

5.2.6 注意事项

(1) 由于碱性胶液的碱性很强，在涂胶液和恒温扩散时，必须特别细心，慎防污染内室。

(2) 碱性胶液可用碱性甘油代替，其配制方法为：在 100mL 甘油中溶解几十小粒固体氢氧化钠即可。

(3) 用硼酸溶液吸收氨时，温度不宜超过 40℃，温度过高，影响硼酸对氨的吸收。

(4) 在扩散过程中，扩散皿必须盖严，使其不漏气。

(5) 扩散皿的洗涤：用完后的扩散皿用自来水稍加冲洗后，放入稀酸中浸泡，再按一般玻璃器皿洗涤方法洗涤。

5.3 铵态氮的测定(靛酚蓝比色法)

土壤浸出液中铵在强碱性介质中与次氯酸盐和苯酚作用，生成水溶性染料靛酚蓝，溶液的蓝色很稳定，在铵态氮浓度为 0.05～0.5mg · L^{-1} 范围内，其深浅与铵态氮含量成正比。

反应体系的 pH 应为 10.5～11.7。硝普钠[硝基铁氰化钠，或称亚硝酰基五氰基合铁(Ⅲ)酸钠，$Na_2Fe(CN)_5NO$]是此反应的催化剂，能加速显色，增强蓝色及其稳定性。在 20℃左右室温时一般需放置 1h 后比色，完全显色约需 2～3h。生成的蓝色很稳定，24h 内吸收值无显著变化。比色时在 625nm 处测量吸收值。待测液中如有干扰的金属离子，可用 EDTA 等螯合剂掩蔽。

5.3.1 主要仪器设备

分光光度计、往复式或旋转式振荡机[满足(180±20)r/min 的振荡频率或达到相同效果]、塑料瓶(200mL)。

5.3.2 试剂

(1) 酚溶液：称取 10g 苯酚(C_6H_5OH)和 100mg 硝普钠[$Na_2Fe(CN)_5NO \cdot 2H_2O$]溶于 1L 水中，此试剂不稳定，需贮于棕色瓶，存放在 4℃冰箱中，用时需温热至室温。注意硝普钠有剧毒。

(2) 次氯酸钠碱性溶液：称取 10g 氢氧化钠(NaOH，分析纯)，7.06g 磷酸氢二钠($Na_2HPO_4 \cdot 7H_2O$)，31.8g 磷酸钠($Na_3PO_4 \cdot 12H_2O$)，量取 10mL 次氯酸钠[$\omega(NaOCl)=5.25\%$，即含有效氯 5%的漂白剂溶液]溶于 1L 蒸馏水中。此试剂应与酚溶液同样保存。

(3) 掩蔽剂：酒石酸钾钠溶液[$\rho(KNaC_4H_4O_6 \cdot 4H_2O)=400g \cdot L^{-1}$]与 EDTA二钠盐溶液[$\rho(C_{10}H_{14}O_8N_2Na_2)=100g \cdot L^{-1}$]等体积混合，每 100mL 混合液中加 0.5mL NaOH 溶液[$c(NaOH)=10mol \cdot L^{-1}$]，即得清亮的掩蔽剂溶液。

(4) 铵态氮标准贮备液[$\rho(N)=100mg \cdot L^{-1}$]：称取 0.4717g 于(105±2)℃

烘 2h的硫酸铵[$(NH_4)_2SO_4$,优级纯]溶于蒸馏水,定容至 1L,摇匀。

(5) 铵态氮标准液[$\rho(N)=5mg \cdot L^{-1}$]:测定当天将铵态氮标准贮备液用蒸馏水精确稀释 20 倍(例如 5.00mL 稀释至 100mL)。

(6) 2mol·L^{-1}氯化钾提取液:称取 149.1g 氯化钾溶于蒸馏水中,稀释至 1L。

5.3.3 操作步骤

(1) 称取 10.0g(精确到 0.1g)土壤样品放入 200mL 塑料瓶中,加入 50.0mL 2mol·L^{-1}氯化钾提取液,盖紧瓶盖,摇匀,在振荡机上于 20～25℃振荡 30min[振荡频率:(180±20)r/min],过滤于 50mL 三角瓶中。同时做空白试验。

(2) 吸取滤液 2.0～10.0mL(含 NH_4^+-N 2～25μg),放入 50mL 容量瓶中,用氯化钾浸提剂补足至总体积为 10mL,然后用蒸馏水稀释至 30mL,依次加入 5mL 酚溶液和 5mL 次氯酸钠碱性溶液,摇匀,在 20℃左右室温下放置 1h 后,加入 1mL 掩蔽剂以溶解可能生成的沉淀物,然后用蒸馏水定容,摇匀,用 1cm 比色皿在分光光度计上的 625nm 波长处进行比色。

(3) 标准曲线的绘制:分别吸取铵态氮标准溶液 0mL、0.50mL、1.00mL、2.00mL、3.00mL、4.00mL、5.00mL,放入 50mL 容量瓶中,各加氯化钾浸提剂 10mL,同上法显色,用系列溶液的零浓度调节仪器零点进行比色,测定吸收值,绘制校准曲线或计算回归方程。

5.3.4 结果计算

$$铵态氮(N)(mg \cdot kg^{-1})=\frac{\rho \times V \times ts}{m \times 10^3} \times 1000 \tag{5-3}$$

式中,ρ 为查校准曲线或求回归方程而得测定液中铵态氮的质量浓度($mg \cdot L^{-1}$);V 为显色液体积(mL);本方法为 50mL;ts 为分取倍数,50/(2～10);m 为样品质量(g);10^3 为 mL 换算成 L;1000 为换算成每 kg 土壤中铵态氮的含量。

5.3.5 精密度

平行测定结果允许相对误差≤10%。

5.3.6 注意事项

(1) 土壤铵态氮含量一般用新鲜样品测定,如需以硝态氮加铵态氮反映无机氮含量,则可用过 2mm 筛的风干样品测定,但需标明为风干基。

(2) 掩蔽剂应在显色后加入。如加入过早,会使显色反应很慢,蓝色偏低;加入过晚,则生成的氢氧化物沉淀可能老化而不易溶解。在 20℃左右时放置 1h 即可加掩蔽剂。

(3) 次氯酸钠不太稳定，配制前标定 NaOCl 含量。

① 所需试剂

96g·L^{-1}碳酸氢钠溶液：称取 96g 碳酸氢钠($NaHCO_3$，分析纯)，溶于 800mL 蒸馏水中，稍加热促进其溶解，再稀释至 1L。

10g·L^{-1}淀粉溶液：称取 1g 淀粉溶于少量蒸馏水中，在 60℃下加热使之溶解，稀释至 100mL。

10g·L^{-1}碘化钾溶液：称取 1g 碘化钾(KI，分析纯)，溶于少量蒸馏水中，溶解后稀释至 100mL。

② 标定方法

吸取 10mL 待标定的次氯酸钠溶液于 250mL 三角瓶中，加入 10g·L^{-1}淀粉溶液 2mL 和 96g·L^{-1}碳酸氢钠溶液 50mL，用 10g·L^{-1}碘化钾滴定，终点时溶液呈蓝色。做 3 次平行，取平均值。

③ 结果计算

$$次氯酸钠(mol\cdot L^{-1}) = V(滴定用碘化钾体积,mL) \times 1.25(常数) \quad (5\text{-}4)$$

5.4 硝态氮的测定

5.4.1 紫外分光光度法

土壤浸出液中 NO_3^- 在紫外分光光度计波长 210nm 处有较高的吸光度，而浸出液中的其他物质，除 OH^-、CO_3^{2-}、HCO_3^-、NO_2^- 和有机质等外，吸光度均很小。将浸出液加酸中和酸化，即可消除 OH^-、CO_3^{2-}、HCO_3^- 的干扰。NO_2^- 一般含量极少，也很容易消除。因此，用校正因数消除有机质的干扰后，即可用紫外分光光度法直接测定 NO_3^- 的含量。

待测液酸化后，分别在 210nm 和 275nm 处测定吸光度。A_{210}是 NO_3^- 和以有机质为主的杂质吸光度；A_{275}仅为有机质的吸光度，因为 NO_3^- 在 275nm 处已无吸收。但有机质在 275nm 处的吸光度比在 210nm 处的吸光度要小 R 倍，故将 A_{275} 校正为有机质在 210nm 处应有的吸光度后，从 A_{210} 中减去，即得 NO_3^- 在 210nm 处的吸光度 ΔA。

5.4.1.1 主要仪器设备

见 5.3.1。

5.4.1.2 试剂

(1) H_2SO_4 溶液(1∶9)：量取 10mL 浓硫酸缓缓加入 90mL 蒸馏水中。

(2) 2mol · L^{-1}氯化钾提取液：配法同 5.3.2(6)。

(3) 硝态氮标准贮备液[ρ(N)=100mg · L^{-1}]：称取 0.7217g 经 105～110℃烘 2h 的硝酸钾(KNO_3,优级纯)溶于蒸馏水，定容至 1L，摇匀，存放于冰箱中。

(4) 硝态氮标准溶液[ρ(N)=10mg · L^{-1}]：测定当天吸取 10.00mL 硝态氮标准贮备液于 100mL 容量瓶中，用蒸馏水定容，摇匀。

5.4.1.3 操作步骤

(1) 吸取 25.00mL 待测液[5.3.3(1)]于 50mL 三角瓶中加 1.00mL 1∶9 H_2SO_4 溶液酸化，摇匀。用滴管将此液装入 1cm 光径的石英比色皿中，分别在 210nm 和 275nm 处测读吸光值(A_{210}和 A_{275})，以酸化的浸提剂调节仪器零点。以 NO_3^- 的吸光值(ΔA)通过校正曲线求得测定液中硝态氮的质量浓度。空白测定除不加试样外，其余均同样测定。

NO_3^- 的吸光值(ΔA)可由下式求得

$$\Delta A = A_{210} - A_{275} \times R \tag{5-5}$$

式中，R 为校正因数，是土壤浸出液中杂质(主要是有机质)在 210nm 和 275nm 处的吸光度的比值。其确定方法为：

A_{210}是波长 210nm 处浸出液中 NO_3^- 的吸收值($A_{210硝}$)与杂质(主要是有机质)的吸收值($A_{210杂}$)的总和，即 $A_{210}=A_{210硝}+A_{210杂}$，得出 $A_{210杂}=A_{210}-A_{210硝}$。选取部分土样用酚二磺酸法测得硝态氮的含量后，根据土液比和紫外法的工作曲线，即可计算各浸出液应有的 $A_{210硝}$值，即可得出 $A_{210杂}$。

A_{275}是浸出液中杂质(主要是有机质)在 275nm 处的吸收值(因为 NO_3^- 在该波长处已无吸收)，它比 $A_{210杂}$小 R 倍，即 $A_{210杂}=R \cdot A_{275}$，得出校正因数 $R=A_{210杂}/A_{275}$。

各不同区域可根据多个土壤测定 R 值的统计平均值，作为其他土壤测试硝态氮的校正因数，其可靠性依从于被测土壤的多少，测定的土壤越多，可靠性越大。

(2) 标准曲线的绘制：分别吸取 10mg · L^{-1} NO_3^--N 标准溶液 0mL，1.00mL，2.00mL，4.00mL，6.00mL，8.00mL，用浸提剂定容至 50mL，摇匀，即为 0mg · L^{-1}，0.2mg · L^{-1}，0.4mg · L^{-1}，0.8mg · L^{-1}，1.2mg · L^{-1}，1.6mg · L^{-1}的标准系列溶液。各取 25.00mL 于 50mL 三角瓶中，分别加 1mL 1∶9 H_2SO_4 溶液，摇匀，用系列溶液的零浓度调节仪器零点测 A_{210}，计算 A_{210}对 NO_3^--N 浓度的回归方程，或者绘制校准曲线。

5.4.1.4 结果计算

$$土壤硝态氮(N)(mg \cdot kg^{-1}) = \frac{\rho \times V \times ts}{m \times 10^3} \times 1000 \tag{5-6}$$

式中，ρ 为查校准曲线或求回归方程而得测定液中硝态氮的质量浓度(mg · L^{-1})；

V 为比色体积(50mL)；ts 为浸出液分取倍数；10^3 为将 mL 换算成 L；m 为样品质量(g)；1000 为换算成每 1kg 土壤中硝态氮的含量。

5.4.1.5　精密度

平行测定结果允许相对误差≤10%。

5.4.1.6　注意事项

(1) 土壤硝态氮含量一般用新鲜样品测定，如需以硝态氮加铵态氮反映无机氮含量，则可用过 2mm 筛的风干样品测定，但需标明为风干基。

(2) 一般土壤中 NO_2^- 含量很低，不会干扰 NO_3^- 的测定。如果 NO_2^- 含量高时，可用氨基磺酸消除($HNO_2+NH_2SO_3H=N_2+H_2SO_4+H_2O$)，它在 210nm 处无吸收，不干扰 NO_3^- 测定。

(3) 浸出液的盐浓度较高，操作时最好用滴管吸取注入比色皿中，尽量避免溶液溢出比色皿外污染比色皿的外壁，影响其透光性。

(4) 大批样品测定时，可先测完各液(包括浸出液和标准系列溶液)的 A_{210} 值，再测 A_{275} 值，以避免逐次改变波长所产生的仪器误差。

(5) 如果吸光度很高($A>1$ 时)，可从比色皿中吸出一半待测液，再加一半蒸馏水稀释，重新测读吸光度，如此稀释直至吸光度<0.8。再按稀释倍数，用氯化钾浸提剂将浸出液准确稀释测定。

5.4.2　酚二磺酸比色法

用硫酸钙溶液浸提土样中的硝态氮，在无水碱性条件下，与酚二磺酸反应形成稳定的黄色硝基酚溶液，在 420nm 处比色测定。

5.4.2.1　主要仪器设备

水浴锅、往复式或旋转式振荡机[满足(180±20)r/min 的振荡频率或达到相同效果]、三角瓶(500mL)、瓷蒸发皿(75～100mL)、分光光度计。

5.4.2.2　试剂

(1) 碳酸钙($CaCO_3$，分析纯)。

(2) 氢氧化钙[$Ca(OH)_2$，分析纯]。

(3) 碳酸镁($MgCO_3$，分析纯)。

(4) 硫酸银(Ag_2SO_4，分析纯)。

(5) 1∶1 氨水(NH_4OH)：1 份浓氨水与 1 份蒸馏水混匀。

(6) 饱和硫酸钙浸提剂：硫酸钙($CaSO_4 \cdot 2H_2O$)溶于蒸馏水中至饱和。

(7) 酚二磺酸：称取 25.0g 苯酚(C_6H_5OH 无色)，置于 500mL 锥形瓶中，加入 225mL 浓硫酸(密度 1.84g/cm^3)，充分混合，瓶口插一小漏斗，小心置瓶于沸水浴中加热 6h。试剂冷却后可能析出结晶，用时需重新加热溶解，但不可加水。试剂必须贮于密闭玻塞棕色瓶中，严防吸湿。

(8) 硝态氮标准贮备液[ρ(N)＝100mg·L^{-1}]：称取 0.7217g 经 105～110℃烘 2h 的硝酸钾(KNO_3，优级纯)溶于蒸馏水，移入 1L 容量瓶中，定容，摇匀，存放于冰箱中。

(9) 硝态氮标准液[ρ(N)＝10mg·L^{-1}]：测定当天吸取 10.00mL 硝态氮标准贮备液于 100mL 容量瓶中，用蒸馏水定容，摇匀。

5.4.2.3　操作步骤

(1) 称取 50.0g(精确到 0.1g)土壤样品于 500mL 三角瓶中，加 250mL 硫酸钙浸提剂，塞紧瓶塞，摇匀，在振荡机上于 20～25℃振荡 30min[振荡频率：(180±20) r/min]，放置 10min 后，将悬液的上部清液用干滤纸过滤于干燥的三角瓶中。同时做空白试验。

(2) 吸取滤液 25.0～50.0mL(含硝态氮 20～150μg)于蒸发皿中，加约 0.05g 碳酸钙，在水浴上蒸干(如有腐殖质颜色，可用水湿润后加 10％双氧水氧化消除)，干燥后立即取下，冷却，迅速加入 2mL 酚二磺酸试剂，将皿旋转，使试剂接触到所有蒸干物。静置 10min 后，加 20mL 蒸馏水，用玻璃棒搅拌直到蒸干物完全溶解。冷却后缓缓加入 1∶1 氨水溶液，边加边搅拌，至溶液显黄色，再多加 2mL，以保证氨水过量，然后将溶液无损地移入 100mL 容量瓶中，加蒸馏水定容，摇匀。在分光光度计上 420nm 处用光径 1cm 比色皿比色。同时做空白试验，以扣除空白后的吸光值查校准曲线或求回归方程得到测定液中硝态氮的质量浓度(ρ)。

(3) 校准曲线的绘制：分别吸取 10mg·L^{-1}硝态氮标准溶液 0mL、1.00mL、2.00mL、5.00mL、10.00mL，15.00mL、20.00mL 于蒸发皿中，与待测液相同操作，进行蒸干，显色，用系列溶液的零浓度调节仪器零点进行比色，绘制 0mg·L^{-1}、0.1mg·L^{-1}、0.2mg·L^{-1}、0.5mg·L^{-1}、1.0mg·L^{-1}、1.5mg·L^{-1}、2.0mg·L^{-1}硝态氮校准曲线或计算回归方程。

5.4.2.4　结果计算

$$\text{硝态氮(N)(mg·kg}^{-1}\text{)}=\frac{\rho \times V \times ts}{m \times 10^3}\times 1000 \tag{5-7}$$

式中，ρ 为查校准曲线或求回归方程而得测定液中硝态氮的质量浓度(mg·L^{-1})；V 为比色体积(mL)；ts 为分取倍数(浸提剂体积/浸提液分取体积)；10^3 为将 mL 换算成 L；m 为样品质量(g)；1000 为换算成每 1kg 土壤中硝态氮的含量。

5.4.2.5 精密度

平行测定结果允许相对误差≤10%。

5.4.2.6 注意事项

(1) 土壤硝态氮含量一般用新鲜样品测定,如需以硝态氮加铵态氮反映无机氮含量,则可用过2mm筛的风干样品测定,但需标明为风干基。

(2) 如土壤氯离子含量(Cl^-)超过15mg·kg^{-1},浸出液需用硫酸银处理。除去氯离子方法:每100mL溶液加0.1g硫酸银,振荡15min,再加入0.2g氢氧化钙和0.5g碳酸镁以沉淀过剩的银离子,振荡5min,用干滤纸过滤。然后吸取清液按照操作步骤进行测定。

(3) 盐碱土硝态氮的测定:吸取5.4.2.3(1)提取液20mL,用5%铬酸钾作指示剂,以硝酸银标准溶液进行滴定,精确测出氯离子含量,以1mg氯离子需加入4.4mg硫酸银计算待测液中应加入硫酸银的量,保证加入量恰好能沉淀全部氯离子。待沉淀物下沉后,过滤,取滤液25mL,蒸干后,按操作步骤进行测定。

(4) 如浸出液中NO_2^-超过1g·L^{-1},会使结果偏高,可加入少许尿素予以破坏,一般每10mL待测液中加入20mg尿素,放置过夜即可。亚硝酸根可用亚硝酸试粉检查,5滴浸出液加0.1mg亚硝酸试粉,放置10min,显示红色即有超过1g·L^{-1}的亚硝酸根存在。

(5) 在蒸干过程中加入$CaCO_3$是为了防止硝态氮的损失。因为在酸性和中性条件下蒸干易导致硝酸离子的分解,如果浸出液中含铵盐较多,更易产生负误差。

主要参考文献

全国农业技术推广服务中心. 2006. 土壤分析技术规范. 北京:中国农业出版社:40-51.

于天仁,王振权. 1988. 土壤分析化学. 北京:科学出版社.

中国科学院南京土壤研究所. 1978. 土壤理化分析. 上海:上海科技出版社:62-68.

中国土壤学会. 1999. 土壤农业化学分析方法. 北京:中国农业科技出版社:146-159.

中国土壤学会农业化学专业委员会. 1983. 土壤农业化学常规分析方法. 北京:科学出版社:79-82.

第六章　土壤磷的测定

6.1　全磷的测定

土壤全磷样品的分解方法较多，这里仅介绍氢氧化钠碱熔法和氢氟酸-高氯酸酸溶法两种。这两种方法所制备的待测液，除可测定全磷外，还可供测定全钾之用。

6.1.1　碱熔-钼锑抗比色法

样品经强碱熔融分解后，不溶性磷酸盐即转变成可溶性磷酸钠盐，再以稀硫酸溶解熔融物，制成待测液。在一定酸度和三价锑离子存在下，待测液中的磷酸与钼酸铵形成锑磷钼混合杂多酸，并被抗坏血酸还原为磷钼蓝后进行比色测定。

6.1.1.1　主要仪器设备

分光光度计、银坩埚(30mL)、高温电炉等。

6.1.1.2　试剂

(1) NaOH：氢氧化钠(NaOH，分析纯)。

(2) 9mol · L^{-1} 1/2H_2SO_4 溶液：量取 250mL 浓硫酸(H_2SO_4，分析纯)缓慢加入 750mL 蒸馏水中，冷却后用水定容至 1L，摇匀。

(3) 2g · L^{-1} 2,4-二硝基酚指示剂：称取 0.2g 2,4-二硝基酚溶于 100mL 蒸馏水中。

(4) 100g · L^{-1} Na_2CO_3 溶液：称取 10g 无水碳酸钠(Na_2CO_3，分析纯)溶于蒸馏水中并稀释至 100mL。

(5) 50mL · L^{-1} 1/2H_2SO_4 溶液：量取 5mL 浓硫酸(H_2SO_4，分析纯)缓慢加到 95mL 蒸馏水中。

(6) 钼锑贮存液：量取 152.8mL 浓硫酸(H_2SO_4，分析纯)，缓缓倒入 400mL 蒸馏水中，搅拌、冷却。另称取钼酸铵[$(NH_4)_6Mo_7O_{24}$ · $4H_2O$，分析纯]10g 溶于约 60℃的 300mL 蒸馏水中，冷却。然后将 H_2SO_4 溶液缓缓倒入钼酸铵溶液中，再加入 100mL 5g · L^{-1}酒石酸锑钾($KSbOC_4H_4O_6$ · 1/2H_2O，分析纯)溶液，最后用蒸馏水稀释至 1L，避光保存。

(7) 钼锑抗显色剂：1.5g 抗坏血酸($C_6H_8O_6$ 左旋，分析纯)溶于 100mL 钼锑贮存液中(此液应现用现配)。

(8) 5mg·L^{-1}磷(P)标准溶液:称取 0.4394g 在 50℃烘干的磷酸二氢钾(KH_2PO_4,分析纯),加 100mL 蒸馏水及 5mL 浓 H_2SO_4,用蒸馏水定容至 1L,摇匀,即得浓度为 100mg·L^{-1}磷(P)标准溶液(此溶液可长期保存)。吸取此标准溶液 10mL 于 200mL 容量瓶中,加蒸馏水定容,摇匀即得浓度为 5mg·L^{-1}磷的标准溶液。

6.1.1.3 操作步骤

(1) 称取通过 0.149mm 筛孔的风干土样 0.2g 左右(精确到 0.0001g)于银坩埚底部(切勿黏在壁上),用几滴无水酒精湿润土样,然后加 2g 固体 NaOH 平铺于样品的表面,暂时存放在干燥器中,以防潮解。

(2) 将坩埚放在高温电炉内,由低温升至 350～400℃时停 15min,再继续升至 720℃,保持 15min,取出冷却,加 10mL 左右蒸馏水,放置过夜。待熔块完全溶解后,将坩埚里的内溶物转入 50mL 量瓶中,用热蒸馏水、2mL 9mol·L^{-1} 1/2 H_2SO_4 溶液多次洗涤坩埚并倒入量瓶内。

(3) 最后向量瓶内加 5 滴 1∶1 HCl 溶液及 5mL 9mol·L^{-1}1/2 H_2SO_4 溶液,摇动后冷却至室温,用蒸馏水定容,摇匀待测。同时做空白实验。

(4) 吸取清液 5～10mL(使含 P 5～25μg)于 50mL 量瓶中,加蒸馏水至 15～20mL,加 2 滴 2,4-二硝基酚指示剂,用 100g·L^{-1} Na_2CO_3 和 50mL·L^{-1} H_2SO_4 调节 pH 至溶液呈微黄色,准确加入 5mL 钼锑抗显色剂,充分摇动,排出 CO_2,定容,摇匀。30min 后,在分光光度计上用 700nm 波长(2cm 比色皿)比色,读取透光度。以空白试剂溶液作参比液调零点,以消除试剂中杂质的影响。再在标准曲线上查得磷的浓度(或用回归统计法求得)。

(5) 标准曲线的绘制:分别吸取 5mg·L^{-1}磷标准溶液 0mL、1mL、2mL、3mL、4mL、5mL 于 50mL 量瓶中,每个容量瓶中加入与样品同体积的空白液,按上述步骤显色即得 0mg·L^{-1}、0.1mg·L^{-1}、0.2mg·L^{-1}、0.3mg·L^{-1}、0.4mg·L^{-1}、0.5mg·L^{-1}磷标准系列显色液,放置 30min 后与待测液同样进行比色,根据 P 的标准系列浓度及其透光度,绘制 P 的标准曲线。

6.1.1.4 结果计算

$$\text{全 } P_2O_5(\text{g}\cdot\text{kg}^{-1})=\frac{\rho\times V\times ts\times 2.29}{m\times 10^6}\times 1000 \tag{6-1}$$

式中,ρ 为待测液中磷(P)的浓度(mg·L^{-1});V 为比色体积(mL);ts 为分取倍数,待测液体积与比色时吸取体积之比值;2.29 为将 P 换算成 P_2O_5 的系数;m 为样品重(g);10^6 为将 mg 换算成 g 和将 mL 换算为 L;1000 为换算成每 1kg 土壤中全 P_2O_5 的含量。

6.1.1.5　精密度

平行测定结果绝对误差≤0.05g·kg^{-1}。

6.1.1.6　注意事项

(1) 由于银坩埚的熔点较低,960℃即会熔化,因此高温电炉的炉温必须准确,可用纯氯化钠(熔点800℃)校正炉温。

(2) 熔融样品一定要从低温开始,待逐渐脱水后,才能升高温,以避免内熔物溅到坩埚盖上。

(3) 样品熔块先用水提取,后用9mol·L^{-1} 1/2H_2SO_4处理残渣,其目的是把磷全部提取出来,同时使大部分硅酸脱水及使钙元素沉淀出来。

(4) 氢氧化钠熔块不能用热水提取,否则会使溶液激烈沸腾,导致溶液溅失,用加冷水后放置过夜使其慢慢溶解的方法较为稳妥。如急需测定,只有在80℃左右待其溶解后才能提取完全。

(5) 要求显色液的酸度以0.55mol·L^{-1} 1/2H_2SO_4为宜。因酸度太小,显色过快,稳定时间短;酸度太大,则显色太慢。

(6) 要求显色温度为15℃以上,否则需放在30～40℃恒温箱中保持30min后再比色。

6.1.2　酸溶-钼锑抗比色法

在高温条件下,土壤中含磷矿物及有机磷化合物与氢氟酸、高氯酸强氧化剂作用下使之完全分解,全部转化为正磷酸盐而进入溶液,然后用钼锑抗比色法测定。

6.1.2.1　主要仪器设备

铂坩埚或塑料坩埚(聚四氟乙烯坩埚)、分光光度计、电炉、调压变压器等。

6.1.2.2　试剂

(1) HF:氢氟酸(HF,分析纯)。

(2) $HClO_4$:高氯酸($HClO_4$,分析纯)。

(3) 1∶1 HCl溶液:1份浓盐酸(HCl,分析纯)与1份蒸馏水混合。

(4) 其余试剂同6.1.1.2(3)～(8)。

6.1.2.3　操作步骤

(1) 准确称取通过0.149mm筛孔的风干土样0.2g左右(精确到0.0001g)置于坩埚内,加数滴蒸馏水润湿样品。加3mL $HClO_4$,小心摇匀,再加5mL HF,使之混合均匀。

(2) 将坩埚放在电炉上低温加热，使 HF 与样品充分作用，待高氯酸冒白烟时，取下坩埚稍冷，观察是否清亮，如不清，则再加 5mLHF，继续加热消化。待内溶物清亮后，这时可升温让高氯酸大量冒白烟直至呈乳白色糊状。取下坩埚，用滴管沿坩埚壁滴加 $HClO_4$ 以洗净壁上的氟离子，然后再继续加热驱赶多余的 HF。直到蒸干，即消化完全。

(3) 加入 1∶1 HCl 溶液 2mL 于坩埚内，加少量蒸馏水在电炉上低温加热，使残渣溶解，然后全部洗入 50mL 量瓶中，定容，摇匀，备用。

(4) 吸取上述待测液 2～10mL(使含 P 5～25μg)于 50mL 量瓶中，加 2,4-二硝基酚指示剂 2 滴，用 $100g \cdot L^{-1}$ Na_2CO_3 和 $50mL \cdot L^{-1}$ 1/2 H_2SO_4 调 pH 至微黄色，再准确加入 5mL 钼锑抗显色液显色，用蒸馏水定容，摇匀，在分光光度计上用 700nm 波长(2cm 比色皿)比色，读取 P 透光度，再在标准曲线上查得 P 的浓度。

(5) P 标准曲线的绘制同 6.1.1.3(5)。

6.1.2.4 结果计算

全 P_2O_5($g \cdot kg^{-1}$)计算同 6.1.1.4。

6.1.2.5 精密度

同 6.1.1.5。

6.1.2.6 注意事项

(1) 土壤样品应按次序先加 $HClO_4$，后加 HF，否则会使内溶物激烈作用，引起溅失。

(2) 消化完全的标志是第二次加 HF 后，在 $HClO_4$ 刚冒白烟时，坩埚内溶物应清澈见底，否则应再加 HF 消化。

(3) 消化结束时应蒸至近干为止，内溶物应呈乳白色糊状。注意不能蒸干至黄红色出现，遇此情况可补加数滴 $HClO_4$ 重新处理。

(4) 如将样品第一次按量加入 $HClO_4$ 和 HF 后，放置过夜，再进行消化可缩短消化时间。

6.2 有效磷的测定

6.2.1 碳酸氢钠浸提-钼锑抗比色法(适用于中性和石灰性土壤)

石灰性土壤中的磷主要以 Ca-P 形态存在，而中性土壤中则多以 Al-P，Fe-P 和

Ca-P 的形态并存。加 0.5mol·L^{-1} $NaHCO_3$ 可以抑制 Ca^{2+} 的活性，使某些活性较大的水溶性 P 和 Ca-P 浸提到溶液中来。同时有部分比较活性的 Fe-P、Al-P 起水解作用而浸出。浸出液中的磷用钼锑抗比色法测定。

6.2.1.1　主要仪器设备

往复式振荡机、分光光度计等。

6.2.1.2　试剂

(1) 0.5mol·L^{-1} $NaHCO_3$(pH=8.5)浸提液：称取 42.0g 碳酸氢钠($NaHCO_3$，分析纯)，溶解于近 1L 蒸馏水中，用 4mol·L^{-1} NaOH 溶液调节 pH 至 8.5，再用蒸馏水稀释至 1L，保存于塑料瓶中(此液不能放置过久，7 天内有效)。

(2) 无磷活性炭(粉末)。

(3) 其余试剂同 6.1.1.2(3)～(8)。

6.2.1.3　操作步骤

(1) 称取通过 2mm 筛孔的风干土样 5.00g(精确到 0.01g)于 200mL 三角瓶中，准确加入 100mL 0.5mol·L^{-1} $NaHCO_3$ 溶液，再加一角勺无磷活性炭，在 25℃ 的温度下，振荡 30min。取出后过滤，清液待测。同时需做空白试验。

(2) 吸取浸出液 2～20mL(使含 P 5～25μg)于 50mL 量瓶中，加 2 滴 2,4-二硝基酚指示剂，用稀 H_2SO_4 和稀 Na_2CO_3 调节 pH 至溶液呈微黄色，待 CO_2 充分放出后，准确加入钼锑抗显色液 5mL，定容、摇匀，在分光光度计上用 700nm 波长(2cm 比色皿)比色，读取 P 透光度，再在标准曲线上查得 P 的浓度(也可用回归统计法求得)。

(3) P 标准曲线的绘制：分别吸取 5mg·L^{-1} P 标准溶液 0mL、1mL、2mL、3mL、4mL、5mL 于 50mL 量瓶中，再加入与待测液相同的空白提取液，以下按上述操作步骤进行显色和比色，读取透光度，绘制 P 的标准曲线。

6.2.1.4　结果计算

$$\text{有效 P}(\text{mg}\cdot\text{kg}^{-1})=\frac{\rho\times V\times ts}{m\times 10^3}\times 1000 \qquad (6\text{-}2)$$

式中，ρ 为待测液中磷(P)的浓度(mg·L^{-1})；V 为比色体积(mL)；ts 为分取倍数，浸提液体积与比色时吸取待测液体积之比值；m 为样品重(g)；10^3 为将 P 的比色体积 mL 换算成 L；1000 为换算成每 1kg 土壤中有效磷的含量。

6.2.1.5　精密度

平行测定结果允许误差：

测定结果($P\ mg \cdot kg^{-1}$)	允许误差
<10	绝对误差≤$0.5mg \cdot kg^{-1}$
10～20	绝对误差≤$1.0mg \cdot kg^{-1}$
>20	相对误差≤5%

6.2.1.6　注意事项

(1) 浸提有效磷的温度条件要求很严(要求在25℃恒温室中进行)，否则会造成测定误差。

(2) 活性炭一定要无磷，需预先进行处理：先用1∶1 HCl浸泡过夜，然后在平板漏斗上抽气过滤，用蒸馏水洗到无Cl^-为止。再加$0.5mol \cdot L^{-1} NaHCO_3$溶液浸泡过夜，抽气过滤，用蒸馏水洗尽$NaHCO_3$，并检验到无磷为止，烘干备用；测定时应用此活性炭做空白试验，进行校正。

(3) 换算成烘干土重计算有效P的含量。

6.2.2　氟化铵、盐酸浸提-钼锑抗比色法(适用于酸性土壤)

酸性土壤中的有效磷以磷酸铁和磷酸铝形态为主，可用酸性氟化铵提取，形成氟铝化铵和氟铁化铵络合物，少量的钙离子则可生成氟化钙沉淀，磷酸根则被释放提取到溶液中来，再用钼锑抗比色法测定有效磷。

6.2.2.1　主要仪器设备

往复式振荡机、分光光度计等。

6.2.2.2　试剂

(1) $0.03mol \cdot L^{-1} NH_4F$-$0.025mol \cdot L^{-1}$ HCl浸提液：称取1.11g氟化铵(NH_4F，分析纯)溶于400mL蒸馏水中，加入25mL $1.0mol \cdot L^{-1}$ HCl溶液，用蒸馏水稀释至1L，贮于塑料瓶中。

(2) $0.8mol \cdot L^{-1} H_3BO_3$溶液：将49.0g硼酸($H_3BO_3$，分析纯)溶于900mL热水中，冷却后用蒸馏水定容到1L，摇匀。

(3) 钼锑贮存液：配法同6.1.1.2(6)。

(4) 钼锑抗显色剂：配法同6.1.1.2(7)。

(5) $5mg \cdot L^{-1}$ P的标准溶液：配法同6.1.1.2(8)。

6.2.2.3　操作步骤

(1) 称取通过2mm筛孔的风干土样5.00g(精确到0.01g)，置于150mL塑料瓶中，加入 0.03mol · L^{-1} NH_4F-0.025mol · L^{-1} HCl 浸提液 50mL，在 25℃温度下振荡 30min，取出后立即过滤，清液待测。

(2) 在 50mL 量瓶中加入 10mL 0.8mol · L^{-1} H_3BO_3 溶液，然后吸取待测清液 5～10mL(使含 P 5～25μg)，加 2 滴 2,4-二硝基酚指示剂，用 1∶1 NH_4OH 或 1∶1HCl 调至微黄色，准确加入 5mL 钼锑抗显色剂，定容，摇匀，30min 后在分光光度比色计上用 700nm 波长(2cm 比色皿)比色，读取透光度，在标准曲线上查得 P 的浓度(或用回归统计法求得)。同时需做空白试验。

(3) P 的标准曲线绘制：分别吸取 5mg · L^{-1} P 的标准溶液 0mL、1mL、2mL、3mL、4mL、5mL 于 50mL 量瓶中，分别加入 10mL 0.8mol · L^{-1} H_3BO_3 溶液和与待测液相同用量的空白提取液，再按上述操作进行显色和比色，分别读取透光度，绘制 P 的标准曲线。

6.2.2.4 结果计算

有效 P(mg · kg^{-1})计算同 6.2.1.4。

6.2.2.5 精密度

同 6.2.1.5。

6.2.2.6 注意事项

(1) 对于风化程度较高的土壤也可用 0.03mol · L^{-1} NH_4F-0.1mol · L^{-1} HCl 溶液浸提土壤有效磷。

(2) 氟化铵对玻璃器皿有腐蚀作用，故提取时必须在塑料瓶中进行，吸取待测液到量瓶中比色前，应及时加入 H_3BO_3 溶液，以络合消除 F^- 的腐蚀作用。

6.3 柠檬酸溶性磷的测定

本方法用于测定人为表层中有效磷的含量，土样用 10g · L^{-1} 柠檬酸溶液浸提，以抗坏血酸为还原剂，钼蓝比色法测定浸提液中的磷酸盐。

6.3.1 主要仪器设备

分光光度计(附 1cm 比色杯)、聚乙烯振荡瓶(100mL)、往复式振荡机。

6.3.2 试剂

(1) 10g · L^{-1} 柠檬酸溶液：溶解 10g 柠檬酸[$C_3H_4OH(COOH)_3 \cdot H_2O$，分析

纯]于蒸馏水中,并释至1L,当天配制当天使用。

(2) 5mol · L^{-1}硫酸:140mL 浓硫酸(H_2SO_4,分析纯)缓慢地加至约450mL的蒸馏水中,加时不断搅动溶液,冷却后定容至500mL。

(3) 酒石酸锑钾溶液:溶解0.50g酒石酸锑钾($KSbOC_4H_4O_6$,化学纯)于蒸馏水中,稀释至100mL。

(4) 混合试剂母液:溶解12g钼酸铵于约300mL水中,缓慢地加入450mL 5mol · L^{-1}硫酸,加时不断搅动。再加入100mL 5g · L^{-1}酒石酸锑钾溶液,用蒸馏水定容至1L,贮藏于暗处。

(5) 混合试剂:溶解1.5g抗坏血酸于100mL母液中,应现用现配。

(6) 200mg · L^{-1}P标准溶液:溶解0.4390g磷酸二氢钾(KH_2PO_4,分析纯)于少量蒸馏水中,定容至500mL容量瓶中,加蒸馏水至刻度。

(7) 标准系列:分别吸取0mL、10mL、20mL、30mL、40mL、50mL的200mg · L^{-1}P标准液于100mL容量瓶中,加蒸馏水至刻度,即得0mg · L^{-1}、20mg · L^{-1}、40mg · L^{-1}、60mg · L^{-1}、80mg · L^{-1}、100mg · L^{-1}P的标准系列。

6.3.3 操作步骤

(1) 称取通过2mm筛孔的风干土样5g(精确到0.01g)于100mL聚乙烯塑料振荡瓶中。

(2) 若土样含碳酸钙相当物量<3g · kg^{-1},加50.0mL 10g · L^{-1}柠檬酸溶液。若土样含碳酸钙相当物量>3g · kg^{-1},则首先按每1g · kg^{-1}碳酸盐加7mg固态柠檬酸,然后再加50.0mL柠檬酸溶液。同时做2个空白和1个参比土样。

(3) 振荡2h(当心:有碳酸盐的土样在气泡未停止前,不能盖塞振荡瓶)。放置20h,再振荡1h。

(4) 用硬质滤纸过滤,若滤液浑浊,将滤液回到原来滤纸上再过滤。

(5) 分别吸取1mL标准液,空白和滤液于100mL容量瓶中,加蒸馏水至约80mL;加10.0mL混合试剂并混匀,加蒸馏水定容,摇匀。为了充分显蓝色,至少放置2h。

(6) 在分光光度计上用882nm或720nm波长测量消光值。绘制消光值对P浓度的标准曲线。

注:稀释法适用于浸提性磷达到2300mg · L^{-1} P_2O_5(1000mg · L^{-1}P)的土壤,为了克服高含磷量,可以取少量滤液(如0.5mL)或用蒸馏水预先稀释(如1∶1)的滤液按1∶100比例稀释(一致地变换计算)。在这种情况下因为柠檬酸盐浓度较低,显色较快,但不影响其最大显色强度。注意标准液中全不含柠檬酸盐。

6.3.4 结果计算

$$有效柠檬酸浸提性\ \mathrm{P}(\mathrm{mg}\cdot\mathrm{kg}^{-1})=\frac{\rho\times V\times ts}{m\times 10^3}\times 1000 \tag{6-3}$$

式中，ρ 为待测液中磷(P)的浓度($mg \cdot L^{-1}$)；V 为比色体积(mL)；ts 为分取倍数，浸提液体积与比色时吸取待测液体积之比值；m 为样品重(g)；10^3 为将 P 的比色体积 mL 换算成 L；1000 为换算成每 1kg 土壤中柠檬酸浸提性磷的含量。

6.3.5 注意事项

(1) 本文所述的方法适用于柠檬酸盐浓度达到 0.42mmol/100mL(最终浓度)，浸提液无需消化，此相当于土壤中 $CaCO_3$ 含量达到 50%。

(2) 滤液应该在过滤的当天分析，若有必要，滤液应保存密闭的容量瓶且放在冷冻箱内至多不超过 3 天。

6.4 磷酸盐的吸持

土样与磷酸盐溶液平衡，测定溶液中磷酸盐减少量。在 pH 比较低(≈4.6)的溶液中磷酸盐吸持接近于最大值。

6.4.1 主要仪器设备

往复式振荡机、离心机、分光光度计(附 1cm 厚比色杯)。

6.4.2 试剂

(1) P-吸持溶液：1000mg · L^{-1}P，溶解 8.80g 磷酸二氢钾(KH_2PO_3，分析纯)和 32.8g 乙酸钠($CH_3COONa \cdot 3H_2O$，分析纯)于 1L 蒸馏水中，加入 23mL 冰醋酸，转移至 2000mL 容量瓶中，加蒸馏水定容，摇匀，pH 应该是 4.6±0.1。

(2) 钒钼酸铵-硝酸溶液：

① 0.8g 钒酸铵溶解于 500mL 沸蒸馏水中，冷却，加入 6mL 浓硝酸(HNO_3，分析纯)，用蒸馏水稀释至 1L。

② 16g 钼酸铵溶解于 50℃蒸馏水中，冷却，用蒸馏水稀释至 1L。

③ 100mL 浓硝酸(HNO_3，分析纯)用蒸馏水稀释至 1L。转移稀 HNO_3 至 5L 的玻璃瓶中，先加入钒酸铵溶液，然后再加入钼酸铵溶液混匀。

(3) 标准系列：分别吸取 0mL、10mL、20mL、30mL、40mL、50mL P-吸持溶液(1000mg · L^{-1}P)于 50mL 容量瓶中，用蒸馏水定容，摇匀，这些溶液分别相当于 100%、80%、60%、40%、20%、0%的 P-吸持。

6.4.3 操作步骤

(1) 称取通过 2mm 筛孔的风干土样 5g(精确到 0.01g),于 50mL 带塞的离心管或振荡瓶中,用吸管或分配器加入 25mL P-吸持溶液。

(2) 在约 20℃条件下,振荡过夜(16h)。

(3) 离心(2000r/min,约 15min)。

(4) 加 19.0mL 钒钼酸铵试剂于 30mL 试管中,用吸管加入 1mL 上部清液或标准系列,摇动使之均匀。

(5) 至少在 30min 后,但在 24h 内,测定在 466nm 波长的消光值(比色测定)。

6.4.4 结果计算

绘制消光值对 P-吸持的标准曲线,从曲线读出土样的 P-吸持,并用%表示。

注解:因为曲线表示消光值随着 P 浓度减少(P 吸收增大)而减少,作图时最高的 P 浓度(消光值最大、读数最小)绘为原点。

主要参考文献

中国科学院南京土壤研究所. 1978. 土壤理化分析. 上海:上海科技出版社:96-112.

中国土壤学会. 1999. 土壤农业化学分析方法. 北京:中国农业科技出版社:166-168,179-181,185-186.

中国土壤学会农业化学专业委员会. 1983. 土壤农业化学常规分析方法. 北京:科学出版社:95-102.

USDA,NRCS. 2004. Soil Survey Laboratory Methods Manual. Soil Survey Investigations Report No. 42. Version 4.0.

USDA,SCS. 1984. Procedures for Collecting Soil Sample and Methods of Analysis for Soil Survey. Soil Survey Investigations Report No. 1.

第七章　土壤钾的测定

7.1　全钾的测定

土壤中全钾含量一般在 $20g \cdot kg^{-1}$(K_2O)左右,石灰性土壤有的可高达 $30g \cdot kg^{-1}$(K_2O)以上,而某些红壤甚至低于 $2g \cdot kg^{-1}$(K_2O)。

土样的消化分解方法大体上分为碱熔和酸溶两大类。由于受到仪器设备的限制,目前碱熔采用 NaOH 在银坩埚中进行;酸溶采用 HF-$HClO_4$ 在聚四氟乙烯坩埚(简称塑料坩埚)或铂坩埚中进行消化。测定钾的方法较多,现在普遍应用快速、灵敏、准确又简便的火焰光度法。

7.1.1　碱熔-火焰光度法

7.1.1.1　主要仪器设备

火焰光度计、银坩埚、高温电炉、分析天平等。

7.1.1.2　试剂

(1) NaOH:氢氧化钠(NaOH,分析纯)。

(2) $9mol \cdot L^{-1} 1/2H_2SO_4$ 溶液:同 6.1.1.2(2)。

(3) $1000mg \cdot L^{-1} K_2O$ 标准溶液:准确称取经 105℃烘干的氯化钾(KCl,分析纯)1.5830g 溶于蒸馏水中,并稀释至 1L,即为 $1000mg \cdot L^{-1} K_2O$ 标准溶液。

7.1.1.3　操作步骤

(1) 待测液的制备参照全磷的测定 6.1.1.3(1)～(3)。

(2) 吸取待测液 5mL 于 25mL 容量瓶中,用蒸馏水定容,摇匀,在火焰光度计上测定,同时做空白试验。

(3) 氧化钾的标准系列制成 $0mg \cdot L^{-1}$、$5mg \cdot L^{-1}$、$10mg \cdot L^{-1}$、$20mg \cdot L^{-1}$、$25mg \cdot L^{-1}$、$30mg \cdot L^{-1}$、$50mg \cdot L^{-1}$ 标准溶液,同时加入同待测液中相等的钠离子,使其与待测液的测定条件相一致,用蒸馏水定容,摇匀,在火焰光度计上测定,并绘制钾的标准曲线,在曲线上查出待测液中钾的浓度($mg \cdot L^{-1}$)。

7.1.1.4 结果计算

$$全\ K_2O(g \cdot kg^{-1})=\frac{\rho \times V \times ts}{m \times 10^6}\times 1000 \qquad (7\text{-}1)$$

式中，ρ 为从标准曲线上查得待测液中 K_2O 的浓度($mg \cdot L^{-1}$)；V 为测定体积(mL)；ts 为分取倍数；m 为样品重(g)；10^6 为将 mg 换算成 g 和将 mL 换算为 L；1000 为换算成每 1kg 土壤中全 K_2O 的含量。

7.1.1.5 精密度

平行测定结果允许绝对误差不超过 0.5$g \cdot kg^{-1}$。

7.1.1.6 注意事项

(1) 熔融时的注意事项参照 6.1.1.6(1)～(4)。

(2) 测定过程中，每测定 1 个样品用蒸馏水喷洗，每测 5～6 个样品后，需用标准溶液校正 1 次。

7.1.2 酸溶-火焰光度法

7.1.2.1 主要仪器设备

火焰光度计、塑料坩埚或铂坩埚、电炉、调压变压器、分析天平等。

7.1.2.2 试剂

(1) HF：氢氟酸(HF，分析纯)。

(2) $HClO_4$：高氯酸($HClO_4$，分析纯)。

(3) 1∶1 HCl 溶液：1 份浓盐酸(HCl，分析纯)与 1 份蒸馏水混合。

(4) 钾标准溶液：同 7.1.1.2(3)。

7.1.2.3 操作步骤

待测液的制备按 6.1.2.3(1)～(3)进行。然后吸取待测液 5mL 于 25mL 容量瓶中，用蒸馏水定容，摇匀，在火焰光度计上测定，同时做空白试验。

K_2O 标准系列制成 0$mg \cdot L^{-1}$、5$mg \cdot L^{-1}$、10$mg \cdot L^{-1}$、20$mg \cdot L^{-1}$、25$mg \cdot L^{-1}$、30$mg \cdot L^{-1}$、50$mg \cdot L^{-1}$标准溶液，每个标准液中加入与待测液相等的 HCl mL 数，使其与待测液条件相一致。用蒸馏水定容，摇匀在火焰光度计上测定，并绘制成 K_2O 标准曲线，在曲线上查出待测液中钾的浓度($mg \cdot L^{-1}$)。

7.1.2.4　结果计算

全 K_2O(g · kg^{-1})同 7.1.1.4。

7.1.2.5　精密度

同 7.1.1.5。

7.1.2.6　注意事项

同 6.1.2.6。

7.2　速效钾的测定(乙酸铵浸提-火焰光度法)

用 1mol · L^{-1} NH_4OAc 从土壤中浸提出的钾,包括交换性钾和水溶性钾两部分,通常称为速效钾。以中性 1mol · L^{-1} NH_4OAc 溶液为浸提剂时,NH_4^+ 与土壤胶体表面的 K^+ 进行交换,连同水溶性 K^+ 一起进入溶液,再用火焰光度计测定。

7.2.1　主要仪器设备

往复式振荡机、火焰光度计等。

7.2.2　试剂

(1) 1mol · L^{-1} NH_4OAc 溶液:称取 77.08g 乙酸铵(NH_4OAc,化学纯),溶于 900mL 蒸馏水中,用稀 HOAc 或 NH_4OH 调节至 pH7.0,再用蒸馏水定容到 1L,摇匀。

(2) K 标准溶液:准确称取经 105℃烘干的氯化钾(KCl,分析纯)1.9068g 溶于蒸馏水,定容至 1L,即为 1000mg · L^{-1} K 标准溶液。

7.2.3　操作步骤

称取通过 2mm 筛孔的风干土样 5.00g(精确到 0.01g)于 100mL 三角瓶中,加 1mol · L^{-1} NH_4OAc 溶液 50mL(土液比为 1 : 10),用橡皮塞塞紧,在 20～25℃下振荡 30min,用干滤纸过滤,滤液直接用火焰光度计测定,同时测定 0～50mg · L^{-1} K 标准系列溶液,标准溶液用提取液定容,摇匀。还需做空白试验。

7.2.4　结果计算

$$速效\ K(mg \cdot kg^{-1}) = \frac{\rho \times V}{m \times 10^3} \times 1000 \qquad (7\text{-}2)$$

式中，ρ 为在标准曲线上查得待测液的浓度（$mg \cdot L^{-1}$）；V 为测定体积（mL）；m 为样品重（g）；10^3 为将 mL 换算成 L；1000 为换算成每 1kg 土壤中速效钾的含量。

7.2.5 精密度

平行测定结果相对误差≤5%。

7.2.6 注意事项

提取土壤速效钾待测液的土液比不能随意更改。

7.3 缓效钾的测定（硝酸消煮-火焰光度法）

土壤缓效钾主要指层状硅酸盐矿物层间和颗粒边缘部分的钾。目前通用 $1mol \cdot L^{-1} HNO_3$ 消煮-火焰光度法测定，再以此测得的钾量中减去速效钾量即为缓效钾含量。

7.3.1 主要仪器设备

火焰光度计等。

7.3.2 试剂

(1) $1mol \cdot L^{-1} HNO_3$ 溶液：量取 62.5mL 浓硝酸（HNO_3，化学纯），用蒸馏水稀释至 1L。

(2) K 标准溶液：配法同 7.2.2(2)。

7.3.3 操作步骤

称取通过 2mm 筛孔的风干土样 5.00g（精确到 0.01g）于 150mL 三角瓶中，加 $1mol \cdot L^{-1} HNO_3$ 溶液 50mL，瓶口加上弯颈小漏斗，在电炉上煮沸 10min，趁热过滤入 250mL 量瓶中，用热蒸馏水洗涤 5～7 次，冷却后定容，摇匀，在火焰光度计上直接测定，并测定 0～50$mg \cdot L^{-1}$K 标准系列溶液。同时做空白试验。

7.3.4 结果计算

硝酸溶性 K（$mg \cdot kg^{-1}$）计算同 7.2.4。

$$缓效\ K(mg \cdot kg^{-1}) = 硝酸溶性\ K(mg \cdot kg^{-1}) - 速效\ K(mg \cdot kg^{-1}) \quad (7\text{-}3)$$

7.3.5 精密度

平行测定结果允许绝对误差为 2～5$mg \cdot kg^{-1}$。

7.3.6 注意事项

(1) 含有 $CaCO_3$ 的土样，应加 HNO_3 中和后，再使溶液中 HNO_3 保持在 $1mol \cdot L^{-1}$ 浓度提取。

(2) 加热煮沸提取的时间要从沸腾计时 10min，温度均匀，以免影响测定结果。

主要参考文献

中国科学院南京土壤研究所. 1978. 土壤理化分析. 上海：上海科学技术出版社：112-114.

中国土壤学会. 1999. 土壤农业化学分析方法. 北京：中国农业科技出版社：188-186.

中国土壤学会农业化学专业委员会. 1983. 土壤农业化学常规分析方法. 北京：科学出版社：109-116.

第八章　土壤交换性能的分析

8.1　阳离子交换量的测定

土壤有机无机吸收复合体表面带有负电荷，具有吸附阳离子的能力，所吸附的阳离子可以与溶液中的阳离子相互交换。土壤吸附交换性阳离子的总量称为阳离子交换量，它是土壤的重要物理化学性质之一。测定土壤交换量的方法较多，可根据土壤的性质和仪器设备条件以及不同测定目的加以选用。

8.1.1　乙酸铵(pH7.0)交换法(适用于中性和酸性土壤)

用中性 NH_4OAc 与土壤有机无机吸收复合体上的阳离子进行交换，多余的 NH_4OAc 用乙醇洗除，饱和铵质土用 MgO 蒸馏，测定阳离子交换量。本法是目前较通用的方法之一，其特点是 NH_4OAc 的 pH 缓冲性较强，在交换过程中，pH 变化较小，过剩的铵离子易于洗除，形成的铵质土易于蒸馏测定，交换浸出液中的钙、镁、钾、钠等盐基性阳离子可同时测定。缺点是 NH_4OAc 能与某些腐殖质形成可溶性溶胶而洗失，某些土壤中含有吸附铵离子特性的黏土矿物(如蛭石、黑云母等)，也可影响测定结果。对于石灰性土壤，用酸性乙酸钠缓冲液(pH5.0)处理，去除碳酸盐、石膏及可溶盐后的样品，也可用此法测定阳离子交换量。

8.1.1.1　主要仪器设备

电动离心机(3000～5000r/min)、离心管(75mL 或 100mL)、定氮蒸馏装置。

8.1.1.2　试剂

(1) $1mol \cdot L^{-1}$ NH_4OAc 溶液：称取 77.09g 乙酸铵(CH_3COONH_4，分析纯)，溶于 800mL 蒸馏水中，用乙酸或 NH_4OH 调节 pH 至 7.0，然后用蒸馏水稀释至 1L。

(2) 乙醇：工业用(需无铵离子)。

(3) $20g \cdot L^{-1}$ H_3BO_3 溶液：称取 20g 硼酸(H_3BO_3，化学纯)溶于蒸馏水中，稀释至 1L。

(4) MgO：氧化镁(MgO，化学纯)，必要时可经 500～600℃灼烧 30min，以减少蒸馏时产生气泡。

(5) 定氮混合指示剂：0.1g 甲基红与 0.5g 溴甲酚绿于玛瑙研钵中，用 100mL 乙醇研磨溶解。

(6) 0.02mol·L^{-1} HCl 标准溶液：1.66mL 浓盐酸（HCl，分析纯）稀释至 1L，用碳酸钠标准溶液标定其准确浓度。

(7) 纳氏试剂：称取 134g 氢氧化钾（KOH，分析纯）溶于 460mL 蒸馏水中，为第一溶液；称取 20g 碘化钾（KI，分析纯）溶于 50mL 蒸馏水中，加碘化汞（HgI_2，分析纯）至饱和（约 32g），为第二溶液，然后两溶液混合而成。

(8) 碳酸钠标准溶液：准确称取经高温灼烧过的无水碳酸钠（Na_2CO_3，光谱纯）2.6497g 溶于无 CO_2 的蒸馏水中，洗入 250mL 容量瓶中，即为 0.2000mol·L^{-1} 1/2 Na_2CO_3 标准溶液。

8.1.1.3　操作步骤

(1) 称取通过 0.25mm 筛孔的风干土样 1.00g（如需做交换性盐基称 5.00g），精确到 0.01g，放入离心管中，加入少量 NH_4OAc 溶液，用橡皮头玻璃棒充分研磨搅拌，使成均匀的泥浆状，再加 NH_4OAc 溶液继续搅拌，直至管中无明显土粒团块为止。

(2) 用 NH_4OAc 溶液冲洗管壁及橡皮头玻璃棒，使总体积在 30～50mL 左右。

(3) 将离心管成对地在粗天平上用 NH_4OAc 溶液平衡，对称地放入离心机中离心（3000r/min 左右）3～5min，弃去清液，如此反复处理 3 次（如需测定交换性盐基，则将清液收集于 250mL 容量瓶中）。检查至无钙离子反应为止。

(4) 向载土离心管中加入少量无铵乙醇，用橡皮头玻璃棒搅拌，使离心管中土样成均匀泥浆状，无明显团块，用乙醇冲洗橡皮头玻璃棒及管壁，成对地在天平上平衡后离心，弃去清液，如此反复洗至无铵离子反应为止（一般洗涤 2～3 次即可，可用纳氏试剂检查有无铵离子）①。

(5) 将离心管中的铵质饱和土用蒸馏水洗入定氮蒸馏装置的蒸馏瓶中，加入 0.5g 左右 KCl 和 0.5g 左右 MgO，进行蒸馏（有机质高的土壤可加入 1mL 左右液状石蜡，以减少发泡），蒸出的 NH_4^+ 用 H_3BO_3 溶液吸收，直至蒸出液无铵离子反应为止（一般需 10～15min 左右，可用纳氏试剂检查）。

(6) 吸收液用 0.02mol·L^{-1} HCl 标准溶液滴定（用 2 滴定氮混合指示剂作指示剂），溶液由蓝绿色变为微红色为终点，记取滴定 HCl 标准溶液体积（V），同时蒸馏和滴定空白体积（V_0）。

8.1.1.4　结果计算

$$\text{阳离子交换量}[\text{cmol}(+)\cdot\text{kg}^{-1}]=\frac{C\times(V-V_0)}{m\times10}\times1000 \tag{8-1}$$

式中，C 为 HCl 标准溶液的摩尔浓度（mol·L^{-1}）；V 为样品滴定的 HCl 标准溶液

---

① 加纳氏试剂 1 滴，如无黄色，则表示无铵离子；如有黄色，表示有铵离子，应再继续洗涤。

体积(mL);V_0 为空白滴定的 HCl 标准溶液体积(mL);m 为样品重(g);10 为将 mmol 换算成 cmol 的倍数;1000 为换算成每 1kg 中土壤的阳离子交换量。

8.1.1.5 精密度

平行测定结果允许误差:

测定值[cmol(+)·kg^{-1}]	允许绝对误差[cmol(+)·kg^{-1}]
>50	≤5.0
50~30	2.5~1.5
30~10	1.5~0.5
<10	≤0.5

8.1.1.6 注意事项

(1) 本法仅适用于中性和酸性土壤,对于某些耕种红壤,由于施用石灰混合不匀或分解不完全,土中往往会有残留的游离石灰颗粒,某些半干旱地区的土壤由于有机物的影响,即使有残余 $CaCO_3$ 颗粒存在,也呈中性或微酸性(pH6~7),可能出现盐基饱和或过饱和,这样最好改用测定石灰性土壤交换量的方法。

(2) 某些含有机质特别高的土壤(有机质>100g·kg^{-1}),蒸馏时发泡激烈,可以向蒸馏瓶中加 1mL 左右液状石蜡,以抑制发泡,或者减少称样重做。

8.1.2 乙酸铵-EDTA 交换法(适用于酸性、中性和石灰性土壤)

采用 1mol·L^{-1} NH_4OAc(其中含有 0.005mol·L^{-1} EDTA)溶液作为交换剂,在适宜的 pH 条件下(酸性和中性土壤用 pH7.0,石灰性土壤用 pH8.5),由于 EDTA 的存在,这种交换络合剂可以与土壤吸收复合体上 Ca^{2+}、Mg^{2+}、Al^{3+} 等离子进行充分交换,并很快形成解离度极小而稳定的络合物,且不会破坏土壤胶体。这样交换和络合同时进行,加快了离子交换速度,减少可逆反应的发生。同时由于溶液中 NH_4^+ 强度较大,交换性 H^+、K^+、Na^+ 等也能交换完全,特别是对于石灰性土壤,在 pH8.5 条件下,可以大大抑制了 $CaCO_3$ 的溶解,即使有少量溶解,也会与 EDTA 很快络合,使溶液中 Ca^{2+} 浓度很小。所以能一次交换完全,省去了破坏 $CaCO_3$ 以及多次交换等繁琐手续,故本法特别适用于石灰性土壤。

8.1.2.1 主要仪器设备

同 8.1.1.1。

8.1.2.2 试剂

(1) 1mol·L^{-1} NH_4OAc(内含 0.005mol·L^{-1} EDTA)溶液:称取乙酸铵

(CH_3COONH_4,化学纯)77.09g,EDTA(乙二胺四乙酸,分析纯)1.461g,加蒸馏水800mL左右溶解,用1∶1 NH_4OH 或稀醋酸调节pH7.0(用于酸性、中性土壤)或pH8.5(用于石灰性土壤)。

(2) 其他试剂同8.1.1.2(2)~(7)。

8.1.2.3　操作步骤

称取过0.25mm筛孔的风干土样1.00g(精确到0.01g)于离心管中,用1mol·L^{-1} NH_4OAc-EDTA溶液研磨1~2min,交换1次,离心后弃去清液,再用无铵乙醇洗去过剩铵离子后,再蒸馏,步骤同8.1.1.3(4)~(6)。

8.1.2.4　结果计算

阳离子交换量[cmol(+)·kg^{-1}]计算同8.1.1.4。

8.1.2.5　注意事项

(1) 可溶盐或碱化度较高的土壤,因其 Na^+ 较多,会与EDTA形成稳定常数较小的EDTA二钠盐,1次交换可能不易完全,故可交换2~3次。

(2) 同8.1.1.6(2)。

8.1.3　计算法阳离子交换量($CEC_{8.2}$)(适用于酸性土壤)

用 $BaCl_2$-TEA(pH8.2)浸提性酸与1mol·L^{-1} NH_4OAc(pH7.0)浸提性盐基总量之和表示土壤阳离子交换量。结果计算

$$\text{阳离子交换量}[cmol(+)\cdot kg^{-1}] = \text{浸提性酸}(pH8.2) + \text{浸提性盐基}(pH7.0) \quad (8\text{-}2)$$

式中,浸提性酸(pH8.2)为 $BaCl_2$-TEA(pH8.2)浸提性酸[cmol(+)·kg^{-1}](8.5.3);浸提性盐基(pH7.0)为1mol·L^{-1} NH_4OAc(pH7.0)浸提盐基总量[cmol(+)·kg^{-1}](8.2.3.A中8.2.3.4或8.2.3.B)。

8.1.4　计算法有效阳离子交换量(ECEC)(适用于酸性土壤)

用1mol·L^{-1} KCl(pH5.5~6.0)浸提性总酸(H^+ 和 Al^{3+})与1mol·L^{-1} NH_4OAc(pH7.0)浸提性盐基总量之和表示土壤有效阳离子交换量(ECEC),计算方法如下

$$\text{有效阳离子交换量(ECEC)}[cmol(+)\cdot kg^{-1}] = H^+ + Al^{3+}(1/3\ Al^{3+}) + \text{浸提性盐基总量} \quad (8\text{-}3)$$

式中,$H^+ + Al^{3+}$ 为1mol·L^{-1} KCl(pH5.5~6.0)浸提交换性 H^+ 和 Al^{3+} (1/3 Al^{3+})(cmol·kg^{-1})(8.3.3);浸提性盐基总量为1mol·L^{-1} NH_4OAc(pH7.0)浸性盐基总量[cmol(+)·kg^{-1}](8.2.3.A中的8.2.3.4或8.2.3.B)。

8.1.5 乙酸铵(pH7.0)淋洗交换法

将土壤称入铺有玻璃棉和石英砂的筒形漏斗中,用 1mol · L^{-1} NH_4OAc(pH7.0)溶液自动淋洗,再用乙醇洗除多余的 NH_4OAc,用蒸馏法测定交换量,这样可以省去离心手续,适用于没有离心设备的实验室,但对石灰性土壤因含有 $CaCO_3$ 或石膏,可使测定结果偏低。应该用经酸性乙酸钠缓冲液(pH5.0)去除碳酸盐、石膏及可溶盐的样品进行测定。可用此法测定的交换量结果计算碱化土壤钠饱和度。

8.1.5.1 主要仪器设备

筒形漏斗(直径 2～3cm)、自动淋洗装置(图 8.1)、定氮蒸馏装置等。

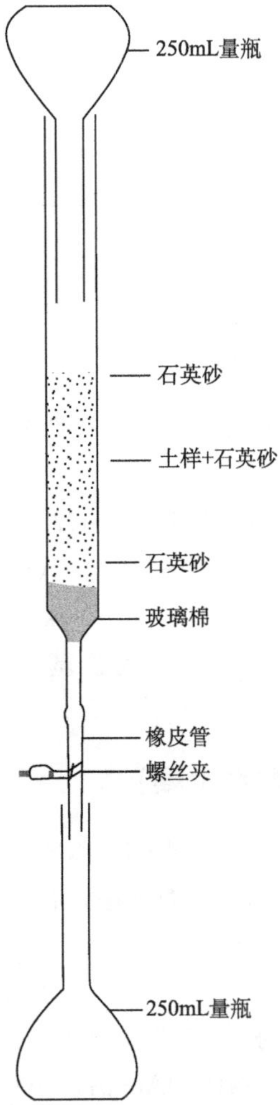

图 8.1 自动淋洗装置

8.1.5.2 试剂

同 8.1.1.2。

8.1.5.3 操作步骤

(1) 称取通过 0.25mm 筛孔的风干土样 2.00g(精确到 0.01g)与 2g 石英砂混匀,于铺有玻璃棉(或脱脂棉)及石英砂的筒形漏斗中,土面上再盖一层石英砂,在自动淋洗装置上将装有 250mL 1mol · L^{-1} NH_4OAc(pH7.0)的量瓶倒置在筒形漏斗上(见图 8.1),进行淋洗,滤液承于 250mL 量瓶中,待 NH_4OAc 溶液淋洗至近刻度时,再用 NH_4OAc 溶液定容,摇匀。然后用工业乙醇同样方法自动淋洗,洗至无 NH_4^+ 反应为止(用纳氏试剂检查)。

(2) 将漏斗中土样用蒸馏水洗入定氮蒸馏装置的蒸馏瓶中,进行蒸馏测定具体方法见 8.1.1.3(5)～(6)。

(3) 如果是需测交换性盐基的酸性土壤样品,则将 NH_4OAc 淋出液收集起来测定盐基用,如果是需测定交换性 Na 的碱化土样,则可测定 NH_4OAc 淋出液中 Na^+,作为浸提性 Na 总量(包括水溶性 Na^+ 和交换性 Na^+)。

8.1.5.4 结果计算

阳离子交换量[cmol(+) · kg^{-1}]同 8.1.1.4。

8.1.5.5　注意事项

(1) 筒形漏斗中铺玻璃棉(或脱脂棉)及石英砂疏密要适度,使淋洗速度保持适当和一致,一般应使 250mL 体积在 5h 内滤完。开始淋洗时可能发生浑浊,可以倒回漏斗重滤。

(2) 玻璃棉及石英砂(<2mm)应先用稀 HCl 浸泡并用蒸馏水洗净。

8.2　交换性盐基及其组成的测定

酸性土壤的交换性盐基阳离子组成包括 Ca^{2+}、Mg^{2+}、K^{+}、Na^{+},其测定方法一般为用 $1mol \cdot L^{-1}$ NH_4OAc(pH7.0)浸提,分别进行测定。各离子之和为盐基总量。如果仅为计算盐基饱和度,则可以用 NH_4OAc(pH7.0)浸提蒸干中和滴定法测定盐基总量。

8.2.1　交换性钙、镁的测定

钙镁的测定一般采用 EDTA 络合滴定法,近年来原子吸收光谱法被广泛应用,也能取得满意结果。

8.2.1.A　EDTA 滴定法

酸性土壤的 NH_4OAc(pH7.0)浸出液,经蒸干去除 NH_4OAc 以后,用稀 HCl 加热溶解残渣,用 EDTA 络合滴定法测定交换性 Ca^{2+}、Mg^{2+}。

测定 Ca、Mg 的 EDTA 是用乙二胺四乙酸二钠盐,它能与多种金属阳离子在不同 pH 条件下形成稳定的络合物。用它来滴定 Ca、Mg 时,首先调节待测液的适当 pH,然后加钙、镁指示剂进行滴定。滴定 Ca、Mg 的指示剂很多,目前通用酸性铬蓝 K-萘酚绿 B 混合指示剂(以下简称 Ca、Mg 混合指示剂),它既能滴定 Ca、Mg 总量,又能单独滴定 Ca 量。

当待测液的 pH 等于 10,而且有大量铵盐存在时,加入 Ca、Mg 混合指示剂后,首先与钙、镁离子形成红色络合物,使溶液呈现红色或紫红色。用 EDTA 滴定时,由于 EDTA 对 Ca、Mg 离子的络合能力远比指示剂对 Ca、Mg 离子的络合能力强,因此在滴定过程中原先为指示剂所络合的 Ca、Mg 离子即开始被 EDTA 所夺取,这时溶液中存在的红色络合物就逐渐减少,而指示剂本身的蓝色则逐渐增加,直至 Ca、Mg 离子全部被 EDTA 夺取时,溶液就完全显示指示剂原有的蓝色。

当待测液的 pH 调至 12 以上并无铵盐时,溶液中镁将沉淀为 $Mg(OH)_2$,加入混合指示剂后,就可以用 EDTA 直接滴定 Ca,终点由红色变为蓝色。再由 Ca、Mg

总量中减去 Ca 量，即为 Mg 量。

8.2.1.1 试剂

(1) 0.01mol · L^{-1}EDTA 标准溶液：称取 3.72g 乙二胺四乙酸二钠(EDTA 二钠盐，$C_{10}H_{14}O_8N_2Na_2 \cdot 2H_2O$，分析纯)溶于无 CO_2 蒸馏水中，并用无 CO_2 蒸馏水稀释至 1L，用 Ca 或 Mg 的标准溶液标定其准确浓度。标定方法同 Ca、Mg 滴定。用苏打石灰管隔绝空气保存。

(2) Ca 标准溶液配制：准确称取经 105℃烘干(烘 4～6h)的碳酸钙($CaCO_3$，光谱纯)2.4973g，溶于稀 HCl 中，赶走 CO_2 后，用去离子水定容到 1L，摇匀。其中含 1mol · L^{-1} HCl，含 1000mg · L^{-1} Ca 即 0.0500mol(1/2 Ca^{2+}) · L^{-1}。

(3) Mg 标准溶液配制：准确称取经细砂纸及滤纸小心擦除表面氧化层并在干燥器中平衡过的金属镁带(Mg，光谱纯)1.0000g，溶解于稀 HCl 中，用去离子水定容至 1L，摇匀，其中含 HCl 1mol · L^{-1}，含 Mg1000mg · L^{-1} 即 0.0833mol (1/2Mg^{2+}) · L^{-1}。

(4) pH10 缓冲溶液：称取 67.5g 氯化铵(NH_4Cl，分析纯)溶于 400mL 无 CO_2 蒸馏水中，加浓氨水(NH_4OH，分析纯)570mL，用无 CO_2 蒸馏水稀释至 1L，用苏打石灰管隔绝空气保存。

(5) 钙、镁混合指示剂：先称 50g 氯化钠(NaCl，分析纯)放在玛瑙研钵中研细，然后分别称取 0.5g 酸性铬蓝 K，1g 萘酚绿 B，一起放入玛瑙研钵中继续研磨，充分混合均匀。贮存于小塑料瓶中，放入干燥器中保存。

(6) 饱和 NaOH 溶液：氢氧化钠(NaOH，分析纯)溶于无 CO_2 蒸馏水中至饱和，澄清后密闭贮存于塑料瓶中，防止吸收 CO_2。

(7) 1∶1 三乙醇胺溶液：三乙醇胺[$N(CH_2CH_2OH)_3$，分析纯]与无 CO_2 蒸馏水等体积混合。

(8) 1∶1 HCl：浓盐酸(HCl，分析纯)与蒸馏水等体积混合。

8.2.1.2 操作步骤

(1) 吸取 8.1.1.3(3)1mol · L^{-1} NH_4OAc(pH7.0)浸出液 50mL 2 份，分别放于 200mL 烧杯中，在电热板或电炉上低温蒸干，蒸干后加高温度使 NH_4OAc 充分分解，至无醋酸味为止，取下烧杯稍冷，沿烧杯壁滴加 1∶1 HCl 1mL，用蒸馏水和橡皮头玻璃棒充分擦洗烧杯壁并加热微沸，取下冷却。

(2) 取 1 份加 pH10 缓冲溶液 5mL，Ca、Mg 混合指示剂适量，用 EDTA 标准溶液滴定 Ca、Mg 总量。另 1 份加饱和 NaOH 溶液 1mL，加 Ca、Mg 混合指示剂适量，用 EDTA 标准溶液滴定 Ca。颜色都是由紫红到蓝色，分别记下 EDTA 标准溶液体积(V_1 和 V_2)，用同样方法做试剂空白滴定记取(V_{01}、V_{02})。

8.2.1.3　结果计算

$$\text{交换性 } Ca^{2+}[cmol(1/2Ca^{2+})\cdot kg^{-1}]=\frac{(V_2-V_{02})\times C\times 2\times ts}{m\times 10}\times 1000 \quad (8\text{-}4)$$

$$\text{交换性 } Mg^{2+}[cmol(1/2Mg^{2+})\cdot kg^{-1}]=\frac{[(V_1-V_{01})-(V_2-V_{02})]\times C\times 2\times ts}{m\times 10}\times 1000 \quad (8\text{-}5)$$

式中，V_1 为滴定 Ca、Mg 总量时消耗 EDTA 标准溶液体积(mL)；V_2 为滴定 Ca 时消耗 EDTA 标准溶液体积(mL)；V_{01} 为滴定 Ca、Mg 总量空白消耗 EDTA 标准溶液体积(mL)；V_{02} 为滴定 Ca 空白消耗 EDTA 标准溶液体积(mL)；C 为 EDTA 标准溶液的摩尔浓度($mol\cdot L^{-1}$)；2 为将 mol(Ca^{2+} 或 Mg^{2+})换算成 mol($1/2Ca^{2+}$ 或 $1/2\ Mg^{2+}$)的倍数；m 为样品重(g)；10 为将 mmol 换算成 cmol 的倍数；ts 为分取倍数，定容体积与吸取体积之比值；1000 为换算成每 1kg 土壤中交换性钙或镁的含量(cmol)。

8.2.1.4　精密度

平行测定结果允许误差：

测定值[$cmol(+)\cdot kg^{-1}$]	允许绝对误差[$cmol(+)\cdot kg^{-1}$]
<10	≤0.5
10～30	0.5～1.5
30～50	1.5～2.5
>50	≤5

8.2.1.5　注意事项

(1) NH_4OAc 必须赶尽，否则由于 NH_4OAc 的缓冲作用影响滴定终点的判读。

(2) 如果土壤中含有较多交换性 Al^{3+}，会干扰 Ca、Mg 滴定，可加 2mL 1∶1 三乙醇胺掩蔽之。

8.2.1.B　原子吸收光谱法

原子吸收光谱法是基于光源(空心阴极灯)发出具有待测元素的特征光谱，通过试样所产生的原子蒸气时，被蒸气中待测元素的基态原子所吸收、透射光进入单色器，经分光后再照射到检测器上，产生直流电讯号，经放大器放大后，从计数器上读出吸收值，在一定浓度范围内，吸收值与待测液浓度呈正相关。因此从测定待测元素的吸收值可求得待测元素浓度。

8.2.1.6　主要仪器设备

原子吸收分光光度计、Ca 和 Mg 的空心阴极灯等。

8.2.1.7　试剂

(1) 30g · L^{-1} $SrCl_2$ 溶液：30g 氯化锶（$SrCl_2 \cdot 6H_2O$，分析纯）溶于水，稀释至 1L（Sr 浓度相当 10000mg · L^{-1}）。

(2) Ca 和 Mg 标准系列溶液：用 Ca 和 Mg 的标准溶液逐级稀释成含 0～25mg · L^{-1} Ca，含 0～7mg · L^{-1} Mg，其中加入空白提取剂溶液及 $SrCl_2$ 溶液的浓度与待测液一致。

8.2.1.8　操作步骤

(1) 吸取 8.1.1.3(3) 1mol · L^{-1} NH_4OAc(pH7.0) 浸提液 10～20mL（使含 Ca 25～626μg，含 Mg 25～175μg）于 25mL 容量瓶中，加入 2mL $SrCl_2$ 溶液，用空白提取液定容，摇匀（其中含 Sr 800mg · L^{-1}），在原子吸收光谱仪上分别测定 Ca 和 Mg 的吸收值。同样条件下测定 Ca 和 Mg 标准系列溶液的吸收值。

(2) 以浓度为横坐标，以吸收值为纵坐标，在方格坐标纸上绘制标准曲线，根据待测液的吸收值在曲线上查出 Ca 和 Mg 的浓度（mg · L^{-1}），也可以用回归统计的方法求得。

8.2.1.9　结果计算

$$\text{交换性 } Ca^{2+}[\text{cmol}(1/2Ca^{2+}) \cdot kg^{-1}] = \frac{\rho \times V \times ts}{m \times 10^3 \times 200.4} \times 1000 \qquad (8\text{-}6)$$

$$\text{交换性 } Mg^{2+}[\text{cmol}(1/2Mg^{2+}) \cdot kg^{-1}] = \frac{\rho \times V \times ts}{m \times 10^3 \times 121.5} \times 1000 \qquad (8\text{-}7)$$

式中，ρ 为在标准曲线上查得（或回归统计法求得）Ca^{2+} 或 Mg^{2+} 的浓度（mg · L^{-1}）；V 为测定时体积（mL）；ts 为分取倍数；m 为样品重（g）；10^3 为将 mL 换算成 L；200.4 为 cmol(1/2 Ca^{2+}) 的质量（mg）；121.5 为 cmol(1/2 Mg^{2+}) 的质量（mg）；1000 为算成每 1kg 土壤中交换性钙或镁的含量。

8.2.2　交换性钾、钠——火焰光度法

将含有钾或钠元素的溶液喷入火焰中燃烧，被激发出钾、钠的特征光谱，经滤光片滤光后，照射到光电池或光电管上，转换成光电讯号，用检流计或电位计读数，其读数大小与溶液中钾或钠的浓度成正相关。

8.2.2.1　主要仪器设备

火焰光度计等。

8.2.2.2　试剂

(1) K 标准溶液的配制：称取 1.9068g 经 105℃烘 4～6h 的氯化钾（KCl，光谱纯）用去离子水溶解，定容至 1L，摇匀，为 $1000mg \cdot L^{-1}$ K 标准溶液。

(2) Na 标准溶液的配制：称取 2.5421g 经 105℃烘 4～6h 的氯化钠（NaCl，光谱纯）用去离子水溶解，定容至 1L，摇匀。此溶液为 $1000mg \cdot L^{-1}$ Na 标准溶液。

(3) K、Na 标准系列溶液：用 K 和 Na 的标准溶液以 NH_4OAc 空白液稀释成含 K 和 Na $0mg \cdot L^{-1}$，$1mg \cdot L^{-1}$，$3mg \cdot L^{-1}$，$5mg \cdot L^{-1}$，$10mg \cdot L^{-1}$，$15mg \cdot L^{-1}$ 标准系列浓度。

8.2.2.3　操作步骤

(1) 将 8.1.1.3(3) $1mol \cdot L^{-1}$ NH_4OAc(pH7.0)浸出液直接在火焰光度计上分别测定 K 和 Na，同样条件下分别测定 K 和 Na 的标准系列溶液，记取各自读数。火焰光度计的使用方法详见各仪器的使用说明书。

(2) 以标准系列溶液火焰光度计读数为纵坐标，以浓度为横坐标，在方格坐标纸上分别绘制 K 和 Na 的标准曲线，根据样品待测液 K 和 Na 的读数，在标准曲线上分别查得 K 和 Na 的浓度（$mg \cdot L^{-1}$）也可以用统计的方法求得。

8.2.2.4　结果计算

$$\text{交换性 } K^+[\text{cmol}(K^+) \cdot kg^{-1}] = \frac{\rho \times V}{m \times 10^3 \times 391} \times 1000 \tag{8-8}$$

$$\text{交换性 } Na^+[\text{cmol}(Na^+) \cdot kg^{-1}] = \frac{\rho \times V}{m \times 10^3 \times 230} \times 1000 \tag{8-9}$$

式中，ρ 为从标准曲线上查得 K 和 Na 的浓度（$mg \cdot L^{-1}$）；V 为浸出液体积(mL)；m 为样品重(g)；10^3 为将 mL 换算成 L；391 为每 cmol K 的质量(mg)；230 为每 cmol Na 的质量(mg)；1000 为换算成每 1kg 土壤中交换性钾或钠的含量。

8.2.3　交换性盐基总量的测定

8.2.3.A　蒸干中和滴定法

酸性或中性土壤用 $1mol \cdot L^{-1}$ NH_4OAc(pH7.0)浸提，经蒸干、灼烧分解逸去 NH_4OAc，盐基性阳离子转化为碳酸盐或氧化物，用过量稀 HCl 溶解，以 NaOH 标准溶液滴定过剩 HCl，以求得盐基总量。此法较为简便快速，但由于蒸干灼烧后，溶液中的硅、铝、铁等化合物可脱水形成新的盐类或包裹盐基性阳离子，不能被稀 HCl 溶出，影响分析结果。

8.2.3.1 主要仪器设备

瓷蒸发皿（100mL）、水浴锅、高温电炉等。

8.2.3.2 试剂

(1) 0.1mol · L^{-1} HCl 溶液：8.3mL 浓盐酸（HCl，化学纯）用蒸馏水稀释至 1L。

(2) 0.05mol · L^{-1} NaOH 标准溶液：氢氧化钠（NaOH，分析纯）溶于无 CO_2 蒸馏水中，制成饱和溶液澄清，再吸取饱和溶液适量，用无 CO_2 蒸馏水稀释，用苯二甲酸氢钾标准溶液标定其准确浓度。保存于试剂瓶中，用苏打石灰管隔绝空气，防止吸收 CO_2。

(3) 1g · L^{-1} 甲基红指示剂：0.1g 甲基红溶于 100mL 蒸馏水中。

(4) 0.1000mol · L^{-1} 苯二甲酸氢钾标准溶液：准确称取经 105°C 烘干的苯二甲酸氢钾（$HOOCC_6H_4COOK$，分析纯）20.423g，溶于蒸馏水中，定容到 1L，摇匀，此液为 0.1000mol · L^{-1} 苯二甲酸氢钾标准溶液。

8.2.3.3 操作步骤

吸取 8.1.1.3(3)1mol · L^{-1} NH_4OAc(pH7.0)浸提液 100mL，于瓷蒸发皿中，在水浴上蒸干，在高温电炉中 470～500°C 灼烧 15min，取出冷却，用吸管沿蒸发皿内壁四周慢慢准确加入 0.1mol · L^{-1} HCl 10mL，并用橡皮头玻璃棒擦洗，在电炉上低温加热 5min，使残渣溶解，加甲基红指示剂 1 滴，用 0.05mol · L^{-1} NaOH 标准溶液滴定，由红色变为黄色，记取消耗 NaOH 标准溶液的体积（V），同样做空白滴定，记取消耗 NaOH 标准溶液的体积（V_0）。

8.2.3.4 结果计算

$$\text{交换性盐基总量}[\text{cmol}(+)\cdot\text{kg}^{-1}]=\frac{C\times(V_0-V)\times ts}{m\times 10}\times 1000 \qquad (8\text{-}10)$$

式中，C 为 NaOH 标准溶液摩尔浓度（mol · L^{-1}）；m 为样品重（g）；V_0 为空白滴定 NaOH 标准溶液体积（mL）；V 为样品滴定 NaOH 标准溶液体积（mL）；ts 为分取倍数，浸出液体积与吸取体积比值；10 为将 mmol 换算成 cmol；1000 为换算成每 1kg 土壤交换性盐基的含量。

8.2.3.B 盐基性阳离子之和计算法

如果已分别测得各交换性盐基阳离子含量，则交换性盐基总量可由下式计算

求得

$$交换性盐基总量[cmol(+)\cdot kg^{-1}] = Ca^{2+} + Mg^{2+} + K^{+} + Na^{+} \quad (8\text{-}11)$$

式中，Ca^{2+} 和 Mg^{2+} 为 8.2.1.3 或 8.2.1.9 结果，单位分别为 $cmol(1/2Ca^{2+})\cdot kg^{-1}$ 和 $cmol(1/2\ Mg^{2+})\cdot kg^{-1}$；$K^+$ 和 Na^+ 为 8.2.2.4 结果，单位分别为 $cmol(K^+)\cdot kg^{-1}$ 和 $cmol(Na^+)\cdot kg^{-1}$。

8.2.4 盐基饱和度的计算(适用于酸性和中性土壤)

土壤交换性盐基总量占阳离子交换量[NH_4OAc(pH7.0)法]的百分数，称为盐基饱和度，其计算方法如下

$$盐基饱和度(\%) = \frac{交换性盐基总量[cmol(+)\cdot kg^{-1}]}{阳离子交换量[cmol(+)\cdot kg^{-1}]} \times 100 \quad (8\text{-}12)$$

式中，交换性盐基总量[$cmol(+)\cdot kg^{-1}$]为 8.2.3.4 或 8.2.3.B 的结果；阳离子交换量[$cmol(+)\cdot kg^{-1}$]为 8.1.1.4 结果。

8.3 氯化钾浸提性酸及氢、铝的测定(适用于酸性土壤)

氯化钾(pH5.5～6.0)是微酸性无机盐，不具 pH 缓冲性，用其浸提(淋洗)酸性土壤时，只有土壤永久负电荷引起的酸度(交换性 H^+ 和 Al^{3+})被交换进入溶液，而 pH 可变负电荷引起的酸度则不能被浸提(水解)到溶液中。所以，KCl(pH5.5～6.0)浸提性酸又称为交换性酸，其 H^+ 和 Al^{3+} 称为交换性 H^+ 和交换性 Al^{3+}。

交换到溶液中的 H^+ 和 Al^{3+}，在热溶液中用 NaOH 溶液滴定时(pH8.3)，不但滴定了交换性 H^+，也滴定了交换性 Al^{3+} 水解产生的 H^+，所得结果为交换性酸总量。另取 1 份待测液，在加热条件下，加入足量 NaF 溶液，使 Al^{3+} 形成 Na_3AlF_6 络合物而沉淀，从而防止 Al^{3+} 的水解，再用 NaOH 标准溶液滴定时，仅能滴定交换性 H^+，两者之差为交换性 Al^{3+}。

8.3.1 试剂

(1) $1mol\cdot L^{-1}$ KCl(pH5.5～6.0)溶液：称取 74.55g 氯化钾(KCl，化学纯)溶于蒸馏水中，稀释到 1L。此溶液的 pH 应为 5.5～6.0，如不在此范围可用稀 KOH 或稀 HCl 调节。

(2) $0.02mol\cdot L^{-1}$ NaOH 标准溶液：氢氧化钠(NaOH，分析纯)溶于无 CO_2 蒸馏水中，制成饱和溶液，再吸取适量用无 CO_2 蒸馏水稀释至所需浓度，用苏打石灰管隔绝空气保存，防止吸收 CO_2。用苯二甲酸氢钾标准溶液[配法同 8.2.3.2(4)]标定其准确浓度。

(3) $5g\cdot L^{-1}$ 酚酞指示剂：称取 0.5g 酚酞溶于 100mL 无水乙醇中。

(4) 35g · L^{-1} NaF 溶液：称取 35g 氟化钠(NaF,化学纯)溶于无 CO_2 蒸馏水中,用稀 NaOH 调节 pH 至 8.2,再用蒸馏水稀释至 1L,贮于塑料瓶中。

8.3.2 操作步骤

(1) 称取通过 0.25mm 筛孔的风干土样 5.00g(精确到 0.01g),放在铺有滤纸的漏斗中,用 KCl 溶液少量多次地淋洗土样,滤液承接于 250mL 容量瓶中,洗至近刻度时再用 KCl 溶液定容,摇匀。

(2) 吸取滤液 100mL 于 250mL 三角瓶中,煮沸 5min,赶尽 CO_2,以酚酞作指示剂趁热用 NaOH 标准溶液滴定到由无色变为微红,并保持 30s 不褪色,记下滴定 NaOH 标准溶液体积(V_1)。

(3) 另吸取 1 份滤液 100mL 于 250mL 三角瓶中,煮沸 5min,趁热加入足量 NaF 溶液,赶尽 CO_2 冷却后以酚酞作指示剂,用 NaOH 标准溶液滴定到由无色至微红色,保持 30s 不褪色,记取滴定 NaOH 标准溶液体积(V_2)。

用同样方法做空白滴定,分别记取滴定体积(V_0 和 V_0')。

8.3.3 结果计算

$$\text{交换性酸总量}[\text{cmol}(H^+ + 1/3Al^{3+}) \cdot \text{kg}^{-1}] = \frac{C \times (V_1 - V_0) \times ts}{m \times 10} \times 1000 \tag{8-13}$$

$$\text{交换性 } H^+ [\text{cmol}(H^+) \cdot \text{kg}^{-1}] = \frac{C \times (V_2 - V_0') \times ts}{m \times 10} \times 1000 \tag{8-14}$$

$$\text{交换性 } Al^{3+}[\text{cmol}(1/3Al^{3+}) \cdot \text{kg}^{-1}] = \text{交换性酸总量} - \text{交换性 } H^+ \tag{8-15}$$

式中,C 为 NaOH 标准溶液摩尔浓度(mol · L^{-1});ts 为分取倍数,浸出液体积与吸取体积之比值;V_1 为滴定交换性酸总量消耗 NaOH 标准溶液体积(mL);V_2 为滴定交换性 H^+ 消耗 NaOH 标准溶液体积(mL);V_0 为测定交换性酸总量空白消耗 NaOH 标准溶液体积(mL);V_0'为测定交换性 H^+ 空白消耗 NaOH 标准溶液体积(mL);m 为样品重(g);10 为将 mmol 换算成 cmol 的倍数;1000 为换算成每 1kg 土壤交换性酸的含量(cmol)。

8.3.4 注意事项

(1) 用 KC1 淋洗土样时,淋洗 250mL 可把交换性 H^+、Al^{3+} 交换完全,若淋洗时间过长,有可能把部分水解性酸洗出来。

(2) NaF 用量可根据下式估算

$$\text{NaF 溶液的用量(mL)} = \frac{C \times V_1}{0.83} \times \frac{6}{3} \times 2 \tag{8-16}$$

式中，C 为滴定交换性酸时 NaOH 标准溶液的摩尔浓度($mol \cdot L^{-1}$)；V_1 为滴定交换性酸时消耗 NaOH 标准溶液体积(mL)；0.83 为 $35g \cdot kg^{-1}$ NaF 溶液的摩尔浓度；6/3 为 Na_3AlF_6 络合物中 F^+ 与 Al^{3+} 的络合比；2 为过量一倍才能络合完全。

8.4　铝饱和度的计算(适用于酸性土壤)

强酸性土壤中大量交换性 Al^{3+} 的存在，可使土壤性质变差，对作物产生酸害。交换性 Al^{3+} 的多少也可说明土壤胶体的破坏程度。

$1mol \cdot L^{-1}$ KCl(pH5.5～6.0)浸提性 Al^{3+} 占有效阳离子交换量(ECEC)的百分数，称作铝饱和度，其计算方法如下

$$\text{铝饱和度}(\%) = \frac{\text{KCl 浸提性 } Al^{3+}[cmol(1/3Al^{3+}) \cdot kg^{-1}]}{\text{有效阳离子交换量}[cmol(+) \cdot kg^{-1}]} \times 100 \quad (8\text{-}17)$$

式中，浸提性 Al^{3+} [$cmol(1/3\ Al^{3+}) \cdot kg^{-1}$]为 KCl 浸提性 Al^{3+} (8.3.3)；有效阳离子交换量[$cmol(+) \cdot kg^{-1}$]为计算法(8.1.4)结果。

8.5　氯化钡-三乙醇胺(pH8.2)浸提性酸的测定(适用于酸性土壤)

对于某些灰化土壤和具有可变负电荷高的土壤，可用 $BaCl_2$-TEA(pH8.2)浸提土壤，测定浸提性酸，可计算阳离子交换量($CEC_{8.2}$)作为土壤分类的指标之一。利用 Ba^{2+} 的强交换能力以及有机碱三乙醇胺的较强 pH 缓冲性，不但能交换出交换性 H^+、Al^{3+}，而且能浸提(水解)出有机胶体中的酚羟基和部分游离铝(如水铝英石等)。所以用此法测得的浸提性酸的数值远大于 $1mol \cdot L^{-1}$ NH_4OAc (pH7.0)法测得的阳离子交换量。

8.5.1　试剂

(1) $0.5mol \cdot L^{-1}$ $1/2BaCl_2$-$0.2mol \cdot L^{-1}$ TEA(三乙醇胺)缓冲溶液：称取 61.07g 氯化钡($BaCl_2 \cdot 2H_2O$，化学纯)和 29.8g 三乙醇胺[$N(CH_2CH_2OH)_3$，化学纯，比重 1.120～1.125]溶于无 CO_2 蒸馏水中，用 $1mol \cdot L^{-1}$ HCl 调节 pH 至 8.2(约 90mL)，稀释至 1L，贮于试剂瓶中，用苏打石灰管隔绝空气，防止吸收 CO_2。

(2) 置换液：每升 0.5mol $1/2BaCl_2$ 溶液中加入上述缓冲溶液 5mL，用苏打石灰管隔绝空气，防止 CO_2 侵入。

(3) $0.2mol \cdot L^{-1}$ HCl 标准溶液：量取 16.6mL 浓盐酸(HCl，分析纯)稀释至 1L，用碳酸钠标准溶液标定其准确浓度。

(4) 1.0g · L^{-1}溴甲酚绿指示剂：称取 0.1g 溴甲酚绿溶于 100mL 蒸馏水中。

(5) 混合指示剂：溶解 0.125g 甲基红和 0.0825g 亚甲蓝于 100mL 无水乙醇中。

(6) 碳酸钠标准溶液：配法同 8.1.1.2(8)。

8.5.2 操作步骤

(1) 称取通过 2mm 筛孔的风干土样 5.00g(精确到 0.01g)于 100mL 三角瓶中，准确加入 50mL $BaCl_2$-TEA 缓冲溶液，放置 30min，并时常摇动混合，用置换液洗入铺有滤纸的漏斗中，并用置换液淋洗土壤，滤液承于 250mL 容量瓶中，洗至近刻度用置换液定容，摇匀。

(2) 吸取滤液 100mL 于 250mL 三角瓶中，加 2 滴溴甲酚绿和 10 滴混合指示剂，用 0.2mol · L^{-1} HCl 标准溶液滴定，溶液由绿色变为紫色为终点，记取滴定 HCl 的体积(V)。同样方法滴定空白，记取滴定 HCl 的体积(V_0)。

8.5.3 结果计算

$$\text{浸提性酸}[\text{cmol}(+)\cdot\text{kg}^{-1}]=\frac{C\times(V_0-V)\times ts}{m\times 10}\times 1000 \qquad (8\text{-}18)$$

式中，C 为 HCl 标准溶液的摩尔浓度(mol · L^{-1})；V_0 为空白滴定 HCl 标准溶液的体积(mL)；V 为待测液滴定 HCl 标准溶液的体积(mL)；ts 为分取倍数，浸出液体积与吸取体积之比值；m 为样品重(g)；10 为将 mmol 换算成 cmol；1000 为换算成每 1kg 土壤中浸提性酸的含量(cmol)。

8.6 碱化土壤交换性钠的测定

对于某些碱化土壤，在土壤分类和改良利用方面，除了测定交换量外，还必须测定交换性钠，但由于碱化土壤交换性钠的测定方法，干扰因素和限制条件较多，所以迄今还没有一个较满意的方法。目前用 NH_4OAc-NH_4OH(pH9.0)交换土壤胶体上吸附的 Na^+，浸出溶液中的 Na^+ 直接在火焰光度计上测定，比较快速。但对一些含盐分较高的土壤，用乙醇洗盐时，由于 $CaCO_3$、Na_2CO_3、Na_2SO_4、$CaSO_4$ 等难溶、微溶、可溶盐互相包裹，很难洗净，使交换性钠的结果偏高。美国农部土壤保持局(USDA，SCS，1984)推荐用 NH_4OAc(pH7.0)浸提性钠与饱和土浆浸提性钠之差作为交换性钠，现将两种方法均介绍如下。

8.6.1 乙酸铵、氢氧化铵(pH9.0)交换-火焰光度法

用该法测定土壤交换性 Na^+ 的含量是将土样用乙二醇-乙醇溶液洗去可溶性盐分，再用 NH_4OAc-NH_4OH(pH9.0)溶液交换土壤胶体表面吸附的钠离子，然

后用火焰光度计直接测定。

8.6.1.1　主要仪器设备

火焰光度计等。

8.6.1.2　试剂

(1) 1∶1 乙醇溶液：1 份乙醇(分析纯)与 1 份蒸馏水混合。

(2) 1∶4 乙二醇-乙醇溶液：1 份乙二醇(分析纯)与 4 份无水乙醇(分析纯)混合。

(3) $1mol \cdot L^{-1}$ NH_4OAc-NH_4OH 溶液：77.09g 乙酸铵(CH_3COONH_4，化学纯)溶于 900mL 蒸馏水中，用 1∶1 氨水调节至 pH9.0，再稀释至 1L。

(4) $0.1mol \cdot L^{-1}$ $Al_2(SO_4)_3$ 溶液：称取 34g 无水硫酸铝[$Al_2(SO_4)_3$，分析纯]或 66g 带 18 个结晶水的硫酸铝[$Al_2(SO_4)_3 \cdot 18H_2O$]溶于去离子水中，并稀释至 1L。

(5) Na 标准溶液：配法同 8.2.2.2(2)。然后用此标准溶液逐级配成 $0mg \cdot L^{-1}$、$5mg \cdot L^{-1}$、$10mg \cdot L^{-1}$、$20mg \cdot L^{-1}$、$30mg \cdot L^{-1}$、$50mg \cdot L^{-1}$、$70mg \cdot L^{-1}$ Na 标准系列(此系列用 NH_4OAc-NH_4OH 溶液定容，摇匀，其中必须含有 3mL $0.1mol \cdot L^{-1}$ 硫酸铝)。

8.6.1.3　操作步骤

(1) 称取通过 0.25mm 筛孔的风干样品 2～5g(精确到 0.01g)(使含交换性钠 0.5～7mg)放在 50mL 烧杯中，先用 50°C 温热的 1∶1 乙醇以倾泻法洗涤 2～3 次，然后把土样用乙二醇-乙醇溶液洗到铺有细孔滤纸的漏斗中，继续用乙二醇-乙醇溶液洗至无 Na^+ 为止，弃去滤液。

(2) 将滤纸上的土样用 pH9.0 的 NH_4OAc-NH_4OH 溶液进行少量多次地交换淋洗，滤液盛接于 100mL 容量瓶中，洗至近刻度，加入 3mL $Al_2(SO_4)_3$ 溶液，再用 NH_4OAc-NH_4OH 溶液定容，摇匀，并在火焰光度计上测定 Na^+，记下读数。

(3) 用预先配好的 0～$70mg \cdot L^{-1}$ Na 系列标准溶液直接在火焰光度计上测定，记下读数，以 Na $mg \cdot L^{-1}$ 为横坐标，读数为纵坐标，在方格纸上绘制 Na 标准曲线。

8.6.1.4　结果计算

$$\text{交换性钠}[cmol(Na) \cdot kg^{-1}] = \frac{\rho \times V}{m \times 230 \times 10^3} \times 1000 \tag{8-19}$$

式中，ρ 为在标准曲线上查得待测液中 Na 的浓度($mg \cdot L^{-1}$)；V 为测定时体积

(mL)；m 为样品质量(g)；230 为每 cmol Na 的质量(mg·$cmol^{-1}$)；10^3 为将 mL 换算成 L；1000 为换算成每 1kg 土壤中交换性钠的含量。

8.6.1.5 注意事项

(1) 盐碱土的洗盐至今没有一个很理想的方法。由于 Na_2SO_4、NaCl 等盐分在乙二醇-乙醇溶液中溶解度很低，特别是 Na_2CO_3、$NaHCO_3$ 溶解度更低，所以建议先用热的 1∶1 乙醇洗 1 次，主要是为了洗除 Na_2CO_3 和 $NaHCO_3$。对含盐特别高的土壤(盐分含量>50g·kg^{-1})，最好把土壤称入小烧杯中先用水洗 1～2 次，然后再洗入漏斗用乙二醇-乙醇溶液洗涤，这样虽可能改变胶体上离子的吸附状况，但由于土壤在淋溶淀积过程中，Na_2SO_4、$MgSO_4$、NaCl、$CaSO_4·2H_2O$、$CaCO_3$ 等难免互相层层包裹，所以它们之间是很难分开的，也很难洗除。遇到这种情况，可采用 8.6.2 方法。

(2) 加热洗盐用的乙醇溶液应在水浴上进行，以免引起燃烧。

(3) 待测液中加入 $Al_2(SO_4)_3$ 的作用是抑制 Ca^{2+} 的干扰。

8.6.2 浸提性钠(NH_4OAc pH7.0)减去水溶性钠计算法(饱和土浆)-火焰光度法

分别将土样用 1mol·L^{-1} NH_4OAc(pH7.0)溶液淋洗和用饱和土浆水制备得到的待测液，在火焰光度计上测定 Na^+，其差值即为交换性 Na^+ 含量。

8.6.2.1 主要仪器设备

火焰光度计等。

8.6.2.2 试剂

(1) Na 标准溶液：配法同 8.2.2.2(2)。然后用此标准溶液逐级配成 0mg·L^{-1}、5mg·L^{-1}、10mg·L^{-1}、20mg·L^{-1}、30mg·L^{-1}、50mg·L^{-1}、70mg·L^{-1} Na 标准系列(此系列需加入与待测液相同量的 NH_4OAc 和 $Al_2(SO_4)_3$ 作标准曲线)。

(2) 1mol·L^{-1} NH_4OAc(pH7.0)溶液：配法同 8.1.1.2(1)。

(3) 0.1mol·L^{-1} $Al_2(SO_4)_3$ 溶液：配法同 8.6.1.2(4)。

8.6.2.3 操作步骤

(1) 从用乙酸铵(pH7.0)淋洗测定交换量的滤液中(具体操作参照 8.1.1.3(3)或 8.1.5)吸取一部分(使含 Na 0.25～3.5mg)于 50mL 量瓶中，加 3mL $Al_2(SO_4)_3$，用蒸馏水定容，摇匀，在火焰光度计上直接测定，记下读数。在标准曲线上查出其浓度(也可用回归统计法求得)。此浓度即为浸提性 Na 总量(交换性钠与水溶性钠之和)。

将 Na 系列标准溶液 0～70mg · L^{-1}[必须加入与待测相同量的 NH_4OAc 和 $Al_2(SO_4)_3$]作标准曲线。

(2) 称取通过 2mm 筛孔的风干土样 20～25g(精确到 0.2g),用毛管吸附法制成饱和土浆,放在 105～110℃烘箱中烘干,称重,计算出饱和土浆含水量。

另称取 1 份通过 2mm 风干土样,放入塑料杯中,加入计算好的所需水量,充分混合成糊状,搅和。将此饱和土浆在 4000～6000r/min 速度下离心提取,清液收集在干净的塑料瓶中,加塞待测。

制备饱和土浆浸出液所需用的土样质量与土壤质地有关,一般制备 25～30mL 饱和土浆浸出液需要土样重:壤质砂土 400～600g;砂壤土 250～400g;壤土 150～250g;粉砂壤土和黏壤土 100～150g;黏土 50～100g。

吸取一部分清液(使含 Na 0.25～3.5mg)稀释后直接用火焰光度计测定,记下读数,在标准曲线上查出其浓度(也可用回归统计法求得),即为水溶性 Na^+ 的含量。

同时将 Na 系列标准液 0～70mg · L^{-1} 作标准曲线直接在火焰光度计上测定。

8.6.2.4 结果计算

$$\text{浸提性 } Na^+[\text{cmol}(Na^+)\cdot \text{kg}^{-1}]=\frac{\rho \times V}{m\times 230\times 10^3}\times 1000 \tag{8-20}$$

$$\text{饱和土浆水溶性 } Na^+[\text{cmol}(Na^+)\cdot \text{kg}^{-1}]=\frac{\rho \times V}{m\times 230\times 10^3}\times 1000 \tag{8-21}$$

式中,ρ 为待测液中 Na 的浓度(mg · L^{-1});V 为测定体积(mL);m 为测定体积相当的土样重(g);10^3 为将 mL 换算 L;230 为每 cmol Na^+ 的质量(mg · $cmol^{-1}$);1000 为换算成每 1kg 土壤的钠含量。

$$\text{交换性 } Na^+[\text{cmol}(Na)\cdot \text{kg}^{-1}] = \text{浸提性 } Na^+ - \text{饱和土浆水溶性 } Na^+ \tag{8-22}$$

8.6.2.5 注意事项

制备浸提性 Na 的待测液,也可在离心机上离心 3～5 次,分离出清液待测。

8.7 碱化土壤钠饱和度的计算

钠饱和度是指交换性 Na^+ 占阳离子交换量的百分数,是反映土壤碱化度的一个重要指标,一般在测定了土壤交换性钠和阳离子交换量以后,通过计算获得。

$$\text{钠饱和度}(\%) = \frac{\text{交换性钠}[\text{cmol}(Na^+)\cdot \text{kg}^{-1}]}{\text{阳离子交换量}[\text{cmol}(+)\cdot \text{kg}^{-1}]}\times 100 \tag{8-23}$$

式中,交换性 Na^+[cmol(Na^+) · kg^{-1}]为 NH_4OAc-NH_4OH(pH9.0)交换法结果

(8.6.1.4)或者交换性 Na^+[cmol(Na^+)·kg^{-1}]为浸提性钠(NH_4OAc pH7.0)减去水溶性钠 8.6.2.4 结果;阳离子交换量[cmol(+)·kg^{-1}]为 8.1.1.4 结果。

注意:采用 NH_4OAc-NH_4OH(pH9.0)交换法测得交换性 Na^+(8.6.1.4)与浸提性钠(NH_4OAc pH7.0)减去水溶性钠测得的交换性 Na^+(8.6.2.4)结果有差异,因而采用这两种方法计算的钠饱和度也有差异。

主要参考文献

方肇伦. 1983. 仪器分析在土壤学和生物学中的应用. 北京:科学出版社:1-22.

南京农学院. 1980. 土壤农化分析. 北京:农业出版社:95-117.

王振权,陈志诚. 1989. 土壤地理研究法. 北京:科学出版社:447.

于天仁,王振权. 1985. 土壤分析化学. 北京:科学出版社:460-468.

中国科学院南京土壤研究所. 1978. 土壤理化分析. 上海:上海科技出版社:169-183.

USDA,SCS. 1972. Soil Survey Laboratory Methods and Procedures for Collecting Soil Samples. Washington,D. C. :Soil Survey Investigations Report,No. 1:38.

USDA,SCS. 1984. Procedures for Collecting Soil Samples and Methods of Analysis for Soil Survey. Soil Survey Investigations Report,No. 1:29,61.

第九章　土壤水溶性盐总量和组成的测定

土壤水溶性盐，是指用一定的水土比例，在一定的时间内浸提出来的土壤所含的盐分。分析土壤中水溶性盐的阴阳离子组成及浸提液的烘干残渣量，可以了解土壤的盐渍化程度及盐分动态，也是土壤分类的重要依据。

为了了解土壤剖面中总盐分浓度的变化以及土壤改良和土壤盐分分级等工作，可以用较大的水土比(5∶1)浸提水溶性盐。为了研究水溶性盐浓度与植物生长之间的关系，应选用近似田间情况的饱和土浆浸出液测定水溶性盐分。

9.1　土壤水溶性盐待测液的制备

土壤样品按 5∶1 水土比混合，经过一定时间振荡后，将土壤中可溶盐分提取到溶液中，然后将滤出液作为土壤可溶盐分的待测液。

9.1.1　主要仪器设备

往复电动振荡机、真空泵、巴氏滤管或布氏漏斗(平瓷漏斗)、1L 广口塑料瓶等。

9.1.2　试剂

无 CO_2 去离子水：将去离子水装入烧瓶中，在电炉上加热煮沸 15min 去除 CO_2，冷却后用装有苏打石灰的橡皮塞塞紧。

9.1.3　操作步骤

称取通过 2mm 筛孔的风干土样 100.0g(精确到 0.1g)，放 1L 广口塑料瓶中，加入无 CO_2 去离子水 500mL，用橡皮塞塞紧瓶口，在振荡机上振荡 3min，立即用抽滤管(或漏斗)过滤，清液存于 500mL 三角瓶中，用橡皮塞塞紧，作为测定可溶盐分的待测液。

9.1.4　注意事项

(1) 水土比例、振荡时间和提取方式对盐分的溶出量都有一定的影响[尤其是 $Ca(HCO_3)_2$ 和 $CaSO_4$ 这样的中溶性和难溶性盐]，故必须按要求进行操作。

(2) 抽滤制备待测液的时间尽量缩短，以免引起离子的变化，从而影响测定结果的准确性。

9.2 烘干残渣及盐分总量的测定

9.2.1 质量法

吸取一定量的待测液，经蒸干后称得的重量即为烘干残渣总量，再将此烘干残渣用过氧化氢去除有机质后，称其重量即得可溶盐分总量(此数值一般接近或略低于烘干残渣总量)。如已做了阴阳离子组成，就不必另取待测液进行此项测定，只需用阴阳离子的含量之和即可。

9.2.1.1 主要仪器设备

瓷蒸发皿(100mL)或烧杯(50mL)、分析天平、电烘箱、恒温水浴锅等。

9.2.1.2 试剂

过氧化氢(H_2O_2，分析纯)。

9.2.1.3 操作步骤

(1) 吸取待测液 50～100mL，放入已知质量的瓷蒸发皿或烧杯中(m_0)，放入沸水浴上蒸干。

(2) 用滤纸片擦干瓷蒸发皿外部，放入 100～105℃烘箱中干燥 4h，然后移至干燥器中冷却，15～30min 后在分析天平上称重。

(3) 再将瓷蒸发皿放入烘箱中干燥 2h 后称重，直至恒重(即两次重量相差<0.0005g)，即得烘干残渣和瓷蒸发皿总量(m_1)。

(4) 将上述烘干残渣，在水浴加热条件下滴加过氧化氢溶液去除有机质(反复数次，直至除尽有机质)，蒸干，再按上述方法干燥，称至恒重，即得可溶盐分总量和瓷蒸发皿总重量(m_2)。

9.2.1.4 结果计算

$$\text{烘干残渣总量}(\text{g}\cdot\text{kg}^{-1})=\frac{m_1-m_0}{m}\times 1000 \tag{9-1}$$

$$\text{盐分总量}(\text{g}\cdot\text{kg}^{-1})=\frac{m_2-m_0}{m}\times 1000 \tag{9-2}$$

式中，m_1 为烘干残渣与空瓷蒸发皿之和(g)；m_0 为空瓷蒸发皿重(g)；m_2 为水溶性盐分与空瓷蒸发皿之和(g)；m 为与吸取待测液体积相当的土壤样品重(g)；1000 为换算成每 1kg 土壤中的残渣或盐分含量。

9.2.1.5　精密度

平行测定结果允许误差：

盐分总量($g \cdot kg^{-1}$)	允许相对误差(%)
<0.5	<20
0.5～2	15～10
2～5	10～5
>5	<5

9.2.1.6　注意事项

(1) 由于盐分在空气中容易吸水，冷却和称重时间应控制一致。

(2) 用过氧化氢去除有机质时，必须在水浴上少量多次地反复处理，以防止盐分溅失。

9.2.2　电导法

土壤中水溶性盐分是一种强电解质，其水溶液具有导电作用，用电导仪测得25℃时电导率的大小能直接表示土壤含盐量的高低，不必将电导率再换算成全盐量。电导法测得土壤中水溶性盐分较快，能及时了解土壤盐分的动态变化。

9.2.2.1　主要仪器设备

电导仪、电导电极(铂电极)。

9.2.2.2　试剂

无 CO_2 去离子水：制备同 9.1.2。

9.2.2.3　操作步骤

(1) 将上述 9.1.3 中 5∶1 水土比的浸出液盛于小烧杯中，用蒸馏水冲洗电导电极，再用滤纸吸干，然后将电导电极插入待测液中(电极的铂片部分应全部浸没在溶液中)，按照仪器使用要求调节仪器，立即读取电导值($S \cdot m^{-1}$)。取出电极，用蒸馏水冲洗干净，再用滤纸吸干，准备下一个样品的测定，同时用温度计记下温度。

(2) 取饱和土浆浸出液[制备方法见 8.6.2.3(2)]，测定电导的方法同上，读取电导值($S \cdot m_t^{-1}$)。

9.2.2.4　结果计算

$$\text{土壤浸出液的电导率}(S \cdot m_{25℃}^{-1}) = S \times f_t \times K \tag{9-3}$$

式中，S 为电导值在电导仪上测得待测液的电导值；f_t 为温度校正系数，为校正成 25℃时的电导值，校正系数见表 9.1（如电导率仪或电导电极上有温度补偿装置，可不乘温度系数）；K 为电极常数，为校正测定值的系数。电导仪上如有补偿装置，不需乘电极常数。

表 9.1　电导或电阻的温度校正系数

$S \cdot m_{25}^{-1} = S_t \cdot m^{-1} \times f_t$；$R_{25} = R_t / f_t$

t/℃	f_t	t/℃	f_t	t/℃	f_t	t/℃	f_t
3.0	1.709	20.0	1.112	25.0	1.000	30.0	0.907
4.0	1.660	20.2	1.107	25.2	0.996	30.2	0.904
5.0	1.613	20.4	1.102	25.4	0.992	30.4	0.901
6.0	1.569	20.6	1.097	25.6	0.988	60.6	0.897
7.0	1.528	20.8	1.092	25.8	0.983	30.8	0.894
8.0	1.488	21.0	1.087	26.0	0.979	31.0	0.890
9.0	1.448	21.2	1.082	26.2	0.975	31.2	0.887
10.0	1.411	21.4	1.078	26.4	0.971	31.4	0.884
11.0	1.375	21.6	1.073	26.6	0.967	31.6	0.880
12.0	1.341	21.8	1.068	26.8	0.964	31.8	0.877
13.0	1.309	22.0	1.064	27.0	0.960	32.0	0.873
14.0	1.277	22.2	1.060	27.2	0.956	32.2	0.870
15.0	1.247	22.4	1.055	27.4	0.953	32.4	0.867
16.0	1.218	22.6	1.051	27.6	0.950	32.6	0.864
17.0	1.189	22.8	1.047	27.8	0.947	32.8	0.861
18.0	1.163	23.0	1.043	28.0	0.943	33.0	0.858
18.2	1.157	23.2	1.038	28.2	0.940	34.0	0.843
18.4	1.152	23.4	1.034	28.4	0.936	35.0	0.829
18.6	1.147	23.6	1.029	28.6	0.932	36.0	0.815
18.8	1.142	23.8	1.025	28.8	0.929	37.0	0.801
19.0	1.136	24.0	1.020	29.0	0.925	38.0	0.788
19.2	1.131	24.2	1.016	29.2	0.921	39.0	0.775
19.4	1.127	24.4	1.012	29.4	0.918	40.0	0.763
19.6	1.122	24.6	1.008	29.6	0.914		
19.8	1.117	24.8	1.004	29.8	0.911		

9.2.2.5　注意事项

（1）盐分过高的待测液，必须经过稀释或用测定范围大的铂黑电极进行测定。

（2）待测液制备以后，应尽快测定，以免由于空气中 CO_2 侵入而使电导值改变。

9.3　碳酸根、重碳酸根离子的测定(双指示剂滴定法)

土壤浸出液的碱度主要决定于碱金属和碱土金属的碳酸盐及重碳酸盐。在水浸出液中,碳酸根与重碳酸根离子实际上不能严格区分开,因为土壤在风干过程中重碳酸根会分解成碳酸根,而在提取过程又因 CO_2 侵入而使碳酸根转化成重碳酸根,两者是相互转化的,因此有人主张只需测定总碱度,目前我们还是将两者分开测定。

在待测液中 CO_3^{2-} 和 HCO_3^- 同时存在的情况下,用 HCl 标准溶液滴定时,先用酚酞,后用甲基橙为指示剂判断终点,计算两者的含量。

9.3.1　试剂

(1) 0.02mol · L^{-1} HCl 标准溶液:量取 16.8mL 1∶9 盐酸(HCl,分析纯),用去离子水稀释至 1L,用碳酸钠标准液标定其准确浓度。

(2) 5g · L^{-1} 酚酞指示剂:称取 0.5g 酚酞溶于 100mL 无水乙醇中。

(3) 1g · L^{-1} 甲基橙指示剂:称取 0.1g 甲基橙溶于 100mL 去离子水中。

(4) 碳酸钠标准溶液:配法同 8.1.1.2(8)。

9.3.2　操作步骤

(1) 吸取土壤浸出液(制备方法见 9.1.3)25mL 放入 150mL 三角瓶中,加酚酞指示剂 2 滴,如待测液不显红色,表示没有 CO_3^{2-} 离子存在,如果溶液呈红色,用盐酸标准溶液滴定至无色(pH8.3),记下消耗的体积数(V_1)。

(2) 在上述滴定过的溶液中再加甲基橙指示剂 1～2 滴,继续用盐酸标准溶液滴定由橙黄色滴至橘红色,即为终点(pH8.3),记下消耗的体积数(V_2),同时做空白实验,记录体积数(V_0)。

9.3.3　结果计算

$$CO_3^{2-}[\text{cmol}(1/2CO_3^{2-})\cdot \text{kg}^{-1}]=\frac{2V_1\times C}{m\times 10}\times 1000 \tag{9-4}$$

$$CO_3^{2-}(\text{g}\cdot\text{kg}^{-1}) = CO_3^{2-}[\text{cmol}(1/2CO_3^{2-})\cdot\text{kg}^{-1}]\times 0.300 \tag{9-5}$$

$$HCO_3^-[\text{cmol}(HCO_3^-)\cdot\text{kg}^{-1}] = \frac{(V_2-V_1-V_0)\times C}{m\times 10}\times 1000 \tag{9-6}$$

$$HCO_3^-(\text{g}\cdot\text{kg}^{-1}) = HCO_3^-[\text{cmol}(HCO_3^-)\cdot\text{kg}^{-1}]\times 0.610 \tag{9-7}$$

式中,V_1 为滴定 CO_3^{2-} 时消耗 HCl 的体积(mL);V_2 为滴定 HCO_3^- 时消耗 HCl 的体积(mL);V_0 为滴定空白时消耗 HCl 的体积(mL);C 为 HCl 标准溶液的浓度(mol · L^{-1});m 为与吸取浸出液体积相当的样品重(g);0.300 为每 cmol 1/2 CO_3^{2-}

的质量(g · $cmol^{-1}$);0.610 为每 cmol HCO_3^- 的质量(g · $cmol^{-1}$);10 为将 mmol 换算成 cmol;1000 为换算成每 1kg 土壤中碳酸根或重硫酸根离子的含量。

9.3.4 精密度

见表 9.5。

9.3.5 注意事项

(1) 因 CO_3^{2-} 和 HCO_3^- 容易互相转化,待测液制备好后应立即进行此项测定。

(2) 用甲基橙作指示剂滴定 HCO_3^- 的颜色较难准确掌握,可用蒸馏水加甲基橙滴定空白后的橙色作对照。

(3) 浸出液中如有颜色,可用电位滴定法。

9.4 氯离子的测定

土壤中的可溶性 Cl^-,通常采用硝酸银或硝酸汞容量法,前者应用较广,方法简单。后者滴定终点明显、灵敏,但需调节酸度、手续较繁。

9.4.1 硝酸银滴定法

根据分步沉淀的原理,在 pH6.5～10.5 的溶液中,用 $AgNO_3$ 标准溶液滴定 Cl^-,以 K_2CrO_4 作指示剂,Ag^+ 首先与 Cl^- 生成白色 AgCl 沉淀,等当点后 Ag^+ 与 CrO_4^{2-} 作用生成砖红色的 Ag_2CrO_4 沉淀,以此指示到达终点,由消耗的 $AgNO_3$ 用量,计算出 Cl^- 的含量。

9.4.1.1 试剂

(1) 50g · L^{-1} K_2CrO_4 指示剂:称取 5g 铬酸钾(K_2CrO_4,化学纯)溶于少量去离子水中,滴加 $AgNO_3$ 至红色沉淀生成,稀释至 100mL,摇匀后过滤。

(2) 0.02mol · L^{-1} $AgNO_3$ 标准溶液:称取经 105℃烘 1h 的硝酸银 3.398g ($AgNO_3$,分析纯)溶于去离子水中,移入 1L 容量瓶中,加去离子水定容,摇匀,贮于棕色瓶中,必要时可用 0.0200mol · L^{-1} NaCl 标准溶液标定。

(3) 0.0200mol · L^{-1} NaCl 标准溶液:准确称取经 105℃烘过的氯化钠(NaCl,分析纯)1.169g,溶于去离子水后再定容 1L,摇匀备用。

9.4.1.2 操作步骤

吸取土壤浸出液(制备方法见 9.1.3)25mL,放入三角瓶中,加 K_2CrO_4 指示剂

5 滴，用 $AgNO_3$ 标准溶液滴定到出现砖红色为止，记下 $AgNO_3$ 溶液的用量(V)。同时做空白实验，记下体积数(V_0)。

9.4.1.3　结果计算

$$Cl^-[cmol(Cl^-)\cdot kg^{-1}]=\frac{C\times(V-V_0)}{m\times 10}\times 1000 \tag{9-8}$$

$$Cl^-(g\cdot kg^{-1})=Cl^-[cmol(Cl^-)\cdot kg^{-1}]\times 0.355 \tag{9-9}$$

式中，V 为滴定时消耗 $AgNO_3$ 标准溶液的体积(mL)；V_0 为滴定空白时消耗 $AgNO_3$ 标准溶液的体积(mL)；C 为 $AgNO_3$ 标准溶液的浓度($mol\cdot L^{-1}$)；m 为吸取待测液相当的样品重(g)；0.355 为每 cmol Cl^- 的质量($g\cdot cmol^{-1}$)；10 为将 mmol 换算 cmol；1000 为换算成每 1kg 土壤中氯离子的含量。

9.4.1.4　精密度

见表 9.5。

9.4.1.5　注意事项

(1) 本法宜在中性及微碱性溶液中进行滴定(pH≈7)。

(2) 待测液中如有颜色可改用电位法滴定。

9.4.2　硝酸汞滴定法

以二苯咔唑为主的混合指示剂，在微酸的溶液中二价汞首先与氯离子结合生成离解度很小的氯化汞($HgCl_2$)，当达到等当点时，二价汞又与二苯咔唑混合指示剂形成紫蓝色络合物，指示出明显的终点。

9.4.2.1　试剂

(1) 二苯咔唑-溴酚蓝混合指示剂：称取 0.5g 二苯咔唑(苯肼羰偶氮苯)与 0.05g 溴酚蓝，混合溶于 100mL 乙醇中。

(2) $0.02mol\cdot L^{-1}$ $1/2Hg(NO_3)_2$ 标准溶液：称取 3.34g 硝酸汞[$Hg(NO_3)_2 1/2H_2O$，分析纯]，溶于 100mL 加有 1.0～1.5mL 浓硝酸的去离子水中，再用去离子水定容至 1L，摇匀，用氯化钠标准溶液[配法同 9.4.1.1(3)]标定其准确浓度。

(3) $0.05mol\cdot L^{-1}$ HNO_3 溶液：量取 3.2mL 浓硝酸(HNO_3，分析纯)，用去离子水稀释至 1L，摇匀，备用。

9.4.2.2　操作步骤

吸取待测液(制备方法见 9.1.3)25mL 于 150mL 的三角瓶中，加二苯咔唑-溴酚蓝混合指示剂 10 滴，用 0.05mol · L^{-1}硝酸调至溶液呈黄色，再多加 0.05mol · L^{-1} HNO_3 0.5mL (pH3.0～3.5)，用 $Hg(NO_3)_2$ 标准溶液滴至葡萄酒红色为止，记下消耗的体积数(V)。同时做空白实验，记下体积数(V_0)。

9.4.2.3　结果计算

$$Cl^-[cmol(Cl^-)\cdot kg^{-1}]=\frac{C\times(V-V_0)}{m\times 10}\times 1000 \tag{9-10}$$

$$Cl^-(g\cdot kg^{-1})=Cl^-[cmol(Cl^-)\cdot kg^{-1}]\times 0.355 \tag{9-11}$$

式中，C 为 $1/2Hg(NO_3)_2$ 标准溶液的浓度(mol · L^{-1})；V 为滴定时消耗 $Hg(NO_3)_2$ 标准溶液的体积(mL)；V_0 为滴定空白时消耗 $Hg(NO_3)_2$ 标准溶液的体积(mL)；m 为与吸取待测液相当的样品重(g)；0.355 为每 cmol Cl^- 的质量(g · $cmol^{-1}$)；10 为将 mmol 换算 cmol；1000 为换算成每 1kg 土壤中氯离子的含量。

9.4.2.4　精密度见表 9.5

9.4.2.5　注意事项

待测液的 pH 应控制在 3.0～3.5 范围内，以免引起测定误差。

9.5　钙和镁离子的测定

测定钙和镁的方法通常选用 EDTA 容量法或原子吸收光谱法。

9.5.1　EDTA 滴定法

9.5.1.1　试剂

同 8.2.1.1。

9.5.1.2　操作步骤

(1) 吸取待测液(制备方法见 9.1.3)2 份各 25mL，分别放入 150mL 三角瓶中，加 2 滴 1∶1 HCl，酸化煮沸。

(2) 其中 1 份待测液滴定钙、镁总量：加 pH10 氨缓冲液 3.5mL，加适量钙镁混合指示剂，用 EDTA 标准溶液滴至由葡萄酒红色突变为纯蓝色，记下 EDTA 溶液的用量(V_1)，同时做 1～2 个空白，记下 EDTA 的用量(V_0)。

(3) 另 1 份待测液滴定钙量：加 1mL 饱和 NaOH，加适量钙镁混合指示剂，用 EDTA 标准溶液滴至由葡萄酒红色突变为纯蓝色，记下 EDTA 的用量(V_2)，同时做 1～2 个空白，记下 EDTA 溶液的用量(V_0')。

9.5.1.3　结果计算

$$Ca^{2+}[cmol(1/2Ca^{2+})\cdot kg^{-1}]=\frac{C\times(V_2-V_0')\times 2}{m\times 10}\times 1000 \tag{9-12}$$

$$Ca^{2+}(g\cdot kg^{-1})=Ca^{2+}[cmol(1/2Ca^{2+})\cdot kg^{-1}]\times 0.200 \tag{9-13}$$

$$Mg^{2+}[cmol(1/2Mg^{2+})\cdot kg^{-1}]=\frac{C\times[(V_1-V_0)-(V_2-V_0')]\times 2}{m\times 10}\times 1000 \tag{9-14}$$

$$Mg^{2+}(g\cdot kg^{-1})=Mg^{2+}[cmol(1/2Mg^{2+})\cdot kg^{-1}]\times 0.122 \tag{9-15}$$

式中，C 为 EDTA 标准溶液的摩尔浓度($mol\cdot L^{-1}$)；V_1 与 V_2 分别为滴定钙、镁合量与钙所消耗 EDTA 标准溶液的体积(mL)；V_0 与 V_0' 为分别是钙、镁合量与钙的空白所消耗 EDTA 标准溶液的体积(mL)；2 为将 mol 换算成 mol($1/2Ca^{2+}$)和 mol($1/2Mg^{2+}$)；10 为将 mmol 换算 cmol；m 为与吸取待测液相当的样品重(g)；0.200 和 0.122 为每 cmol($1/2Ca^{2+}$)和 cmol($1/2Mg^{2+}$)的质量($g\cdot cmol^{-1}$)；1000 为换算成每 1kg 土壤中钙、镁的含量。

9.5.1.4　精密度

见表 9.5。

9.5.1.5　注意事项

(1) 由于浸提液含有碳酸氢钙，容易产生沉淀，使溶液浓度发生变化，因此浸出液提取后，应尽快进行此项测定。

(2) 测定时加 2 滴 1∶1 HCl 酸化的作用是溶解一部分碳酸钙和碳酸氢钙，在煮沸的情况下以去除 CO_2，消除测定影响。

(3) 待测液中若 Mg^{2+} 的含量高时，在用 NaOH 调 pH 时，随着 $Mg(OH)_2$ 的沉淀，一部分 Ca^{2+} 会被吸附，造成 Ca^{2+} 结果的负误差，可用减少吸取量的方法避免。

9.5.2　原子吸收光谱法

9.5.2.1　主要仪器设备

原子吸收分光光度计、乙炔钢瓶、空气压缩机、钙、镁空心阴极灯等。

9.5.2.2　试剂

Ca-Mg 混合标准溶液：分别吸取 Ca 和 Mg 的标准溶液，配制成 Ca-Mg 混合标准系列溶液，内含 0～25mg · L^{-1} Ca 和 0～7.00mg · L^{-1} Mg，并含有与待测液相同浓度的 HCl 酸度。

9.5.2.3 操作步骤

(1) 吸取一定量的土壤待测液(制备方法见 9.1.3)于 50mL 容量瓶中,加 2 滴 1∶1 HCl 酸化,用去离子水定容,摇匀。在原子吸收光谱仪上,分别测定钙和镁的吸收值,在标准曲线上分别查得它们的浓度(或分别用相关统计法求得)。

(2) 同时用 Ca-Mg 混合标准溶液,分别测定钙和镁的吸收值,在方格纸上绘制 Ca 和 Mg 的标准曲线。

9.5.2.4 结果计算

$$Ca^{2+}[cmol(1/2Ca^{2+})\cdot kg^{-1}]=\frac{\rho\times V}{m\times 10^3\times 200}\times 1000 \tag{9-16}$$

$$Ca^{2+}(g\cdot kg^{-1}) = Ca^{2+}[cmol(1/2Ca^{2+})\cdot kg^{-1}]\times 0.200 \tag{9-17}$$

$$Mg^{2+}[cmol(1/2Mg^{2+})\cdot kg^{-1}] = \frac{\rho\times V}{m\times 10^3\times 122}\times 1000 \tag{9-18}$$

$$Mg^{2+}(g\cdot kg^{-1}) = Mg^{2+}[cmol(1/2Mg^{2+})\cdot kg^{-1}]\times 0.122 \tag{9-19}$$

式中,ρ 分别为待测液中 Ca^{2+} 和 Mg^{2+} 的浓度($mg\cdot L^{-1}$);V 为测定时体积(mL);m 为与测定时吸取浸出液体积相当的样品重(g);10^3 为将 mL 换算 L;200 和 122 为每 cmol(1/2 Ca^{2+})和 cmol(1/2 Mg^{2+})的质量($mg\cdot cmol^{-1}$);0.200 和 0.122 为每 cmol(1/2 Ca^{2+})和 cmol(1/2 Mg^{2+})的质量($g\cdot cmol^{-1}$);1000 为换算成每 1kg 土壤中钙、镁含量。

9.5.2.5 注意事项

由于一般土壤样品的水溶性铝、硅、磷等离子极少,因此用原子吸收光谱测定 Ca^{2+}、Mg^{2+} 时,可不必加入 $SrCl_2$ 掩蔽剂。

9.6 硫酸根离子的测定

9.6.1 EDTA 间接滴定法

目前硫酸根离子的测定方法很多,这里介绍 EDTA 间接滴定法和比浊法。先用过量的氯化钡将溶液中的硫酸根沉淀完全,过量的钡在 pH10 时加钙镁混合指示剂,用 EDTA 标准溶液滴定。

9.6.1.1　试剂

(1) Ba-Mg 混合剂：称取 3.66g 氯化钡($BaCl_2 \cdot 2H_2O$，化学纯)和 1.02g 氯化镁($MgCl_2 \cdot 6H_2O$，化学纯)溶于去离子水，稀释至 1L。此溶液中 Ba^{2+} 的浓度为 $0.015mol \cdot L^{-1}$，Mg^{2+} 的浓度为 $0.005mol \cdot L^{-1}$。

(2) 其余试剂同 8.2.1.1。

9.6.1.2　操作步骤

(1) 吸取浸出液(制备方法见 9.1.3)25mL，于 150mL 三角瓶中；加 2 滴 1：1 HCl酸化，加热煮沸，趁热用移液管缓缓地准确加入 5mL Ba-Mg 混合剂，并继续加热 5min，放置过夜，加 pH10 缓冲液 5mL，加适量 Ca、Mg 混合指示剂，用 EDTA 标准溶液滴至由葡萄酒红色变成纯蓝色，记下 EDTA 标准溶液的体积(V_3)。

(2) 同时做 2～3 个空白：取无 CO_2 去离子水 25mL 于 150mL 三角瓶中，其他操作同上，记下 EDTA 溶液的体积(V_2)。

(3) 另取 1 份 9.1.3 浸出液 25mL，测定 Ca、Mg 合量，操作步骤同 9.5.1.2 (1)、(2)。记下 EDTA 溶液的体积(V_1)。

9.6.1.3　结果计算

$$SO_4^{2-}[cmol(1/2SO_4^{2-}) \cdot kg^{-1}] = \frac{C \times [V_2 - (V_3 - V_1)] \times 2}{m \times 10} \times 1000 \quad (9\text{-}20)$$

$$SO_4^{2-}(g \cdot kg^{-1}) = SO_4^{2-}[cmol(1/2SO_4^{2-}) \cdot kg^{-1}] \times 0.480 \quad (9\text{-}21)$$

式中，C 为 EDTA 标准溶液的摩尔浓度($mol \cdot L^{-1}$)；V_1 为待测液中 Ca^{2+}、Mg^{2+} 所消耗 EDTA 的体积(mL)；V_2 为空白所消耗 EDTA 的体积(mL)；V_3 为待测液中 Ca^{2+}、Mg^{2+} 以及与 SO_4^{2-} 作用后剩余钡镁所消耗的 EDTA 的体积(mL)；2 为将 mol 换算成 mol(1/2 SO_4^{2-})；m 为与测定时吸取浸出液体积相当的样品重(g)；0.480 为每 cmol 1/2SO_4^{2-} 的质量($g \cdot cmol^{-1}$)；10 为将 mmol 换算 cmol；1000 为换算成每 1kg 土壤中硫酸根离子含量。

9.6.1.4　精密度

见表 9.5。

9.6.1.5　注意事项

(1) 为了使 SO_4^{2-} 沉淀完全，必须保证待测溶液中有足够过量的 Ba^{2+}，这可从滴定结果中看出，必须$[V_2 - (V_3 - V_1)] \leqslant 1/2V_2$，否则应减少吸取量重做。

(2) 沉淀 SO_4^{2-}，必须在沸腾的微酸性溶液中进行，沉淀后必须充分冷却、陈化，以免沉淀颗粒过细或不完全。

(3) 钡-镁混合剂中，添加一定量镁的作用是为了滴定终点清晰。

9.6.2 比浊法

9.6.2.1 原理

硫酸根与钡离子在微酸性条件下生成硫酸钡的细微颗粒，使水溶液呈浑浊状态，在一定范围内，其浑浊程度与硫酸根的含量成正比关系，可用分光光度计测得其浊度，确定 SO_4^{2-} 的含量。

9.6.2.2 主要仪器设备

光电分光光度计(附 3cm 比色杯)、磁力搅拌器等。

9.6.2.3 试剂

(1) 氯化钡溶液：称取 183g 氯化钡($BaCl_2 \cdot 2H_2O$，化学纯)溶解于 500mL 去离子水中。

(2) 无水酒精(化学纯)。

(3) 0.05g · L^{-1}硫酸根标准溶液：溶解 0.9071g 硫酸钾(K_2SO_4，分析纯，经 105°C 烘干)，然后转入 1L 量瓶中，用去离子水定容至刻度，摇匀。此溶液每 1L 含硫酸根 0.5g，再将其稀释 10 倍，即得每 1L 含硫酸根 0.05g。

(4) 2.5g · L^{-1}阿拉伯胶溶液：称取 2.5g 阿拉伯胶(化学纯)和 1g 安息香酸(防腐剂)放入 1L 沸去离子水中，充分搅拌冷却后，放置过夜，将上部清液倒入试剂瓶中待用。

(5) 1∶1 盐酸(HCl，化学纯)。

9.6.2.4 操作步骤

(1) 吸取土壤水溶性盐待测液(制备方法见 9.1.3)5～25mL(如吸取量不足 25mL，用去离子水补足至 25mL)于 100mL 烧杯中。

(2) 加 6 滴 1∶1 盐酸，5mL 无水酒精和 2mL 2.5g · L^{-1}阿拉伯胶，搅匀。

(3) 从烧杯壁缓缓加入 5mL 氯化钡溶液，用磁力搅拌器搅拌 1min。

(4) 静置 5min 后，在分光光度上以 420nm 波长，3cm 比色杯比浊。

(5) SO_4^{2-} 标准曲线的绘制：吸取标准硫酸根(0.05g · L^{-1})0mL、1mL、3mL、5mL、7mL、9mL(最后用蒸馏水补足至 25mL)于 100mL 烧杯中，按上述测定的步骤进行测定。

9.6.2.5　结果计算

$$SO_4^{2-}[cmol(1/2SO_4^{2-})\cdot kg^{-1}]=\frac{\rho\times 25}{m\times 480\times 10^3}\times 1000 \quad (9\text{-}22)$$

$$SO_4^{2-}(g\cdot kg^{-1})=SO_4^{2-}[cmol(1/2SO_4^{2-})\cdot kg^{-1}]\times 0.480 \quad (9\text{-}23)$$

式中，ρ 为在标准曲线上查得待测液中 SO_4^{2-} 的浓度（$mg\cdot L^{-1}$）；25 为吸取的待测液体积（mL）；m 为与所吸取的待测液相当的土重（g）；480 为每 cmol 1/2 SO_4^{2-} 的质量（$mg\cdot cmol^{-1}$）；10^3 为将 mL 换算成 L；0.480 为每 cmol 的 1/2 SO_4^{2-} 的质量（$g\cdot cmol^{-1}$）；1000 为换算成每 1kg 土壤中 SO_4^{2-} 的含量。

9.6.2.6　注意事项

（1）本法适用于含盐量不高的无色浸提液测定，如待测液中有颜色，浑浊和硫酸盐含量过高者，不宜采用此法。

（2）使硫酸钡细微颗粒形成悬浊液与搅拌强度、速度和时间有密切关系，故在测定时要严格控制，统一测定条件。

9.7　硝酸根离子的测定（还原蒸馏法）

在干旱地区的土壤中，有时含有硝酸盐，使阳离子的钾、钠、钙、镁离子之和，明显大于阴离子的碳酸根、重碳酸根、氯根、硫酸根之和，此时应测定硝酸根。其方法是首先在碱性介质中通气蒸馏除去 NH_4^+，然后采用锌-硫酸亚铁还原剂在碱性介质中，使 NO_3^- 还原成 NH_4^+，继续通气蒸馏，用硼酸吸收，用 HCl 标准溶液滴定。

9.7.1　主要仪器设备

半微量定氮仪等。

9.7.2　试剂

（1）锌-硫酸亚铁还原剂：锌粉（Zn，化学纯）1 份与硫酸亚铁（$FeSO_4\cdot 7H_2O$，化学纯）5 份经混合磨细，避光保存。

（2）0.01$mol\cdot L^{-1}$ HCl 标准溶液：吸取 1：9 HCl 8.4mL，用去离子水稀释至 1L，用碳酸钠标准溶液标定准确浓度。

（3）400$g\cdot L^{-1}$NaOH 溶液：同 5.1.1.2(3)。

（4）20$g\cdot L^{-1}$硼酸溶液：同 5.1.1.2(4)。

（5）定氮混合指示剂：同 5.1.1.2(5)。

(6) 纳氏试剂:同 5.1.1.2(6)。

(7) 碳酸钠标准溶液:配法同 8.1.1.2(8)。

9.7.3 操作步骤

吸取待测液(制备方法见 9.1.3)50mL 于半微量定氮蒸馏装置中,加 10mol·L^{-1}NaOH 5mL 通气蒸馏。去除 NH_4^+,用纳氏试剂检验至无 NH_4^+,然后加 1.2g 锌-硫酸亚铁还原剂,使 NO_3^- 还原 NH_4^+,继续通气蒸馏,用盛有 10mL 20g·L^{-1} 硼酸溶液吸收(加 1~2 滴定氮混合指示剂),用 0.01mol·L^{-1}HCl 标准溶液滴定,记下消耗的体积(V),同时做 1~2 个空白,记下消耗的体积(V_0)。

9.7.4 结果计算

$$NO_3^-[\text{cmol}(1/2NO_3^-)\cdot \text{kg}^{-1}]=\frac{C\times(V-V_0)}{m\times 10}\times 1000 \tag{9-24}$$

$$NO_3^-(\text{g}\cdot\text{kg}^{-1})=NO_3^-[\text{cmol}(1/2NO_3^-)\cdot\text{kg}^{-1}]\times 0.62 \tag{9-25}$$

式中,C 为 HCl 标准溶液的摩尔浓度(mol·L^{-1});V 为待测液所消耗 HCl 标准溶液的体积(mL);V_0 为空白所消耗 HCl 标准溶液的体积(mL);m 为与测定时吸取浸出液体积相当的样品重(g);10 为将 mmol 换算成 cmol;0.62 为每 cmol NO_3^- 的质量(g·$cmol^{-1}$);1000 为换算成每 1kg 土壤中硝酸根离子的含量。

9.7.5 精密度

见表 9.5。

9.7.6 注意事项

当第一次加碱蒸馏除去 NH_4^+ 后,用变压器调至零位,蒸馏器中的溶液不产生蒸汽以免倒吸,然后加锌-硫酸亚铁还原剂,再继续调高电压通气蒸馏。

9.8 钾和钠离子的测定(火焰光度法)

火焰光度法是直接测定水溶性 K^+ 和 Na^+ 最合适的方法,该法快速、灵敏、准确。

9.8.1 主要仪器设备

火焰光度计。

9.8.2 试剂

(1) 1000mg·L^{-1}K 标准溶液:配法同 8.2.2.2(1)。

(2) 1000mg·L^{-1}Na标准溶液：配法同8.2.2.2(2)。

(3) 将上述Na和K标准溶液等体积混合，即得500mg·L^{-1}的标准溶液，贮于塑料瓶中，应用时配成0～70mg·L^{-1}的K、Na混合标准系列。

(4) 0.1mol·$L^{-1}$$Al_2(SO_4)_3$溶液：同8.6.1.2(4)。

9.8.3 操作步骤

(1) 吸取待测液(制备方法见9.1.3)5～10mL(视K^+和Na^+含量而定)于25mL容量瓶中，用去离子水定容，摇匀，直接在火焰光度计上分别测定K^+和Na^+，记下读数，然后在K、Na标准曲线上查得其浓度(也可用回归统计法求得)。

(2) 同时将K、Na标准系列0～70mg·L^{-1}，在火焰光度计上测定，记下读数，作标准曲线。

9.8.4 结果计算

$$K^+[\text{cmol}(K^+)\cdot \text{kg}^{-1}]=\frac{\rho\times V}{m\times 10^3\times 391}\times 1000 \tag{9-26}$$

$$K^+(\text{g}\cdot\text{kg}^{-1}) = K^+[\text{cmol}(K^+)\cdot\text{kg}^{-1}]\times 0.391 \tag{9-27}$$

$$Na^+[\text{cmol}(Na^+)\cdot\text{kg}^{-1}] = \frac{\rho\times V}{m\times 230\times 10^3}\times 1000 \tag{9-28}$$

$$Na^+(\text{g}\cdot\text{kg}^{-1}) = Na^+[\text{cmol}(Na^+)\cdot\text{kg}^{-1}]\times 0.230 \tag{9-29}$$

式中，ρ分别为待测液中K^+、Na^+的浓度(mg·L^{-1})；V为测定时体积(mL)；m为与测定时吸取浸出液体积相当的样品重(g)；10^3为将mL换算L；391和230为每cmol K和Na的质量(mg·cmol^{-1})；1000为换算成每1kg土壤中钾、钠的含量；0.391和0.230为每cmol K^+和Na^+的质量(g·cmol^{-1})。

9.8.5 精密度

见表9.5。

9.8.6 注意事项

如果待测液中K^+和Na^+的浓度特别高时，必须进行逐级稀释，以减少测定误差。

9.9 离子色谱分析

离子色谱法(IC)是一种能同时测定多种元素水溶性盐分离子的仪器分析方法，其特点是用样量少、快速、准确、精度高，特别适用于测定低含量盐分的阴离子。

离子色谱法的分离是基于样品组分在可动相和固定相之间的分配平衡不同，其分离顺序取决于离子的 pH 和色谱柱(分离柱和抑制柱)的特性，以及离子吸附和交换的方式被分别测定。

9.9.1 主要仪器设备

离子色谱仪。

9.9.2 试剂

标准溶液和洗脱液(表 9.2)均采用重蒸馏水或去离子水配制：

(1) 碳酸钠(Na_2CO_3，分析纯)。

(2) 碳酸氢钠($NaHCO_3$，分析纯)。

(3) 硝酸(HNO_3，分析纯)。

(4) 盐酸间苯二胺($C_6H_8N_2 \cdot 2HCl$，分析纯)。

(5) 氯离子标准溶液：称取 0.3297g 经 105℃ 烘干 4～6h 的氯化钠(NaCl，光谱纯)，溶于少量去离子水中，移入 200mL 容量瓶中，用去离子水定容，摇匀。此液 1mL 含 1.0mg 氯离子。

(6) 硫酸根标准溶液：称取经 105℃ 烘 3～4h 的硫酸钾(K_2SO_4，优级纯) 0.3628g 溶于少量去离子水中，移入 200mL 容量瓶中，用去离子水定容，摇匀。此液 1mL 含 1.0mg 硫酸根。

表 9.2 洗脱液的配制*

测定离子	洗脱液
	$C(Na_2CO_3)=0.0024mol \cdot L^{-1}$
Cl^-，SO_4^{2-}，NO_3^-	$C(NaHCO_3)=0.0030mol \cdot L^{-1}$
K^+，Na^+	$C(HNO_3)=0.0050mol \cdot L^{-1}$
Ca^{2+}，Mg^{2+}	$C(C_6H_8N_2 \cdot 2HCl)=0.0020mol \cdot L^{-1}$
	$C(HNO_3)=0.0020mol \cdot L^{-1}$

* 分别将它们加入仪器各储备瓶。

(7) 硝酸根标准溶液：称取经 105℃ 烘干 2h 的硝酸钾(KNO_3，优级纯) 0.3261g 溶于少量去离子水中，移入 200mL 容量瓶中，用去离子水定容，摇匀。此液 1mL 含 1.0mg 硝酸根。

(8) K、Na、Ca、Mg 标准液的配制：K、Na 标准液配法同 8.2.2.2(1)、(2)，Ca、Mg 标准液配法同 8.2.1.1(2)、(3)。

9.9.3 操作步骤

(1) 待测液制备：样品溶液采用常规法抽滤或离心提取，其要求主要是清晰度高和离子浓度适当。样品电导率以不高于 0.03S · m^{-1} 为宜，否则要稀释。对于碱土金属离子较高的样品测定阳离子时，如 pH 高应先进行酸化，使 pH<4，否则不但影响保留时间和分辨率，且会使碱土金属离子沉淀。

(2) 测定：按仪器操作规定进行测定。

(3) 混合标准溶液系列配制，按表 9.3、表 9.4 分别吸取适量的各离子标准溶液配成混合标准溶液系列。

表 9.3　阳离子混合标准溶液的质量浓度(单位：mg · L^{-1})

序号	0	1	2	3	4	5
Ca^{2+}	0	2.5	5	10	15	20
Mg^{2+}	0	0.5	1.0	2.0	3.0	5.0
K^{+}	0	5	10	15	20	30
Na^{+}	0	5	10	15	20	30

表 9.4　阴离子混合标准溶液的质量浓度(单位：mg · L^{-1})

序号	0	1	2	3	4	5
SO_4^{2-}	0	1	5	10	20	30
NO_3^{-}	0	0.5	2.5	5	10	15
Cl^{-}	0	1	5	10	20	30

9.9.4　结果计算

$$\omega(\text{mg} \cdot \text{kg}^{-1}) = \frac{\rho \times V \times ts}{m} \tag{9-30}$$

式中，ω 为某离子的质量分数(mg · kg^{-1})；ρ 为某离子在标准曲线上查出的浓度(mg · L^{-1})；V 为测定体积(mL)；ts 为样品稀释倍数；m 为与测定时吸取浸出体积相当的土样重(g)。

若要换算成各离子的 cmol · kg^{-1} 时，除以各离子的摩尔质量即得到 mmol · kg^{-1}，再除以 10，得到 cmol · kg^{-1}。

9.9.5　注意事项

(1) 离子色谱分析必须是水浸出液。

(2) 根据样品的特性和分析目的选用相应的色谱柱，如在有高含量 Cl^{-} 存在下分析 SO_4^{2-} 时，应加银型柱，以除去 Cl^{-} 的干扰。

9.10 阴阳离子的精密度

表 9.5 离子精密度

各离子含量范围/(cmol·kg^{-1})									相对偏差/%
K^+	Na^+	Ca^{2+}	Mg^{2+}	Cl^-	SO_4^{2-}	NO_3^-	CO_3^{2-}	HCO_3^-	
<0.5	<0.5	<0.25	<0.25	<0.5	<0.25	<0.25	<0.25	<0.5	10～15
0.5～1.0	0.5～1.0	0.25～0.5	0.25～0.5	0.5～1.0	0.25～0.5	0.25～0.5	0.25～0.5	0.5～1.0	5～10
1.0～5.0	1.0～5.0	0.5～2.5	0.5～2.5	1.0～5.0	0.5～2.5	0.5～2.5	0.5～2.5	1.0～5.0	3～5
>5.0	>5.0	>2.5	>2.5	>5.0	>2.5	>2.5	>2.5	>5.0	<3

主要参考文献

陕西师范大学化学系分析化学教研室，陕西省农业科学院分析室. 1982. 农业化学常用分析方法. 陕西：陕西科学技术出版社：276-286.

杨道平，胡纪常. 1986. 应用离子色谱测定土壤及水中的盐分. 土壤，8(5)：273-277.

于天仁，王振权. 1985. 土壤分析化学. 北京：科学出版社：460-468.

中国科学院南京土壤研究所. 1978. 土壤理化分析. 上海：上海科技出版社：196-233.

中国土壤学会农业化学专业委员会. 1983. 土壤农业化学常规分析方法. 北京：科学出版社：195-219.

第十章　土壤矿质全量元素的分析

10.1　样品待测液的制备

矿质全量元素的样品处理方法较多，这里介绍碱熔、酸溶和碳酸锂-硼酸熔融法三种，以供使用。各种元素的测定方法有容量法、比色法和原子吸收光谱法，有条件的实验室也可用等离子光谱法测定。

10.1.1　碳酸钠碱熔法

10.1.1.1　主要仪器设备

高温电炉、铂坩埚、烘箱、分析天平等。

10.1.1.2　试剂

(1) 无水 Na_2CO_3：碳酸钠（Na_2CO_3，分析纯）固体粉末。

(2) HCl：盐酸（HCl，分析纯）。

(3) 1∶1 HCl 溶液：1 份 HCl 加 1 份去离子水混合而成。

10.1.1.3　操作步骤

称取通过 0.149mm 筛孔经 105℃烘干的土样 0.5g（精确到 0.0001g），放入铂坩埚中，另称取无水 Na_2CO_3 4.0g（为样品重量的 8 倍）置于黑色油光纸上，将 Na_2CO_3 的 7/8 分数次加入坩埚内，以短小圆头玻棒小心搅拌，与样品充分混匀，再用留下的 1/8Na_2CO_3，擦洗玻棒，并平铺在坩埚中混合物的表面，若油光纸上有撒失的粉末，一起倒入坩埚内，盖上坩埚盖。

将坩埚放入高温电炉内，900～920℃熔融 30min，取出趁热观察，如果内熔物表面成均匀凹形，中间无气泡和不熔物，表示熔融完全。若有白色 Na_2CO_3 原状粉末，或中间凹凸不平，说明没有熔好，可继续熔融 15～20min。待熔好的坩埚稍冷后，用手轻轻捏动坩埚四周，使熔块脱离坩埚壁，然后将熔块倒入 250mL 烧杯中，用少量热的去离子水和少量 1∶1 HCl 洗净坩埚，所有洗液应倒入原烧杯中，同时盖好表面皿，再加 20mL 1∶1 HCl 使熔块溶解。由于有大量的 CO_2 气体冒出，不可随便挪移表面皿。

10.1.1.4 注意事项

(1) 用玻棒搅拌时，不能用力过猛，以免粉末飞扬，造成损失。搅拌时特别要注意坩埚四周及中间的混匀，否则熔块不易取出。

(2) 当熔块底部发现有黑色斑点或者黄色土色时，这不仅是熔融不完全，而且表明搅拌不均匀，必须重新称样。

(3) 有机质和还原物质含量高的土壤样品，需预先将坩埚在 600～700℃的温度下开盖灼烧进行氧化，否则对坩埚有影响。

(4) 铂坩埚变形，用整形棒整形恢复原状后再使用。

10.1.2 氢氟酸-高氯酸酸溶法

10.1.2.1 主要仪器设备

电炉、调压变压器、铂坩埚或聚四氟乙烯坩埚(简称塑料坩埚)等。

10.1.2.2 试剂

(1) HF：氢氟酸(HF，分析纯)。

(2) $HClO_4$：高氯酸($HClO_4$，分析纯)。

(3) H_2SO_4：硫酸(H_2SO_4，分析纯)。

(4) 1∶2 HCl 溶液：1 份盐酸(HCl，分析纯)与 2 份去离子水混合而成。

10.1.2.3 操作步骤

(1) 称取通过 0.149mm 筛孔并经 105℃烘干的土壤样品 0.2g 左右(精确到 0.0001g)置于坩埚内，稍加几滴水润湿样品，加 5mL $HClO_4$，轻轻摇匀，再加 5mL HF，再小心摇匀。

(2) 将坩埚放在电炉上低温加热，用调压变压器控制温度，使坩埚内溶物不至沸腾过度，待 $HClO_4$ 冒烟时，取下坩埚稍冷，观察溶液是否清亮，如不清，则再加 5mL HF，继续低温加热，待内溶物清亮后，可适当增高温度，使 $HClO_4$ 大量冒烟，直至呈乳白色糊状。取下坩埚，用滴管沿坩埚壁滴加 1mL 浓 H_2SO_4，以洗尽坩埚壁上的 F^- 离子，再继续加热驱除多余的 HF 与 $HClO_4$，再蒸到呈现乳白色糊状为止。

(3) 取下冷却，加 10mL 左右的去离子水于盛有残渣的坩埚内，在电炉上低温加热，使残渣溶解。最后全部洗入 50mL 容量瓶中，用去离子水定容，摇匀，成为 K、Na、Mn、P 的待测液。

10.1.2.4　注意事项

(1) 加酸时，应先加 $HClO_4$，后加 HF，以免样品与 HF 激烈作用引起溅失。若遇到含有碳酸盐的样品，加酸时要慢慢加入，以免产生大量 CO_2 气体，造成样品损失。

(2) 消化完全的标志是在 $HClO_4$ 刚冒烟时，坩埚内容物应清晰见底，若有沉淀物，应再加 HF 和 $HClO_4$，反复消化处理，直至溶液清亮透明。

(3) 待测液中应不含有 F 离子，否则会影响各个元素的测定，因此滴加 H_2SO_4 时应沿坩埚壁四周加入，以洗净坩埚壁上可能存在的 F 离子。

(4) 如用塑料坩埚消化样品时，温度不能超过 300℃，否则坩埚软化变形，甚至熔化。

10.1.3　碳酸锂-硼酸熔融法

碳酸钠碱熔法分解样品较完全，但制备的溶液中不能测定钠元素，而且要用昂贵的铂坩埚；氢氟酸-高氯酸酸溶法所制备的溶液酸度较小，适宜于仪器分析，但不能测定 SiO_2；碳酸锂-硼酸熔融法所制备的溶液基本上能在同一份溶液中进行矿质元素的全量分析，但必须具备等离子发射光谱仪。因此，这三种方法要根据具体条件选用。

10.1.3.1　主要仪器设备

高温电炉、石墨粉坩埚(自制)、烘箱、分析天平、超声波清洗机(250～500W)。

10.1.3.2　试剂

(1) 碳酸锂-硼酸混合试剂：1 份碳酸锂(Li_2CO_3，分析纯)与 2 份硼酸(H_3BO_3，分析纯)，在玛瑙研钵中磨细混匀，通过 0.25mm 塑料筛。

(2) 石墨粉(分析纯)。

(3) 4∶96 硝酸(HNO_3，分析纯)：4 份浓 HNO_3 加 96 份去离子水混匀。

(4) 定量滤纸 9～11cm。

10.1.3.3　操作步骤

(1) 在 30mL 瓷坩埚内充满石墨粉，放入高温电炉中，900℃灼烧 30min，取出冷却，然后用玛瑙研钵棒压成一个凹穴。

(2) 称取通过 0.149mm 筛孔的经 105℃烘干的土样 0.2g(精确到 0.0001g)于定量滤纸上，与 1.5g Li_2CO_3-H_3BO_3 混合试剂放在定量滤纸上充分混匀，然后将滤纸连同混匀的混合试剂捏成小团，放入自制的石墨粉坩埚凹穴中，将坩埚放入高温电炉内，升温到 950℃，加热 20min，趁热将熔球投入盛有 100mL 4∶96 HNO_3 溶液的 250mL 烧杯中，并立即放入超声波清洗槽内进行超声(或用磁力搅拌器搅拌)，直到熔块完全溶解，将溶液全部转移到 200mL 量瓶里，并用 4∶96 的 HNO_3 定容，摇匀，同时做空白试验。

10.1.3.4　注意事项

(1) 自制石墨粉坩埚时，必须经高温灼烧，而且要用玛瑙研钵棒压紧并留有凹穴。

(2) 如用铂坩埚作熔器时，不能用超声波清洗机超声，否则因坩埚壁薄，造成铂坩埚震裂，可改用搅拌器搅拌。

(3) 坩埚从高温电炉中取出时，将处于流体状的熔块直接投入 4∶96 的 HNO_3 溶液中，这时熔球骤冷立即碎裂并立即超声，这样可以加速熔块的溶解，一般只需 10min 左右溶解完全，如熔块冷却后再超声就需要一个多小时才能溶解完全。

(4)提取液的体积对溶解过程也有影响，体积越小，提取时间越长，提取体积适当大些可以加快提取速度，尤其对于 SiO_2 含量高的土样更是如此。

10.2　二氧化硅的测定

矿质全量元素分析中 SiO_2 的测定有质量法和容量法，尤以质量法为宜。应用动物胶脱硅质量法被公认为经典方法，也可采用聚环氧乙烷、甲基纤维素等高分子有机化合物凝聚脱硅质量法，这个方法操作简便、快速，可以与经典方法媲美。现在还可以用 ICP 发射光谱法测定土壤中 SiO_2 含量。

10.2.1　动物胶脱硅-质量法

10.2.1.1　主要仪器设备

高温电炉、铂坩埚、四孔电炉、水浴锅、调压变压器、分析天平等。

10.2.1.2　试剂

(1) 10g · L^{-1}动物胶溶液：1g 动物胶溶于 100mL 去离子水中，此液随用随配。

(2) 200g · L^{-1}硫氰化钾溶液：20g 硫氰化钾(KCNS，分析纯)溶于 100mL 去离子水中。

(3) 1∶20 HCl 溶液：1 份盐酸(HCl，分析纯)与 20 份去离子水混合。

10.2.1.3　操作步骤

待 10.1.1.3 烧杯内的熔块完全溶解后，用水冲洗表面皿和烧杯四周，将烧杯放入沸水浴中进行蒸干，蒸到湿盐状(糊状)。加浓盐酸 20mL，搅拌，过夜。次日，将配制的动物胶溶液与待测液一起放入加温 70℃ 的水浴中，每个待测液中加 10mL 动物胶溶液，搅拌数次，溶液温度在 70℃ 的条件下维持 10min，中间不停地搅拌，然后用快速无灰滤纸过滤，用热的 1∶20 HCl 洗至无铁离子反应为止(用硫氰化钾溶液检查)，再用热的去离子水洗沉淀数次。滤液承接于 250mL 量瓶中，冷却后用去离子水定容，摇匀，成为碱熔系统的待测液，可供 Fe、Al、Ca、Mg、Mn、Ti 和 P 等元素使用。

将漏斗中的沉淀连同滤纸一起包好，放入已称至恒重的坩埚中，放在四孔电炉上进行灰化处理，当坩埚内的黑色炭末完全转变成白色以后，擦净坩埚外部污物，在 900～920℃ 温度下灼烧 30min，取出放入干燥器中平衡 20min，然后称重。再在同样温度下灼烧 30min，再称重，两次称重相差不超过 0.3mg 即为恒重，同时做空白试验。

10.2.1.4　结果计算

$$SiO_2(g \cdot kg^{-1}) = \frac{m_1 - m_2 - m_0}{m} \times 1000 \tag{10-1}$$

式中，m_1 为灼烧后坩埚加 SiO_2 重(g)；m_2 为空坩埚重(g)；m_0 为空白重(g)；m 为烘干样品重(g)；1000 为换算成每 1kg 土壤中二氧化硅的含量。

10.2.1.5　精密度

平行测定结果允许绝对误差≤$4.0g \cdot kg^{-1}$。

10.2.1.6　注意事项

(1) 在水浴中蒸干时，只能蒸至糊状，切勿蒸得太干，否则会使 Fe、Al、Mn 等元素的化合物部分脱水或分解，变成氧化物与 SiO_2 一起沉淀下来，使 SiO_2 结果偏高。

(2) 动物胶溶液必须新鲜配制，温度控制在 70～75℃ 之间，因为动物胶在 70℃ 时活力最强，高于 80℃ 或低于 60℃ 都会降低脱硅效果。

(3) 坩埚放入干燥器中平衡时间要尽量一致，称重时不能用手直接拿取坩埚。

(4) 在灰化过程中开始温度不宜太高，以免滤纸着火，把 SiO_2 带出，造成损失。

(5) 曾有人建议将上述测得的 SiO_2，再加硫酸数滴后，用 HF 反复消化处理，全部去除 SiO_2，然后再灼烧、称重，用减量法算出细 SiO_2 量。再向坩埚内加焦硫酸钾进行熔融，然后再分别测定 Fe、Al、Ti 等元素含量。另外用钼蓝比色法测定系统待测液(10.2.1.3)的 SiO_2 量,再分别校正原结果。但根据笔者经验,只要严格按照操作步骤进行,测得的两种结果均在误差范围内。

10.2.2 聚环氧乙烷(PEO)脱硅-质量法

10.2.2.1 主要仪器设备

同10.2.1.1。

10.2.2.2 试剂

(1) 1.0g · L^{-1}PEO 溶液:称取 0.1g 聚环氧乙烷(PEO)试剂溶于 100mL 去离子水中(此液数月不变)。

(2) 8mol · L^{-1} HCl 溶液:量取盐酸(HCl,分析纯)667mL 并用去离子水稀释至 1L。

(3) 1∶20 HCl 溶液:配法同 10.2.1.2(3)。

10.2.2.3 操作步骤

土壤样品按 10.1.1.3 步骤处理到熔块倒入烧杯中并洗净坩埚。此时加 40mL 8mol · L^{-1}HCl,使熔块完全溶解,然后将烧杯移入预先加热至沸的水浴中浓缩,待溶液浓缩至 15mL 左右,取出冷却,加 PEO 溶液 5mL,轻轻搅拌后放置 5min,加 10mL 去离子水稀释,然后过滤,滤液承接于 250mL 量瓶中,烧杯和漏斗中的沉淀物用 1∶20 HCl 洗涤 5～6 次,并洗至无 Fe 离子反应为止(用硫氰化钾溶液检查),用去离子水定容,摇匀,也可作为碱熔系统的待测液。

漏斗中的沉淀物连同滤纸包好,放入已称至恒重的坩埚中,按 10.2.1.3 步骤操作进行灰化、灼烧、称重。

10.2.2.4 结果计算

全 SiO_2(g · kg^{-1})同 10.2.1.4。

10.2.2.5 注意事项

熔块溶解后,必须进行浓缩处理,浓缩体积应控制在 20mL 之内,否则很难过滤。

10.2.3 ICP 发射光谱法

10.2.3.1 主要仪器设备

等离子发射光谱仪。

10.2.3.2　试剂

(1) 二氧化硅标准溶液：称取经105℃烘过4～6h的SiO_2(光谱纯)0.2000g放在定量滤纸上与1.5g Li_2CO_3-H_3BO_3混合试剂充分混匀，然后捏成小团，放入自制的石墨粉坩埚空穴中，与待测样品一样处理，进行熔融、超声。待熔块全溶解后洗入200mL量瓶中，以4∶96的HNO_3定容，摇匀，即含SiO_2 1000mg·L^{-1}。

(2) 25000mg·L^{-1}锂溶液：称氯化锂($LiCl \cdot H_2O$，分析纯)215.75g溶于去离子水中，定容至1L，摇匀。

(3) 铁、铝标准溶液配法同10.3.1.2(4)、10.4.1.1(3)。

(4) 锰标准液配法同10.5.1.2(1)。

(5) K、Na标准溶液配法同10.8.1.2(2)、(3)。

(6) TiO_2标准溶液配法同10.6.1.2(1)。

(7) P标准溶液：称取经45℃烘过4～6h磷酸二氢铵($NH_4H_2PO_4$，优级纯)3.7136g溶于去离子水中，定容至1L，摇匀，即含P 1000mg·L^{-1}。

(8) Ca标准溶液配法同8.2.1.1(2)。

(9) Mg标准溶液配法同8.2.1.1(3)。

10.2.3.3　操作步骤

(1) 吸取上述10.1.3.3制备的待测液20mL于25mL量瓶加入锂溶液使最终待测液中含锂达5000mg·L^{-1}，最后用4∶96HNO_3定容，摇匀，直接在等离子发射光谱仪(ICP或DCP)上测定各元素含量。

(2) 标准系列需一个低标溶液和一个高标溶液。低标溶液即是空白溶液，高标溶液内应含各元素为：SiO_2 500mg·L^{-1}，Al 200mg·L^{-1}，Fe、K和Na各100mg·L^{-1}，Ca 20mg·L^{-1}，Mg、Mn、Ti和P各10mg·L^{-1}。最后用4∶96 HNO_3定容，摇匀，与待测液一样在等离子发射光谱仪上测定各元素值。

每测完5、6个待测液以后需用低标和高标溶液校正1次。

10.2.3.4　结果计算

$$X(g \cdot kg^{-1})=\frac{\rho \times V \times ts}{m \times 10^6} \times 1000 \qquad (10\text{-}2)$$

式中，X为土壤中所测得元素的含量；ρ为待测液中元素浓度(mg·L^{-1})；V为测定时的体积(mL)；ts为分取倍数；m为烘干样品重(g)；1000为换算成kg土壤中测定元素含量的因数；10^6为将mg换算成g和将mL换算成L的因数。

10.2.3.5　注意事项

(1) 配高标溶液时要注意，在配母液过程中应不含有待测元素成分。例如，配

SiO_2 标准液时不能用 Na_2CO_3 作熔剂，配磷标准液时不能用 KH_2PO_4 来配母液等。

(2) 高标溶液里需加 11 种元素，配得不好易超过规定体积。可以分成若干组合，例如把 Al 和 Fe 标准液配在一起，K 和 Na 标准液配在一起等，再从各个组合里吸取一定量配成高标准溶液。

10.3 铁的测定

全铁的测定方法有容量法、比色法和仪器分析(原子吸收光谱法和等离子光谱法等)。其中比色法和原子吸收光谱法是目前常用的测定方法。

10.3.1 邻菲罗啉比色法

以盐酸羟胺为还原剂，将 Fe^{3+} 还原为 Fe^{2+}。在 pH2～9 的范围内，Fe^{2+} 与邻菲罗啉反应生成橙红色的络合物 $[(C_{12}H_8N_2)_3Fe]^{2+}$，颜色稳定，借此进行比色。

10.3.1.1 主要仪器设备

分光光度计等。

10.3.1.2 试剂

(1) $100g \cdot L^{-1}$ $NH_2OH \cdot HCl$ 溶液：称取 10g 盐酸羟胺($NH_2OH \cdot HCl$，化学纯)溶于 100mL 去离子水中。

(2) $1.0g \cdot L^{-1}$ 邻菲罗啉显色剂：称取 0.10g 邻菲罗啉($C_{12}H_8N_2 \cdot 2H_2O$，分析纯)，加热溶于 100mL 去离子水中。

(3) $100g \cdot L^{-1}$ NaOAc 溶液：称取 10g 乙酸钠($CH_3COONa \cdot 3H_2O$，化学纯)溶于 100mL 去离子水中。

(4) 铁标准溶液：准确称取 0.5000g 金属铁丝(光谱纯)(先用 1∶9 HCl 去除表面氧化物，用无水乙醇洗净后在干燥器中平衡)，溶于 1∶3 HCl 溶液中，稍加热待其完全溶解冷却后移入 1L 量瓶中用去离子水定容，摇匀。即为 $500mg \cdot L^{-1}$ Fe 的标准溶液。

10.3.1.3 操作步骤

吸取 10.2.1.3 脱硅后的系统分析待测液 1～5mL 于 50mL 量瓶中，加少量去离子水冲洗瓶颈，加 1mL 盐酸羟胺溶液，摇匀后放置数分钟，加乙酸钠溶液 8mL，再加显色剂 10mL 显色，用去离子水定容，摇匀，30min 后在分光光度计上比色，用 530～540nm 波长(1cm 比色皿)比色。同时做空白试验。

铁标准系列溶液制成 0mg · L^{-1}，1mg · L^{-1}、2mg · L^{-1}、3mg · L^{-1}、4mg · L^{-1}、5 mg · L^{-1}，与待测液同样处理，显色、比色。并绘制铁的标准曲线，在曲线上查得待测液中 Fe 的含量，或者用回归统计方法求得。

10.3.1.4　结果计算

$$Fe_2O_3(g \cdot kg^{-1}) = \frac{\rho \times V \times ts \times 1.43}{m \times 10^6} \times 1000 \tag{10-3}$$

式中，ρ 为待测液中 Fe 的浓度（mg · L^{-1}）；V 为比色体积（mL）；ts 为分取倍数；m 为样品重（g）；1.43 为将 Fe 换算成 Fe_2O_3 的常数；10^6 为将 Fe 的 mg 换算成 g，将 mL 换算成 L；1000 为换算成每 1kg 土壤中铁的含量。

10.3.1.5　精密度

平行测定结果允许绝对误差≤1.5g · kg^{-1}。

10.3.1.6　注意事项

比色时所加试剂顺序不要颠倒，先加原还剂，后加缓冲溶液，最后加显色剂。此外，所加的试剂量随比色体积而增减。

10.3.2　原子吸收光谱法

应用原子吸收光谱（AAS）分析 Fe 元素时，1000mg · L^{-1} 的 Na、K、Ca、Mg、Mn、Ti、Al、Si 和 P 对 Fe 无干扰。虽然脱硅后的系统分析待测液（10.2.1.3）中含有大量的 NaCl 和 HCl，但通过稀释和在标准溶液中加入相应的 NaCl 和 HCl 时，即能内消其干扰。

10.3.2.1　主要仪器设备

原子吸收分光光度计、铁空心阴极灯等。

10.3.2.2　试剂

铁标准溶液：同 10.3.1.2(4)。

10.3.2.3　操作步骤

(1) 测定条件：灯电流 10～15mA，波长 248.3nm，空气-乙炔火焰。吸收位置：清晰不发亮的氧化焰中进行。

(2) 测定前的准备：在测定样品前，开动仪器预热 30min 左右，根据选定条件调节仪器各部分，然后开动空气压缩机（或空气钢瓶），调节空气流量计达到一定流量,再开乙炔气体,调节乙炔量达到规定要求,立即点火。同时打开冷却水,待火焰稳定后,即可进行测定。由于各种仪器型号不同,测定条件略有差异,可详细阅读各仪器的使用说明书。

(3) 待测液的测定:吸取 10.2.1.3 脱硅后的系统分析待测液 5mL 到 50mL 量瓶中,用水定容,摇匀,在 AAS 上测定,同时做空白试验。

铁标准系列溶液制成 $0mg \cdot L^{-1}$、$5mg \cdot L^{-1}$、$10mg \cdot L^{-1}$、$15mg \cdot L^{-1}$、$20mg \cdot L^{-1}$、$30mg \cdot L^{-1}$,同时加入与待测液相等的 HCl 和钠离子,使其与待测液的条件相一致,然后用去离子水定容,摇匀,在 AAS 上测定,并绘制成 Fe 的标准曲线。

10.3.2.4 结果计算

Fe_2O_3($g \cdot kg^{-1}$)计算同 10.3.1.4。

10.3.2.5 注意事项

(1) 每测完一个样品后,需用大量去离子水喷洗燃烧系统,以消除测定误差。

(2) 测定同一批样品,所选定的测定条件应尽量一致,每测定 5～6 个样品以后用标准溶液校正仪器 1 次。

(3) 测定前,应先开空气压缩机,待空气压力和流量稳定后,再开乙炔气体。测定完毕后,应先关乙炔气体,后关空气压缩机,顺序不能颠倒。

(4) 如果待测液中元素浓度较高时,可以稍将燃烧器偏转角度,以提高测定范围,此时标准系列也要在同样情况下测定。

10.3.3 ICP 发射光谱法

参照 10.2.3 步骤进行测定。

10.4 铝的测定

10.4.1 氟化钾取代-EDTA 滴定法

土壤全铝测定采用氟化钾取代 EDTA 容量法。在待测液中加入过量的 EDTA,在 pH6 的条件下与 Fe、Al、Ti 等元素络合,用锌盐回滴过量的 EDTA,再加 KF 溶液将与 Al、Ti 络合的 EDTA 取代出来,再用锌盐滴定释放出来的 EDTA,计算出 Al、Ti 合量数,从中减去 Ti 量,即得 Al 含量。

10.4.1.1 试剂

(1) $2g \cdot L^{-1}$ 二甲酚橙溶液:称取 0.2g 二甲酚橙($C_{31}H_{28}O_{13}H_2S \cdot Na_4$,分析

纯)溶于 100mL 去离子水中(需现用现配)。

(2) pH6 HOAc-NH_4OAc 缓冲溶液:称取 60g 乙酸铵(CH_3COONH_4,分析纯)和 2mL 冰乙酸(CH_3COOH,分析纯)溶于去离子水中,然后稀至 1L。

(3) $1g \cdot L^{-1}$ Al_2O_3 标准溶液:准确称取经处理过的铝箔(光谱纯)0.5298g 溶于 60mL 1∶3 HCl 中,然后洗入 1L 量瓶中,用去离子水定容,摇匀,即含 Al_2O_3 $1g \cdot L^{-1}$。

(4) $0.015mol \cdot L^{-1}$ 乙酸锌标准溶液:称取 3.30g 乙酸锌[$Zn(CH_3COO)_2 \cdot 2H_2O$,化学纯],加冰醋酸(化学纯)1～2 滴,用去离子水稀释至 1L。然后用 Al_2O_3 标准溶液标定,其操作步骤同本法待测液一样进行,计算出每 mL 乙酸锌相当于 Al_2O_3 的 mg 数(即表示滴定度)。

(5) $0.08mol \cdot L^{-1}$ EDTA 溶液:称取 EDTA 二钠盐($C_{10}H_{14}O_8N_2Na_2 \cdot 2H_2O$,分析纯)29.78g 溶于无 CO_2 去离子水中,并稀至 1L。

(6) $1.0g \cdot L^{-1}$ 对硝基酚指示剂:称取 0.1g 对硝基酚(分析纯)溶于 100mL 去离子水中。

(7) $200g \cdot L^{-1}$ KF 溶液:称取氟化钾(KF,化学纯)20g 溶于 100mL 去离子水中。

10.4.1.2 操作步骤

吸取 10.2.1.3 脱硅后的系统分析待测液 20mL 于 250mL 三角瓶中,煮沸 2min,加 $0.08mol \cdot L^{-1}$ EDTA 溶液 8mL,加去离子水 50mL,加热到 80～90℃,再加对硝基酚指示剂 3 滴,用 1∶1 NH_4OH 调至黄色,然后用稀 HCl 调至无色,加 pH6 缓冲溶液 12～15mL,沸水浴上煮沸 5min 取下,用冷水冷却至室温,再加二甲酚橙指示剂 5 滴,用锌标准溶液滴定到刚变紫红色(此次滴定不必记录用量)。

加 KF 溶液 10mL,摇匀后在沸水浴中煮沸 2min,冷却至室温,再补加二甲酚橙指示剂 5 滴,仍用乙酸锌标准溶液滴定到刚变紫红色,记下乙酸锌溶液用量体积数。

10.4.1.3 结果计算

$$Al_2O_3(g \cdot kg^{-1}) = \frac{T \times V \times ts}{m} - [TiO_2(g \cdot kg^{-1}) \times 0.6381] \qquad (10\text{-}4)$$

式中,T 为乙酸锌标准溶液对 Al_2O_3 的滴定度,每 mL $Zn(OAc)_2$ 标准液相当于 Al_2O_3 的 mg 数;V 为滴定时消耗 $Zn(OAc)_2$ 体积(mL);ts 为分取倍数;m 为与滴定时吸取待测液体积相当的样品重(g);0.6381 为将 TiO_2 换算成 Al_2O_3 量的常数;Ti 的测定见 10.6。

10.4.1.4 精密度

平行测定结果允许绝对误差≤$1.5g \cdot kg^{-1}$。

10.4.1.5 注意事项

(1) 两次锌盐滴定终点的颜色应尽量一致。

(2) 若只需测定 Al 元素时,可在调 pH 之前,加 5mL 100g · L^{-1}苦杏仁酸来掩蔽 Ti,直接滴定铝,这样在铝的结果计算中不必扣除 Ti 的结果(陈世庆和鲁全国,1985)。

10.4.2 ICP 发射光谱法

参照 10.2.3 步骤进行测定。

10.5 锰的测定

土壤中全锰的含量很少,一般在 0.1～1g · kg^{-1}(MnO)范围。可以根据锰的含量选择测定方法。目前多采用原子吸收光谱法和 ICP 发射光谱法测定。它具有简便、快速、准确以及干扰因子少的特点。在没有原子吸收分光光度计时,应用 KIO_4 比色法也是很好的分析方法,下面对这几种方法分别进行介绍。

10.5.1 高碘酸钾比色法

在 2～3mol · L^{-1} $1/2H_2SO_4$ 介质中,待测液中的 Mn^{2+} 用高碘酸钾氧化剂氧化成 Mn^{7+}(MnO_4^-),利用 Mn^{7+} 呈现的紫红色进行比色测定。由于 Fe^{3+} 的颜色对比色有干扰,加磷酸生成无色$[Fe(PO_4)_2]^{3-}$络合离子,从而消除干扰。

10.5.1.1 主要仪器设备

分光光度计等。

10.5.1.2 试剂

(1) 25mg · L^{-1}锰标准溶液:准确称取金属锰(光谱纯)0.5000g 溶于稀 HNO_3 中,煮沸除去 NO,用去离子水稀释至 1L,即含 500mg · L^{-1}的 Mn 标准溶液,再从中吸 50mL,定容至 1L,摇匀,即为 25mg · L^{-1}的 Mn 标准溶液。

(2) 高碘酸钾固体粉末:KIO_4,化学纯。

(3) H_3PO_4:磷酸,分析纯。

(4) H_2SO_4:硫酸,分析纯。

10.5.1.3 操作步骤

(1) 吸取 10.1.2.3 酸溶系统硫酸溶解残渣的待测液 20mL 于 25mL 量瓶中,

加 1mL 浓 H_2SO_4 和 1mL 浓 H_3PO_4，再加 0.2g 左右 KIO_4 固体，在沸水浴上显色，待出现玫瑰红色后，继续煮 15min，取出至室温用去离子水定容，摇匀，在分光光度计上用 530nm 波长(3cm 比色皿)比色，同时做空白试验。

(2) 锰标准系列溶液配制成 0mg · L^{-1}、1mg · L^{-1}、3mg · L^{-1}、5mg · L^{-1}、7mg · L^{-1}、9mg · L^{-1}，与待测液一样处理，进行显色比色，并绘制成 Mn 的标准曲线。在曲线上查得待测液中 Mn 的浓度(mg · L^{-1})，或者用回归统计方法求得。

10.5.1.4　结果计算

$$\mathrm{MnO}(\mathrm{g}\cdot\mathrm{kg}^{-1})=\frac{\rho\times V\times ts\times 1.29}{m\times 10^6}\times 1000 \tag{10-5}$$

式中，ρ 为待测液中 Mn 的浓度(mg · L^{-1})；V 为比色体积(mL)；ts 为分取倍数，样品待测液总体积与比色时吸取体积之比值；m 为样品重(g)；1.29 为由 Mn 换算成 MnO 的常数；10^6 为将 Mn 的 mg 换算成 g，将 mL 换算成 L；1000 为换算成每 1kg 土壤中锰的含量。

10.5.1.5　精密度

平行测定结果允许绝对误差≤0.05g · kg^{-1}。

10.5.1.6　注意事项

(1) 显色时，溶液中不应有氯化物和氟化物。

(2) 如果遇到含有碳酸盐的样品，会出现浑浊现象，必须过滤后才能显色。

(3) 显色时控制酸度在 2～3mol · L^{-1} 1/2H_2SO_4 之间。

(4) 也可以吸取脱硅后的碱溶系统待测液(10.2.1.3)测定 Mn，但必须用 HNO_3 和 H_2SO_4 进行消化处理，赶尽氯离子。

10.5.2　原子吸收光谱法

土壤样品无论是用酸溶法还是碱熔法所制备的待测液，应用原子吸收光谱测定 Mn 元素时，没有其他元素干扰其测定。即使是碱熔法中存在有大量的 NaCl 和 HCl，也只要在标准溶液中加入相应的 NaCl 和 HCl，就可以内消干扰。

10.5.2.1　主要仪器设备

原子吸收分光光度计、Mn 空心阴极灯等。

10.5.2.2　试剂

锰标准溶液：准确称取 0.1000g 金属 Mn(光谱纯)，加 1 ∶ 1 HCl 30mL，加热溶解，用去离子水洗入1L量瓶中，冷却后定容，摇匀，即为100mg · L^{-1}Mn标准溶液。

10.5.2.3 操作步骤

(1) 测定条件：空心阴极灯电流7～10mA，波长279.5nm，空气-乙炔火焰，吸收位置：清晰不发亮的氧化焰中进行。

(2) 测定前的准备：同10.3.2.3(2)。

(3) 测定：用10.2.1.3脱硅后的系统分析待测液或者用酸溶系统分析待测液(10.1.2.3)作为Mn的待测液，直接在AAS上测定，同时做空白试验。

锰标准系列溶液配制成0mg · L^{-1}、0.5mg · L^{-1}、1.0mg · L^{-1}、2.0mg · L^{-1}、3.0mg · L^{-1}，在其中分别加入相应的HCl和NaCl，使其与待测液的测定条件相一致。用去离子水定容，摇匀，在AAS上测定，并绘制成Mn的标准曲线，在曲线上查得待测液中Mn的含量。

10.5.2.4 结果计算

MnO(g · kg^{-1})计算同10.5.1.4。

10.5.2.5 注意事项

(1) 每测完一个样品后，需用大量水喷洗燃烧系统，用以消除测定误差。

(2) 测定同一批样品，所选定的测定条件应尽量一致。每测定5、6个样品以后用标准溶液校正仪器1次。

(3) 测定前，应先开空气压缩机，待空气压力和流量稳定后，再开乙炔气体，测定完毕后，应先关乙炔气体，后关空气压缩机，顺序不能颠倒。

(4) 如果待测液中元素浓度较高时，可以稍将燃烧器偏转角度，以提高测定范围，此时标准系列也要在同样情况下测定。

10.5.3 ICP发射光谱法

参照10.2.3步骤进行测定。

10.6 钛的测定

土壤中一般含TiO_2量在5g · kg^{-1}以下，但不同土壤中钛的含量也很不一致，砂质土中含Ti量较低，华南红壤含Ti量较高；玄武岩发育的土壤要比花岗岩高。

由于土壤中含钛量较低，测定方法大都采用比色法。目前常用的比色法有变色酸法、二安替比林甲烷比色法和过氧化氢比色法等，这里介绍前两种比色法。也可用ICP发射光谱法测定。

10.6.1 变色酸比色法

变色酸(1,8-二羟基萘-3,6-二磺酸钠)与钛形成桔红色的络合物,其颜色的深度与溶液的pH有关。pH1时较灵敏,而且干扰较少。高价铁离子、铬和钒离子对比色有干扰,可加抗坏血酸还原剂消除,比色范围0~5mg·L^{-1}(TiO_2)。

10.6.1.1 主要仪器设备

分光光度计等。

10.6.1.2 试剂

(1) 钛标准溶液:称取0.2500g经500℃灼烧过高纯度的TiO_2,于100mL高型烧杯中,加浓硫酸25mL,再加分析纯硫酸铵15g,加热至溶液透明,冷却后用100mL 1∶1硫酸洗入500mL量瓶中。再用1∶1硫酸定容,摇匀,即含500mg·L^{-1} TiO_2。从中再稀释成50mg·L^{-1} TiO_2标准液。

(2) 50g·L^{-1}变色酸溶液:称取5g变色酸($C_{10}H_6O_8S_2Na_2$,分析纯)溶于100mL去离子水中,必须现用现配。

(3) 50g·L^{-1}抗坏血酸溶液:称取5g抗坏血酸(分析纯)溶于100mL去离子水中,必须现用现配。

(4) 2g·L^{-1} 2,6-二硝基酚溶液:称取0.2g 2,6-二硝基酚(化学纯)溶于100mL去离子水中。

(5) pH1克拉克-鲁布氏缓冲液:称取0.2mol·L^{-1} KCl 25.0mL和0.2mol·L^{-1} HCl 48.5mL,稀释至200mL即可。

10.6.1.3 操作步骤

吸取脱硅后的系统待测液(10.2.1.3)2~5mL于25mL量瓶中,加抗坏血酸2.5mL,加少量去离子水,加1滴2,6-二硝基酚指示剂,用1∶1 NH_4OH中和到黄色,再用1∶1 HCl调至无色,加pH1缓冲溶液5mL,最后加1.5mL变色酸显色剂显色,用去离子水定容,摇匀,10min后在分光光度计上比色,波长520nm。同时做空白试验。

TiO_2标准系列溶液配成0mg·L^{-1}、1.0mg·L^{-1}、2.0mg·L^{-1}、3.0mg·L^{-1}、4.0mg·L^{-1}、5.0mg·L^{-1},同待测液一样处理,显色、比色,并绘制成TiO_2的标准曲线,在曲线上查得待测液中TiO_2的含量,或用回归统计方法求得。

10.6.1.4 结果计算

$$TiO_2(g \cdot kg^{-1})=\frac{\rho \times V \times ts}{m \times 10^6} \times 1000 \tag{10-6}$$

式中，ρ 为待测液中 TiO_2 的浓度($mg \cdot L^{-1}$)；V 为比色体积(mL)；ts 为分取倍数；m 为样品重(g)；10^6 为将 TiO_2 的 mg 换算成 g，将 mL 换算成 L；1000 为换算成每 1kg 土壤中钛的含量。

10.6.1.5 精密度

平行测定结果允许绝对误差≤0.5g·kg^{-1}。

10.6.1.6 注意事项

新配制的变色酸显色剂应呈浅黄色，如颜色呈深棕色，应选择质量好的试剂重配。由于空白值较大，故加显色剂显色时必须准确加入。

10.6.2 二安替比林甲烷比色法

在 0.5～4mol·L^{-1} HCl 或 $1/2H_2SO_4$ 介质中，二安替比林甲烷与 Ti 离子生成黄色络合物，借此颜色进行比色，大量钠离子无干扰，三价铁、铬及钒的黄色影响比色，用抗坏血酸消除。

10.6.2.1 主要仪器设备

分光光度比色计等。

10.6.2.2 试剂

(1) 10g·L^{-1}二安替比林甲烷溶液：称取 1.0g 二安替比林甲烷($C_{23}H_{24}N_4O_2$，化学纯)溶于 100mL 2mol·L^{-1} HCl 中。

(2) 20g·L^{-1}抗坏血酸溶液：称取 2.0g 抗坏血酸(分析纯)溶于 100mL 去离子水中(随配随用)。

10.6.2.3 操作步骤

吸取 10.2.1.3 取脱硅后的系统分析待测液 2～5mL 于 25mL 量瓶中，加 20g·L^{-1}抗坏血酸溶液 2.5mL，摇匀后放置几分钟，加入 10g·L^{-1}二安替比林甲烷溶液 10mL，用去离子水定容，摇匀，30min 后在分光光度计上比色，波长 450nm (1cm 比色皿)。

TiO_2 标准系列溶液配成 0mg·L^{-1}、1.0mg·L^{-1}、2.0mg·L^{-1}、3.0mg·

L^{-1}、4.0mg·L^{-1}、5.0mg·L^{-1}，分别加入与待测液等量的空白溶液，同待测液一样进行显色、比色，并绘制成 TiO_2 标准曲线。

10.6.2.4 结果计算

TiO_2(g·kg^{-1})计算同 10.6.1.4。

10.6.2.5 注意事项

氟离子和过氧化氢有干扰，高氯酸可与试剂生成沉淀。

10.6.3 ICP 发射光谱法

参照 10.2.3 步骤进行测定。

10.7 钙、镁的测定

测定 Ca、Mg 的 EDTA 滴定法，对各种类型的土壤都能适用，而用原子吸收光谱法测定 Ca、Mg 更快速、准确，因而这两种方法都是目前常用的分析方法，也可用 ICP 发射光谱法测定。

10.7.1 EDTA 滴定法

10.7.1.1 试剂

(1) 0.01mol·L^{-1}EDTA 标准溶液：配法同 8.2.1.1(1)。

(2) 钙、镁混合指示剂：配法同 8.2.1.1(5)。

(3) 饱和 NaOH 溶液：配法同 8.2.1.1(6)。

(4) 1∶1 三乙醇胺溶液：配法同 8.2.1.1(7)。

(5) pH10 NH_4OH-NH_4Cl 缓冲溶液：称取氯化铵(NH_4Cl，化学纯)33.75g，溶于 150mL 无 CO_2 去离子水中，加浓氢氧化铵(NH_4OH，化学纯)285mL 混合，然后加去离子水稀释至 500mL，此液 pH 为 10。

(6) 200g·L^{-1}酒石酸钾钠溶液：称 20g 酒石酸钾钠($KNaC_4H_4O_6\cdot4H_2O$，化学纯)溶于去离子水中并稀释至 100mL。

(7) 50g·L^{-1}盐酸羟胺溶液：取 5g 盐酸羟胺($NH_2OH\cdot HCl$，分析纯)溶于 100mL 去离子水中。

10.7.1.2 操作步骤

(1) 吸取 10.2.1.3 脱硅后的系统分析待测液 20mL 2 份，分别放入 250mL 三角瓶中，煮沸 2min，用无 CO_2 去离子水冲洗瓶壁，加去离子水到 70mL 左右。

(2) 取 1 份滴定 Ca、Mg 总量。先加 10mL 酒石酸钾钠溶液，用 1∶1 NH_4OH 中和至黄色突然变淡或无色，然后加 10mL 三乙醇胺溶液 15mL pH10 的缓冲溶液（锰高时加 4mL 盐酸羟胺），使溶液的 pH 达 10，再加 0.2g 左右的 Ca、Mg 混合指示剂，用 0.01mol · L^{-1}EDTA 标准溶液滴定，由红色滴至纯蓝色即达终点，记录消耗 EDTA 标准溶液的体积(V)，同时做空白试验，记录消耗 EDTA 标准溶液的体积(V_0)。

(3) 取另 1 份待测液滴定 Ca 量，先用 4mol · L^{-1}NaOH 中和到沉淀出现，然后用 1∶3 HCl 将沉淀完全溶解，并过量 1mL，再依次加入 8mL 三乙醇胺和 1mL NaOH 溶液，使待测液的 pH 达 12 以上。最后加 0.2g 左右钙、镁混合指示剂，用 EDTA 标准溶液滴定，颜色由红到蓝即达终点，记录消耗 EDTA 标准溶液的体积(V_1)。同时做空白试验，记录消耗 EDTA 标准溶液的体积(V_0')。

10.7.1.3　结果计算

$$\text{CaO}(\text{g} \cdot \text{kg}^{-1}) = \frac{[C \times (V_1 - V_0')] \times ts \times 0.0561}{m} \times 1000 \quad (10\text{-}7)$$

$$\text{MgO}(\text{g} \cdot \text{kg}^{-1}) = \frac{C \times [(V - V_0) - (V_1 - V_0')] \times ts \times 0.0403}{m} \times 1000 \quad (10\text{-}8)$$

式中，C 为 EDTA 标准溶液浓度(mol · L^{-1})；V 为滴定总量时所耗 EDTA 的体积(mL)；V_0 为滴定总量的空白时所耗 EDTA 的体积(mL)；V_1 为滴定 Ca 时所耗 EDTA 的体积(mL)；V_0'为滴定 Ca 的空白时所耗 EDTA 的体积(mL)；m 为样品重(g)；ts 为分取倍数；0.0561 为 CaO 毫摩尔质量(g · $mmol^{-1}$)；0.0403 为 MgO 毫摩尔质量(g · $mmol^{-1}$)；1000 为换算成每 1kg 土壤中钙、镁的含量。

10.7.1.4　精密度

平行测定结果允许绝对误差≤1.5g · kg^{-1}。

10.7.1.5　注意事项

(1) 如果样品中有高含量的重金属元素，如：Cu、Co、Ni 等，在滴定前可加 KCN 溶液来掩蔽，但使用时要注意安全。

(2) 滴定 Ca 时，所加的 NaOH 溶液要新鲜，不宜长时间暴露在空气中，以免吸收 CO_2。

10.7.2　原子吸收光谱法

用原子吸收光谱法测定 Ca、Mg 时，Al、P 和高含量的 Ti、S 对 Ca、Mg 测定有干扰，当加入 $1000mg \cdot L^{-1}$ Sr，即能消除干扰，大量的 Na 离子对测定也有一定的影响，但通过溶液稀释和在标准溶液中加相当量的 NaCl 后，即能排除干扰，当盐酸浓度在 $0.3mol \cdot L^{-1}$ 以下时，对测定也会产生影响，因此在测定时，必须控制溶液的 HCl 浓度和钠离子浓度，并和标准溶液相一致，以便消除干扰。

10.7.2.1　主要仪器设备

原子吸收分光光度计、Ca 和 Mg 空心阴极灯等。

10.7.2.2　试剂

(1) 钙标准溶液：配法同 8.2.1.1(2)。

(2) 镁标准溶液：配法同 8.2.1.1(3)。

(3) $30g \cdot L^{-1}$ 氯化锶溶液：称取 30g 氯化锶（$SrCl_2 \cdot 6H_2O$，分析纯），加去离子水溶解后，洗入 1L 量瓶中，用去离子水定容，摇匀，即含氯化锶 $30g \cdot L^{-1}$，含锶 $10g \cdot L^{-1}$。

10.7.2.3　操作步骤

(1) 测定条件：空心阴极灯电流 6～10mA，Ca 波长 422.7nm，Mg 波长 285.2nm，空气-乙炔火焰。

(2) 测定前的准备：同 10.3.2.3(2)。

(3) 测定：吸取 10.2.1.3 脱硅后的系统分析待测液 2～5mL 于 25mL 量瓶中，加 $SrCl_2$ 2.5mL，用去离子水定容，摇匀，在 AAS 上测定，同时做空白试验。

Ca、Mg 混合标准系列溶液，分别吸取 Ca 和 Mg 的标准溶液，准确稀释配成含 Ca 0～$30mg \cdot L^{-1}$ 和含 Mg 0～$5mg \cdot L^{-1}$ 的混合标准系列溶液，并在此系列溶液中分别加入与待测液相等的 HCl、NaCl、$SrCl_2$ 的量，使其与待测液的测定条件相一致，用去离子水定容，摇匀，在 AAS 上分别测定，并绘制成 Ca 和 Mg 的标准曲线，在曲线上查得待测液中 Ca 和 Mg 的浓度（$mg \cdot L^{-1}$），也可用回归统计法求得 Ca 和 Mg 的浓度。

10.7.2.4　结果计算

$$\mathrm{CaO}(g \cdot kg^{-1}) = \frac{\rho \times V \times ts \times 1.399}{m \times 10^6} \times 1000 \tag{10-9}$$

$$\mathrm{MgO}(g \cdot kg^{-1}) = \frac{\rho \times V \times ts \times 1.659}{m \times 10^6} \times 1000 \tag{10-10}$$

式中，ρ 为待测液中元素的浓度（$mg \cdot L^{-1}$）；V 为测定体积（mL）；ts 为分取倍数；m 为样品重(g)；1.399 为由 Ca 换算成 CaO 的常数；1.659 为由 Mg 换算成 MgO 的

常数；10^6 为将 mg 换算成 g 和将 mL 换算成 L；1000 为换算成每 1kg 土壤中钙、镁的含量。

10.7.3 ICP 发射光谱法

参照 10.2.3 步骤进行测定。

10.8 钾、钠的测定

10.8.1 火焰光度法

钾和钠的连续测定目前普遍采用火焰光度法，这种方法既简便、快速，又准确。钙对 K、Na 的测定有干扰，尤其是对 Na 影响最严重，用硫酸铝可抑制 Ca 的激发；用 NH_4OH 和 $(NH_4)_2CO_3$ 分离 Ca 效果很好，大量 NH_4^+ 离子存在对钾和钠测定没有干扰。在碱熔系统分析待测液中测定钾时，大量 Na 离子有影响，必须在钾标准溶液中加入相应的 Na 离子。也可用 ICP 发射光谱法测定。

10.8.1.1 主要仪器设备

火焰光度计等。

10.8.1.2 试剂

(1) $0.1mol \cdot L^{-1} Al_2(SO_4)_3$ 溶液：配法同 8.6.1.2(4)。

(2) Na_2O 标准溶液：准确称取经 105℃烘过的氯化钠（NaCl，分析纯）1.8859g 溶于去离子水中，并定容至 1L，摇匀，即为 $1000mg \cdot L^{-1} Na_2O$ 标准溶液。

(3) K_2O 标准溶液：准确称取经 105℃烘过的氯化钾（KCl，分析纯）1.5829g 溶于去离子水中，并定容至 1L，摇匀，即得 $1000mg \cdot L^{-1} K_2O$ 标准溶液。

10.8.1.3 操作步骤

吸取 10.1.2.3 酸溶系统制备的待测液 5mL 于 25mL 量瓶中，加 2mL 硫酸铝溶液，用去离子水定容，摇匀，在火焰光度计上测定，同时做空白试验。

K_2O、Na_2O 标准系列溶液：分别吸取 K_2O 和 Na_2O 的标准溶液，准确稀释成 $0mg \cdot L^{-1}$、$5mg \cdot L^{-1}$、$10mg \cdot L^{-1}$、$15mg \cdot L^{-1}$、$20mg \cdot L^{-1}$、$25mg \cdot L^{-1}$、…、$50mg \cdot L^{-1}$ 的 Na_2O 和 K_2O 的混合标准系列溶液，同待测液一样处理，然后用去离子水定容，摇匀，在火焰光度计上测定，并绘制成 K_2O 和 Na_2O 标准曲线，并分别在曲线上查出待测液中 Na_2O 和 K_2O 的浓度。

如果单测全钾，也可吸取脱硅后的系统分析待测液（10.2.1.3）5mL 于 25mL

量瓶中，用去离子水定容，摇匀，在火焰光度计上测定。钾标准溶液必须另配，在标准溶液中需加与待测液同样量的钠离子和盐酸，使测定条件相一致。

10.8.1.4 结果计算

$$K_2O(\text{或 } Na_2O)(g \cdot kg^{-1}) = \frac{\rho \times V \times ts}{m \times 10^6} \times 1000 \tag{10-11}$$

式中，ρ 为由标准曲线上查得待测液中钾和钠的浓度（$mg \cdot L^{-1}$）；V 为测定体积（mL）；ts 为分取倍数；m 为样品重（g）；10^6 为将 mg 换算成 g 和将 mL 换算成 L；1000 为换算成每 1kg 土壤中钾、钠的含量。

10.8.1.5 精密度

平行测定结果允许绝对误差≤0.5$g \cdot kg^{-1}$。

10.8.1.6 注意事项

若待测液中 Ca 含量很高时，会干扰 K 和 Na 的测定，可加 NH_4OH 和 $(NH_4)_2CO_3$ 使 Ca 沉淀后再测定。

10.8.2 ICP 发射光谱法

参照 10.2.3 步骤进行测定。

10.9 磷的测定

10.9.1 钼锑抗比色法

土壤中全磷含量较低，一般为 0.4～2$g \cdot kg^{-1}$。测定全磷现在广泛应用比色法，在比色法中又以钼锑抗比色法为最佳。ICP 发射光谱法也可测定 P。

10.9.1.1 主要仪器设备

分光光度计等。

10.9.1.2 试剂

同 6.1.1.2。

10.9.1.3 操作步骤

吸取酸溶系统制备的待测液（见 10.1.2.3）2～10mL 于 50mL 量瓶中，加 2 滴 2,4-二硝基酚指示剂，用稀 Na_2CO_3 和稀 H_2SO_4 调至微黄色，加钼锑抗显色剂

5mL，用去离子水定容，摇匀，30min 后在分光光度计上比色，波长 700nm，同时做空白试验。

磷标准系列溶液配成 $0mg \cdot L^{-1}$、$0.2mg \cdot L^{-1}$、$0.4mg \cdot L^{-1}$、$0.6mg \cdot L^{-1}$、$0.8mg \cdot L^{-1}$、$1.0mg \cdot L^{-1}$ P_2O_5，同待测液一样处理，进行显色，比色，并绘制磷的标准曲线，在曲线上查出待测液中磷的浓度（$mg \cdot L^{-1}$）（或用回归统计方法求得）。

10.9.1.4 结果计算

P_2O_5（$g \cdot kg^{-1}$）计算同 6.1.1.4。

10.9.1.5 注意事项

同全磷测定 6.1.1.6。

10.9.2 ICP 发射光谱法

参照 10.2.3 步骤进行测定。

10.10 烧失量的测定（灼烧减重法）

土壤烧失量包括结合水、有机质以及氯等物质，石灰性土壤则还包括由碳酸盐分解时释放出的 CO_2。不包括吸湿水，因此，必须用烘干土样作烧失量测定。

10.10.1 主要仪器设备

高温电炉、铂坩埚或瓷坩埚等。

10.10.2 操作步骤

（1）先将空坩埚经 950℃ 条件下灼烧，并称至恒重，两次质量相差不超过 0.5mg。

（2）称取通过 0.149mm 经 105℃烘干的土样 1g 左右（精确到 0.0001g）于已知质量的坩埚中，在高温电炉中 950℃ 灼烧 1h，取出稍冷放入干燥器中平衡 20min，称重。然后再放入高温电炉中同样温度下再灼烧 30min，取出平衡、称重，前后两次称重相差不超过 0.5mg 即为恒重。

10.10.3 结果计算

$$\text{烧失量}(g \cdot kg^{-1}) = \frac{m_3 - m_2}{m_3 - m_1} \times 1000 \qquad (10\text{-}12)$$

式中，m_1 为灼烧后空坩埚重（g）；m_2 为灼烧后的样品加坩埚重（g）；m_3 为灼烧前坩埚加烘干土样重(g)；1000 为换算成每 1kg 的土壤烧失量。

10.10.4　精密度

平行测定结果允许绝对误差：

烧失量($g \cdot kg^{-1}$)	允许误差($g \cdot kg^{-1}$)
≥50	≤2.0
<50	≤1.0

10.10.5　注意事项

(1) 若含有机质很高的土壤样品，可预先在电炉上碳化后再放入高温电炉中灼烧。

(2) 坩埚放入干燥器中的平衡时间要尽量一致，称重时不能直接用手接触坩埚。

10.11　全硫的测定

土壤全硫的测定可用两种方法：一种是将土样直接放在管式高温电炉中燃烧，释放出的 SO_2 用碘量法测定，此法的特点是快速，适用于大批样品分析，缺点是受到特殊仪器的限制，对于含有 Cl^- 的盐碱土样品会产生正干扰；另一种是将土样用 $Mg(NO_3)_2$ 在 500℃时氧化，并用 $BaSO_4$ 比浊法测定全硫，可用 H_3PO_4 掩蔽黄色 Fe^{3+} 的干扰影响。此法不需昂贵的铂坩埚，再现性较好，适用于所有土壤，但其手续较繁琐，不利于大量样品分析。这两种方法所测结果基本上是一致的，可根据条件选用。

10.11.1　燃烧碘量法

土壤样品在 1250℃的管式高温电炉中通空气流进行燃烧，使样品中的有机态硫和硫酸盐态硫均形成二氧化硫逸出，被稀盐酸吸收成为亚硫酸，用标准碘酸钾溶液滴定，从而计算土壤全硫含量。本法适用于 0.05～50$g \cdot kg^{-1}$(S)的土壤。

10.11.1.1　主要仪器设备

管式高温电炉、燃烧法测定硫的装置(图 10.1)等。

吸收系统使用说明：当仪器完全安装好且经检查不漏气后，关闭活塞 6，用真空泵或玻璃抽气管进行抽气，转动活塞 10，使玻管 12 与橡皮管 11 连通。此时盛于瓶 15 中的吸收液流入吸收瓶 7 中，约 50mL 体积后关闭活塞 10，打开活塞 6，调节抽气管抽气速度，直至有均匀小气泡缓缓不断从气体洗涤器冒出为止，此时即可燃烧样品和进行滴定。当需排除滴定废液时，打开活塞 10，使玻管 12 和橡皮管 13 连通，捏紧橡皮管 14，废液即由玻管 12 经橡皮管 13 排出。

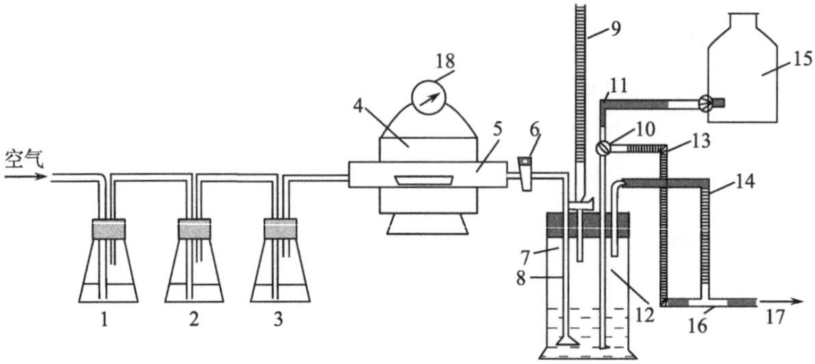

图 10.1 燃烧法测定硫的装置

1. 盛有 5%硫酸铜溶液的洗气瓶 2. 盛有 5%高锰酸钾溶液的洗气瓶 3. 盛有浓硫酸的洗气瓶 4. 管式电炉 5. 燃烧管和燃烧舟 6. 二通活塞 7 吸收瓶 8 圆形玻璃漏斗 9. 滴定管 10. 三通活塞 11、13、14. 橡皮管 12. 玻璃管 15. 盛吸收液的下口瓶 16、17. 玻璃抽气管(或真空泵)和废液排出口 18. 铂铑温度计

10.11.1.2 试剂

(1) HCl-甘薯淀粉吸收液：于 500mL 正在沸腾的 0.05mol·L^{-1} HCl 溶液中，加 200mL 10g·L^{-1} 甘薯淀粉溶液，搅匀。使用不宜超过半个月。

(2) 0.0500mol·L^{-1} $1/6K_2Cr_2O_7$ 标准溶液：称取 2.4516g 于 130℃烘过 3h 的重铬酸钾($K_2Cr_2O_7$，分析纯)，加少量去离子水溶解后，移入 1L 量瓶中，用去离子水定容，摇匀。

(3) 0.05mol·L^{-1} $1/2Na_2S_2O_3$ 标准溶液：称取 14.21g 硫代硫酸钠($Na_2S_2O_3 \cdot 7H_2O$，分析纯)，溶于 200mL 去离子水中，加入 0.2g 无水 Na_2CO_3，待完全溶解后，再用去离子水定容到 1L，摇匀，放置数天后，以 $K_2Cr_2O_7$ 标准溶液标定其浓度。其标定方法如下：

吸取 25mL 0.0500mol·L^{-1} $1/6K_2Cr_2O_7$ 标准溶液于 150mL 具塞三角瓶中，加 1g KI 溶解后，加入 5mL 1∶1HCl 溶液，塞好玻璃塞放置暗处 5min，取出后用水冲洗瓶塞及瓶壁以等体积水稀释，用待标定的 $Na_2S_2O_3$ 溶液滴定至溶液由棕红色褪至淡黄色，立即加入 2mL 10g·L^{-1} 甘薯淀粉指示剂(1g 甘薯淀粉溶于 100mL 沸水中)，继续滴定至蓝色褪去，溶液呈浅绿色即为终点，记下 $Na_2S_2O_3$ 溶液用量体积，计算其摩尔浓度。

(4) 0.05mol·L^{-1} $1/6KIO_3$ 标准溶液：称取 1.783g 碘酸钾(KIO_3，分析纯)，溶解于含有 4g KI 和 1g KOH 的热溶液中，冷却后用去离子水定容到 1L，摇匀。

此溶液如需稀释至低浓度时，也需用相同量的 KI 和 KOH 溶液稀释之。测定低 S 样品时，可将 KIO_3 标准溶液稀释 10 倍后应用。其标定方法如下：

吸取 25mL 待标定的 KIO_3 溶液于 150mL 三角瓶中，加 5mL 1∶1 HCl 溶液，立即用刚标定过浓度的 $Na_2S_2O_3$ 标准溶液滴定，使溶液由棕红色变为淡黄色，再立即加入 2mL 10g·L^{-1}甘薯淀粉指示剂，继续滴定至蓝色减褪，直至呈淡蓝色即为终点。滴定至近终点时，因蓝色褪去较慢，$Na_2S_2O_3$ 溶液需慢慢滴入，每加 1 滴就摇动 10～20s，以免过量。计算滴定度，公式如下

$$T = \frac{C \times V \times 16.03}{25} (\mathrm{g \cdot L^{-1}}) \tag{10-13}$$

式中，T 为 KIO_3 标准溶液对 S 的滴定度（每升 KIO_3 标准溶液相当 S 的质量）；C 为 $Na_2S_2O_3$ 标准溶液的摩尔浓度（mol·L^{-1}）；V 为标定时消耗 $Na_2S_2O_3$ 标准溶液的体积（mL）；16.03 为每 mol 1/2S 的质量（g）；25 为待标定的 KIO_3 溶液的体积（mL）。

（5）50g·L^{-1} $KMnO_4$ 溶液：称取 5g 高锰酸钾（$KMnO_4$，化学纯），溶于 100mL 50g·L^{-1} $NaHCO_3$ 溶液中。

（6）50g·L^{-1} $CuSO_4$ 溶液：称取 5g 硫酸铜（$CuSO_4$，分析纯），溶于 100mL 去离子水中。

（7）H_2SO_4：硫酸（H_2SO_4，化学纯）。

10.11.1.3　操作步骤

（1）将管式高温电炉预先升温到 1250℃左右，在吸收瓶中加入 80mL HCl-甘薯淀粉吸收液，用抽气法（用真空泵或抽气管抽气）调节气流速度，使空气顺序通过 50g·L^{-1} $CuSO_4$ 溶液（用于除去空气中可能存在的 H_2S），50g·L^{-1} $KMnO_4$ 溶液（用于除去其他还原性气体），以及浓 H_2SO_4（用于吸收空气中的水分）的三个洗气瓶，然后进入燃烧管，再进入 HCl-甘薯淀粉吸收液的底部，最后进入抽气真空泵。用 KIO_3 标准溶液滴定吸收液，使之从无色变为浅蓝色（2～3min 不褪色）。

（2）打开燃烧管的进气端，将盛有 0.5～1.5g（精确到 0.0001g）土样（样品重量视含硫量而定）的燃烧舟，用耐高温的不锈钢钩送入燃烧管的最热处，迅速将燃烧管与其进气端重新接紧。此时，样品中的含硫化合物经燃烧而释放出 SO_2 气体，随空气流进入吸收液，立即不断地用 KIO_3 标准溶液滴定（用刻度 0.05mL 的 10mL 滴定管）。应使吸收液始终保持浅蓝色（绝不可使溶液变为无色），在 2～3min不褪即达终点，记下 KIO_3 标准溶液的用量体积。每测定一个样品，一般只需 5～6min。

（3）再打开燃烧管的进气端，用不锈钢钩取出测定过的燃烧舟，并将另一装有土样的燃烧舟送入燃烧管中，继续进入下一个样品测定，不需更换吸收液（如果吸收瓶中的吸收液太多时，可转动活塞，适当抽走一部分吸收液，并补加 HCl-甘薯淀

粉吸收液)。

10.11.1.4 结果计算

$$全\ S(g \cdot kg^{-1}) = \frac{V \times T \times 1.05}{m \times 10^3} \times 1000 \tag{10-14}$$

$$全\ SO_3(g \cdot kg^{-1}) = S(g \cdot kg^{-1}) \times 2.497 \tag{10-15}$$

式中,V 为滴定时消耗 KIO_3 标准溶液的体积(mL);T 为滴定度,即每升 KIO_3 标准溶液相当 S 的重量(g);1.05 为校正常数;m 为样品重(g);10^3 为将消耗标准溶液的体积 mL 换算成 L;1000 为换算成每 1kg 土壤中硫的含量;2.497 为将 S 换算成 SO_3 的系数。

10.11.1.5 精密度

平行测定结果允许绝对误差≤0.05(g · kg^{-1})。

10.11.1.6 注意事项

(1) KIO_3 标准溶液(含有 KI 和 KOH)酸化后即生成 I_2

$$IO_3^- + 5I^- + 6H^+ \rightarrow 3I_2 + 3H_2O$$

生成的 I_2 与导入的 SO_2 立即作用,SO_2 被氧化为 SO_4^{2-}

$$SO_2 + I_2 + 2H_2O \rightarrow SO_4^{2-} + 2I^- + 4H^+$$

反应过程应始终保持稍微过量的 I_2 存在,以免 SO_2 逸失。过量的 I_2 与淀粉指示剂生成蓝色络合物,故溶液应始终保持浅蓝色。

(2) 甘薯淀粉指示剂比普通淀粉指示剂终点明显,特别适用于低硫样品的测定。

(3) 在测定含硫量低的样品时,每测定一个样品应更换一次吸收液,以提高测定的灵敏度。对于含硫量高的土样,则可连续使用同一份吸收液。

(4) 仪器装置中所用的橡皮管和橡皮塞,均需预先在 250g · L^{-1} NaOH 溶液中煮过,以除去可能混入的硫。

(5) 一般土样称重 1g 左右,有机质含量高的土样,可适当减少称样量,以减少碳的干扰。

(6) 为更好地分解土样中的含硫化合物,测试土样中可加入助溶剂 0.1g V_2O_5、0.1g B_2O_3 和 0.5g Sn 粉。

(7) 瓷燃烧舟应预先置于 800℃高温电炉中灼烧 2h,保存于干燥器中备用。

(8) 燃烧管应保持清洁,经常清理,不能有溶渣积存,否则易使结果偏低。新换燃烧管和橡皮管,应在测定之前预先灼烧一个含硫量较高的样品。每批操作的第一个试样不计结果。

(9) 通空气时，气流量不能太快，否则 SO_2 容易逸出损失。通入的空气应依次通过 $CuSO_4$ 溶液(除去 H_2S)，$KMnO_4$ 溶液(除去还原性气体)以及浓 H_2SO_4(除去水分)的 3 个洗气瓶，再进入燃烧管。

(10) 每分析一批样品，需重新标定 KIO_3 溶液的浓度。

(11) 经试验证明，本法所得结果相当于实际含硫量的 95%左右(因土壤中存在的 $BaSO_4$ 等，在短时间内不能分解完全)，因此测定结果需要乘以经验校正常数 1.05。

(12) 含有氯化物的土壤，对本法测定有干扰。

10.11.2 硝酸镁氧化-硫酸钡比浊法

本方法是将土样用 $Mg(NO_3)_2$ 在 500℃时氧化，再用 HNO_3 在水浴上消煮，进一步氧化成 SO_4^{2-}，在微酸性条件下用 $BaSO_4$ 比浊法测定全硫，并用 H_3PO_4 掩蔽黄色 Fe^{3+} 的干扰影响。

10.11.2.1 主要仪器设备

硬质高型烧杯(50mL)、恒温水浴锅、高温电炉、电热板、电磁搅拌器、光电分光光度计等。

10.11.2.2 试剂

(1) H_3PO_4：磷酸(H_3PO_4，分析纯)。

(2) $Mg(NO_3)_2$溶液：将 25g 金属镁(光谱纯)，溶于 400mL 浓 HNO_3(分析纯)中，加 80mL 去离子水稀释，使 $Mg(NO_3)_2$ 结晶溶解，冷却，用去离子水定容到 500mL，摇匀。

(3) 1∶3 HNO_3 溶液：1 份浓 HNO_3(分析纯)与 3 份去离子水混合。

(4) 1∶1 HOAc 溶液：1 份冰醋酸(CH_3COOH，分析纯)与 1 份去离子水混合。

(5) $5g \cdot L^{-1}$阿拉伯胶溶液：5g 阿拉伯胶溶于 1000mL 热去离子水中，用滤纸过滤到呈透明状。

(6) $50mg \cdot L^{-1}$S 标准溶液：称取经烘干处理的 K_2SO_4(分析纯)0.2718g，溶于去离子水中，用去离子水定容到 1L，摇匀，即 $50mg \cdot L^{-1}$S。

(7) $BaCl_2$ 晶粒：将 $BaCl_2 \cdot 2H_2O$(分析纯)晶块于研钵中研细，筛取 0.25～0.5mm 部分。

10.11.2.3 操作步骤

(1) 称取通过 0.149mm 的烘干土样 1.0～2.0g(精确到 0.0001g)于 50mL 硬质高型烧杯中，加 10mL $Mg(NO_3)_2$ 溶液，至 70℃电热板上蒸发至干，注意防止溶液溅失。

(2) 将烧杯中残渣置于500℃高温电炉中保温3h，冷却，加10mL 1∶3HNO_3，盖上表面皿，在水浴上消煮2.5h，冷却，沿壁加入20mL去离子水，在电热板上微热溶解残渣，全部移入200mL量瓶中，用去离子水定容，摇匀，待测。

(3) 吸取上述20～25mL清液(使S含100～600mg)于50mL量瓶中，分别加5mL 1∶1 HOAc、1mL H_3PO_4、1mL阿拉伯胶，用去离子水定容，摇匀。全部转入150mL烧杯中，加入1.0g $BaCl_2$晶粒，在电磁搅拌器上搅拌1min，5～10min内在分光光度计上用420nm波长、3cm比色皿比色，读取S的透光度。在S的标准曲线上查得待测液中S的浓度mg · L^{-1}(或用回归统计法求得)。同时做试剂空白试验。

(4)S标准曲线的绘制：分别吸取50mg · L^{-1}S标准溶液0mL、1mL、2mL、4mL、6mL、8mL、10mL、12mL于50mL量瓶中，分别加入相同量的HOAc、HNO_3、H_3PO_4和阿拉伯胶，用去离子水定容，摇匀，即制成0mg · L^{-1}、2mg · L^{-1}、4mg · L^{-1}、6mg · L^{-1}、8mg · L^{-1}、10mg · L^{-1}、12mg · L^{-1}S的标准溶液。全部转入150mL烧杯中，加入1.0g $BaCl_2$晶粒，同上法进行比浊，读取S的透光度。以S浓度mg · L^{-1}为横坐标，相应透光度为纵坐标，在半对数坐标纸上绘制S的标准曲线。

10.11.2.4 结果计算

$$\text{全 S}(\mathrm{g \cdot kg^{-1}}) = \frac{\rho \times V \times ts}{m \times 10^6} \times 1000 \qquad (10\text{-}16)$$

式中，ρ为从标准曲线上查得待测液中S的浓度(mg · L^{-1})；V为比浊液体积(mL)；ts为分取倍数，待测液总体积与比浊时吸取体积之比值；m为烘干样品质量(g)；10^6为将S的mg换算成g和将mL转换成L；1000为换算成每1kg土壤中硫的含量。

10.11.2.5 注意事项

(1) 每个土样必须做两次重复，每批试验都要做空白试验。

(2) 本比浊测定条件很严格，搅拌时间和速度必须完全一致，否则标准曲线可能会不成线性关系，遇此情况，必须返工重测。

(3) 测定时的比浊度必须落在测定范围内，超过测定范围时，可减少吸取量，再稀释至50mL体积比浊。

(4) 比浊前的放置时间不能过长，必须在规定时间内比浊完毕，否则会使测定值降低。

主要参考文献

陈世庆，鲁全国. 1985. 土壤全量分析-碳酸锂、硼酐熔样快速分析法. 土壤通报，16(3)：126-128.

过兴度，刘多森. 1975. 土壤全硫的燃烧测定法. 土壤，4：206-209.

日本土壤肥料科学会土壤标准分析. 测定法委员会. 1986. 土壤标准分析测定法. 博友社：165-224.

沈壬水，黄钺. 1980. 土壤全量分析. Ca、Mg、Fe、Mn 的原子吸收光谱法测定. 土壤，6：220-226.

王正之，吴湘宏，肖仁森. 1988. N_2 作载气的燃烧碘量法测定土壤全硫. 土壤通报，19(3)：140-143.

薛泉宏. 1990. 对变色酸定钛的方法的一点改进. 土壤，22(2)：111.

于天仁，王振权. 1988. 土壤分析化学. 北京：科学出版社：307-316.

原子吸光谱分析编写组. 1977. 原子吸收光谱分析. 北京：地质出版社：206-208，224-226.

郑春荣，沈壬水，钱钦文. 1985. 土壤全量快速分析(碳酸锂，石墨粉坩埚熔样法). 土壤，17(1)：34-35.

郑莲芬. 1991. 在土壤矿质全量分析中聚环氧乙烷(PEO)脱硅的方法. 土壤，23(1)：45-46.

中国科学院南京土壤研究所. 1978. 土壤理化分析. 上海：上海科学技术出版社：237-283.

中国土壤学会农业专业委员会. 1983. 土壤农业化学常规分析方法. 北京：科学出版社：122-124.

中国土壤学会. 1999. 土壤农业化学分析方法. 北京：中国农业科技出版社：198-199.

第十一章　强酸消化元素的测定

细土(<2mm)用浓强酸消化后,依次以热 HCl 和 NaOH 溶提被分解的各种元素,使土壤中次生产物与原生残留物(主要是石英)分开。通过测定稀 HCl 溶提液中 Al、Fe、Ti、Mn、Ca、Mg、K、Na 及 P 和稀 NaOH 溶提液中 Si,计算细土中上述各元素的含量。以各元素氧化物含量的总和为基础再计算细土部分强酸消化物的化学组成,可反映土壤中矿物风化程度和元素淋溶淀积或迁移积累特点,揭示成土作用机制和作为土壤类型鉴定的依据。特别是对热带、亚热带地区风化作用较强的土壤,它具有与黏粒化学组成相似的分析意义。本测定方法无需分离提取黏粒,也无需昂贵的铂金器皿。

11.1　样品待测液的制备

11.1.1　硝酸-盐酸-硫酸消化法

11.1.1.1　主要仪器设备

烘箱、方电炉、高型烧杯(优质 95 或 GG17,100mL)、离心机(4000r/min)等。

11.1.1.2　试剂

(1) HNO_3:硝酸(HNO_3,分析纯)。

(2) HCl:盐酸(HCl,分析纯)。

(3) H_2SO_4:硫酸(H_2SO_4,分析纯)。

(4) 0.1mol·L^{-1} HCl:配法同 8.2.3.2(1)。

(5) 1mol·L^{-1} HCl:配法同 3.3.2(2)。

(6) 0.5mol·L^{-1} NaOH 溶液:称取 20g 氢氧化钠(NaOH,分析纯),溶于无 CO_2 的蒸馏水中,再稀释至 1L,存于塑料瓶中(必须现用现配)。

11.1.1.3　操作步骤

(1) 称取通过 0.149mm 筛孔,经 105℃烘干处理的土样 0.5～1g(精确到 0.0001g)于 100mL 高型烧杯中,用几滴去离子水湿润土样,依次注入 3mL 浓 HNO_3、5mL 浓 HCl、2mL 浓 H_2SO_4,在通风橱内的方电炉上加热消化至冒白烟,取下冷却,再按上述方法重复处理 1 次,至样品基本上呈灰白色黏糊状,取下冷却。

（2）在上述三酸消化分解的内容物中加 30mL 近沸的 1mol · L^{-1} HCl，继续加热 20～30min（同时不断搅拌），然后移入聚氯乙烯塑料离心管中，并用去离子水 5mL 冲洗杯壁（2 次共 10mL）一起洗入离心管，在 2000～3000r/min，离心 15min，将清液倾入 250mL 容量瓶中。残余物再用近沸 1mol · L^{-1} HCl 30mL 溶解离心 1 次，继用 0.1mol · L^{-1} HCl（近沸）10mL 洗涤分离，清液也倾入上述 250mL 容量瓶中。重复 2～3次，直至用硫氰化钾（20g · kg^{-1}）溶液检验无铁反应（不显红色，即无色）为止。分离的清液加去离子水至刻度定容，摇匀，供测 Fe、Mn、Al、Ti、K、Na、P。

（3）在上面离心后残余物的离心管内加 75mL 预热的 0.5mol · L^{-1} NaOH 溶液，放在近沸（90～95℃）水浴中用塑料或有机玻璃棒不断搅拌 15min，取出即放在冷水烧杯中急速冷却，用称重法校准体积后离心。分离出清液倾于 100mL 塑料瓶中供测定 SiO_2。

11.1.1.4　注意事项

热碱溶提操作应避免试液与玻璃器皿接触，制备的待测液不宜久放，应及时测定，以减少误差。

11.1.2　硝酸-盐酸-高氯酸消化法

11.1.2.1　主要仪器设备

同 11.1.1.1。

11.1.2.2　试剂

（1）HNO_3：硝酸（HNO_3，分析纯）。

（2）HCl：盐酸（HCl，分析纯）。

（3）$HClO_4$：高氯酸（$HClO_4$，分析纯）。

（4）0.1mol · L^{-1} HCl：配法同 8.2.3.2（1）。

（5）1mol · L^{-1} HCl：配法同 3.3.2（2）。

11.1.2.3　操作步骤

（1）称取通过 0.149mm 筛，经 105℃ 烘干处理过的土样 0.5～1g（精确到 0.0001g）于 100mL 高型烧杯中，用少量去离子水湿润（如系石灰性土壤，可滴加适量稀 HCl 至无大量气泡产生）。在通风橱中先加 7.5mL 浓 HCl，继而加 2.5mL 浓 HNO_3，放在方电炉上低温加热，待激烈反应过后，添加 5mL $HClO_4$，此时适当提高加热温度，待开始冒白烟后，再加 5mL $HClO_4$，蒸煮至近干，残留物呈白色或灰白色沉淀。如颜色比较深，可再加 5mL $HClO_4$，继续消化至符合要求为止（一般情况下，加 2 次已足够)，取下冷却。

(2) 上述消化物用热的 1mol · L^{-1} HCl 溶提，操作方法参照 11.1.1.3(2)。分离的清液供测定 Ca、Mg 用。

11.1.2.4　注意事项

消化蒸煮至近干时，切不可使内容物蒸干变焦或发红色状，这样会使 Al、Fe、Mn 等元素脱水，不易用稀酸溶解。

11.2　二氧化硅的测定(硫酸亚铁铵比色法)

11.2.1　主要仪器设备

分光光度计等。

11.2.2　试剂

(1) 50g · L^{-1} 钼酸铵溶液：称取 5g 钼酸铵[$(NH_4)_2MoO_4 \cdot 4H_2O$ 或 $(NH_4)_6MoO_{24} \cdot 4H_2O$，分析纯]，溶于 82mL 60℃去离子水中，冷却后慢慢加入 18mL 6mol · L^{-1} 1/2 H_2SO_4 溶液(酸度为 1.08mol · L^{-1}1/2 H_2SO_4)。

(2) 2g · L^{-1} 2,4-二硝基酚指示剂：称取 0.2g 2,4-二硝基酚溶于 100mL 去离子水中。

(3) 40g · $L^{-1}$$H_2C_2O_4$ 溶液：称取 4g 草酸($H_2C_2O_4$，分析纯)，用去离子水溶解后稀释到 100mL。

(4) 30g · L^{-1}硫酸亚铁铵还原剂：称取 3g 硫酸亚铁铵[$(NH_4)_2SO_4 \cdot FeSO_4 \cdot 6H_2O$]，用 6mol · L^{-1}1/2 H_2SO_4 溶解，再用其稀释到 100mL，过滤后备用(此液不能加热，现用现配)。

(5) 200mg · $L^{-1}$$SiO_2$ 标准溶液：准确称取 0.1000g 经过 105℃烘干二氧化硅(SiO_2，光谱纯)于铂坩埚中，加入 0.8g 无水碳酸钠(Na_2CO_3，分析纯)，拌匀后在表面盖上 0.2g 无水碳酸钠，然后置坩埚于 900℃高温电炉中熔融 20～30min，使内熔物呈均匀的凹形面，取出冷却。将熔块移入盛有 50mL 去离子水的瓷蒸发皿中，加热使其溶解，移入 500mL 容量瓶中，冷却后用去离子水定容，摇匀，立即倒入塑料瓶中贮存，此溶液即为 200mg · $L^{-1}$$SiO_2$ 标准溶液。

11.2.3　操作步骤

(1) 吸取上述 11.1.1.3(3)热碱溶提待测液 5mL 于 100mL 容量瓶中，立即用少量去离子水冲洗容量瓶颈壁，加 2 滴 2,4-二硝基酚指示剂，并用 1mol · L^{-1}

H_2SO_4 调节 pH 至无色，再用稀 NH_4OH 调至浅黄色，加去离子水到刻度摇匀。从中吸取2～5mL(使含 SiO_2 25～300μg)于 50mL 容量瓶中，用少量去离子水冲洗容量瓶颈壁(约 5～10mL)，加 2 滴 2,4-二硝基酚指示剂，并用 0.1mol · L^{-1} H_2SO_4 和稀 NH_4OH 调节 pH 至淡黄色，准确加入 50g · L^{-1} 钼酸铵液 2.5mL 摇匀，放置 5～20min，再准确加 40g · L^{-1} 草酸溶液 5mL，30g · kg^{-1} 硫酸亚铁铵还原剂 5mL，稀释至刻度摇匀，15min 后比色。波长 660nm，比色杯厚 1cm，分光光度计比色。

(2) 标准系列：吸取 200mg · L^{-1} SiO_2 标准母液 25mL 于 100mL 容量瓶中，加 2,4-二硝基酚指示剂 2 滴，用 1mol · L^{-1} H_2SO_4 和稀 NH_4OH 中和至淡黄色(深黄—淡黄)充分摇动，然后加去离子水稀释至刻度，此溶液为 50mg · L^{-1}。吸取 50mg · L^{-1} SiO_2 标准液 0mL、0.5mL、1.0mL、2.0mL、3.0mL、4.0mL、5.0mL、6.0mL 于 50mL 容量瓶中加 2,4-二硝基酚指示剂 2 滴，用 0.1mol · L^{-1} HCl 调节 pH 至淡黄色，定容，此液即为 0mg · L^{-1}、0.5mg · L^{-1}、1.0mg · L^{-1}、2.0mg · L^{-1}、3.0mg · L^{-1}、4.0mg · L^{-1}、5.0mg · L^{-1}、6.0mg · L^{-1} 标准系列 SiO_2。按上述方法进行比色。

11.2.4 结果计算

$$SiO_2(g \cdot kg^{-1}) = \frac{\rho \times V \times ts}{m \times 10^6} \times 1000 \qquad (11\text{-}1)$$

式中，ρ 为在标准曲线上查得待测液中 SiO_2 的浓度(mg · L^{-1})；V 为比色体积(mL)；ts 为分取倍数，样品待测液总体积与比色时吸取体积之比值；m 为样品重(g)；10^6 为将 SiO_2 的单位 mg 换算成 g 和将 mL 换算成 L；1000 为换算成每 1kg 土壤中 SiO_2 的含量。

11.2.5 注意事项

(1) 酸度对显色影响较大，酸度小时颜色深，酸度大时颜色浅。因此加钼酸铵和还原剂等含有酸的试剂时，一定要准确，否则会发生较大误差。

(2) 30g · L^{-1} 硫酸亚铁铵还原剂易氧化，最好现配新鲜的，浑浊的必须经过滤。

(3) 加入钼酸铵后需放置的时间与温度有关，温度在 15℃以下需要放置 15～20min，温度在 20～30℃放置 5～15min，在 30℃以上不能超过 5min。因此，加钼酸铵后，必须适时加入显色剂，时间不能过长，否则会使后来加的 $H_2C_2O_4$ 重新夺取硅钼黄络合物中的 Si，致使显现的蓝色不够完全，甚至显不出蓝色。由此可知，若来不及当天比色时，可将溶液调至微黄色这一步，这样就可以隔天测定。钼蓝稳定时间 4h。

(4) 加入硫酸亚铁铵还原剂时，应在充分摇动下迅速加入，防止操作太慢，可能因局部酸度太低而有部分钼酸铵被还原。

11.3 铁的测定

11.3.1 邻菲罗啉比色法

用三酸消化的待测液[11.1.1.3(2)]，参照 10.3.1 中铁的测定方法。Fe_2O_3 含量用 g·kg^{-1}表示。

11.3.2 原子吸收光谱法

用三酸消化的待测液[11.1.1.3(2)]，参照 10.3.2 中铁的测定方法。Fe_2O_3 含量用 g·kg^{-1}表示。

11.3.3 ICP 发射光谱法

参照 10.2.3 步骤进行测定。

11.4 铝的测定

11.4.1 氟化钾取代-EDTA 滴定法

用三酸消化的待测液[(11.1.1.3(2)]，参照 10.4.1 中铝的测定方法。Al_2O_3 含量用 g·kg^{-1}表示。

11.4.2 二甲酚橙比色法

11.4.2.1 试剂

(1) pH3.8 乙酸钠缓冲液：称取 13.6g 乙酸钠($CH_3COONa \cdot 3H_2O$，分析纯)溶于 700～800mL 去离子水中，用 HCl 调节 pH 至 3.8，稀释定容至 1L，摇匀。

(2) 1.5g·L^{-1}二甲酚橙溶液：称取 0.15g 二甲酚橙(分析纯)，溶于 100mL 去离子水中。

(3) 0.05mol·L^{-1}EDTA 溶液：称取 18.6g EDTA 二钠盐($C_{10}H_{14}O_8N_2Na_2 \cdot 2H_2O$，分析纯)，用无 CO_2 去离子水溶解，定容至 1L。

(4) 1.0g·L^{-1}甲酚红指示剂：称取 0.1g 甲酚红溶于 100mL 乙醇中，变色范围 pH7.0(亮黄)～8.8(紫红)，pH0.2(红)～1.8(深黄)。

(5) 0.5mol·L^{-1}NH_4OH 溶液：量取约 4mL 浓氨水(NH_4OH，分析纯)，用去离子水稀释至 1L。

(6) 10mg·L^{-1}Al 标准溶液：称取 0.8785g $KAl(SO_4)_2 \cdot 2H_2O$ 溶于去离子

水中定容至 500mL，摇匀，即为 100mg · L^{-1} Al。吸取 100mg · L^{-1} Al 10mL 稀释至 100mL 即为 10mg · L^{-1} Al 标准液。

11.4.2.2　操作步骤

(1) 吸取 11.1.1.3(2)三酸消化待测液 2.5mL 于 25mL 容量瓶中，加去离子水稀释至刻度，摇匀。从中吸取 1.0mL 于 50mL 容量瓶中，加去离子水稀释至 5～10mL，加 2 滴甲酚红指示剂，用 NH_4OH(0.5mol · L^{-1})调节 pH 至 2 左右(深黄色)，加 10mL NaOAc 缓冲液(pH3.8)，加 5mL 1.5g · L^{-1}二甲酚橙水溶液，置 40℃水浴中维持 1.5h 后，冷却加 2mL 0.05mol · L^{-1} EDTA 二钠盐溶液稀释定容，摇匀，室温放置 1h 后比色。波长 550nm，比色杯厚 2cm，分光光度计比色。

(2) 标准系列：分别吸取 10mg · L^{-1} Al 标准液：0mL、1mL、2mL、3mL、4mL、5mL 于 50mL 容量瓶中，定容，此液即为 0mg · L^{-1}、0.2mg · L^{-1}、0.4mg · L^{-1}、0.6mg · L^{-1}、0.8mg · L^{-1}、1.0mg · L^{-1} Al 标准系列。按上述方法比色。

11.4.2.3　结果计算

$$Al_2O_3(g \cdot kg^{-1}) = \frac{\rho \times V \times ts \times 1.8895}{m \times 10^6} \times 1000 \tag{11-2}$$

式中，ρ 为在标准曲线上查得待测液中 Al 的浓度(mg · L^{-1})；V 为比色体积(mL)；ts 为分取倍数，样品待测液总体积与比色时吸取体积之比值；m 为样品质量(g)；10^6 为将 mg 换算成 g 和将 mL 换算成 L；1.8895 为将 Al 换算成 Al_2O_3 的常数；1000 为换算成每 1kg 土壤中铝的含量。

11.4.3　ICP 发射光谱法

参照 10.2.3 步骤进行测定。

11.5　锰的测定

11.5.1　高碘酸钾比色法

用三酸消化的待测液[11.1.1.3(2)]，参照 10.5.1 中锰的测定方法。MnO 含量用 g · kg^{-1}表示。

11.5.2　原子吸收光谱法

用三酸消化的待测液[11.1.1.3(2)]，参照 10.5.2 中锰的测定方法。MnO 含量用 g · kg^{-1}表示。

11.5.3 ICP 发射光谱法

参照 10.2.3 步骤进行测定。

11.6 钛的测定

11.6.1 变色酸比色法

用三酸消化的待测液[11.1.1.3(2)],参照 10.6.1 中钛的测定方法。TiO_2 含量用 $g \cdot kg^{-1}$ 表示。

11.6.2 二安替比林甲烷比色法

用三酸消化的待测液[11.1.1.3.(2)],参照 10.6.2 中钛的测定方法。TiO_2 含量用 $g \cdot kg^{-1}$ 表示。

11.6.3 ICP 发射光谱法

参照 10.2.3 步骤进行测定。

11.7 钾、钠的测定

11.7.1 火焰光度法

用三酸消化的待测液[11.1.1.3(2)],参照 10.8.1 中钾、钠的测定方法。K_2O 和 Na_2O 含量用 $g \cdot kg^{-1}$ 表示。

11.7.2 ICP 发射光谱法

参照 10.2.3 步骤进行测定。

11.8 磷的测定

11.8.1 钼锑抗比色法

用三酸消化的待测液[11.1.1.3(2)],参照 10.9.1 中磷的测定方法。P_2O_5 含量用 $g \cdot kg^{-1}$ 表示。

11.8.2 ICP 发射光谱法

参照 10.2.3 步骤进行测定。

11.9 钙、镁的测定

11.9.1 EDTA 滴定法

用三酸消化的待测液(11.1.2.3),参照 10.7.1 中 Ca、Mg 的测定方法。CaO 和 MgO 含量用 $g \cdot kg^{-1}$表示。

11.9.2 原子吸收光谱法

用三酸消化的待测液(11.1.2.3),参照 10.7.2 中 Ca、Mg 的测定方法。CaO 和 MgO 含量用 $g \cdot kg^{-1}$表示。

11.9.3 ICP 发射光谱法

参照 10.2.3 步骤进行测定。

主要参考文献

熊毅，等. 1985. 土壤胶体研究法.(第二册). 北京：科学出版社：281.

中国科学院南京土壤研究所. 1978. 土壤理化分析. 上海：上海科技出版社.

Avcry B W, et al. 1974. Soil Survey Laboratory Methods. Harpenden, Eng: Soil Survey Technical Monograph, No. 6.

Hesse P R. 1971. A Textbook of Soil Chemical Analysis. London:John Murray Lta:347-348.

O. R. S. T. O. M. 1984. Project of Soil Classification. Wageningen, Netherlands: ISRIC, Appendix 2, Principles of Analytical Methods:118.

Pritchard D T. 1976. Spectrophotometric Determination of Alnnunumis Soil Extracts with Xylenolorange. London: Analyst, 92:103-106.

第十二章　土壤氧化物的分析

12.1　游离氧化物的测定

12.1.1　样品待测液的制备

用柠檬酸钠-连二亚硫酸钠提取游离氧化物的过程，包括将高价铁、锰还原为低价铁、锰，以及铁、锰和铝离子与柠檬酸根形成络合物两个作用，从而将待测元素提取到溶液中。

12.1.1.1　主要仪器设备

离心机（转速 3000～5000r/min，4×100mL）、恒温水浴锅等。

12.1.1.2　试剂

(1) 0.3mol·L^{-1} $Na_3C_6H_5O_7$ 溶液：称取柠檬酸钠（$Na_3C_6H_5O_7 \cdot 2H_2O$，分析纯）88.2g，用去离子水溶解、稀释到 1L。

(2) 1mol·L^{-1} $NaHCO_3$ 溶液：称取 84.0g 碳酸氢钠（$NaHCO_3$，分析纯），用去离子水溶解，稀释到 1L。

(3) 饱和 NaCl 溶液：称取约 360g 氯化钠（NaCl，化学纯），用去离子水溶解，稀释到 1L。

(4) 1mol·L^{-1} NaCl 溶液：称取 58.5g 氯化钠（NaCl，化学纯），用去离子水溶解，稀释到 1L。

(5) $Na_2S_2O_4$（保险粉）：连二亚硫酸钠（$Na_2S_2O_4$，化学纯，固体）。

(6) H_2SO_4：硫酸（H_2SO_4，分析纯）。

(7) H_2O_2：过氧化氢（H_2O_2，分析纯）。

12.1.1.3　操作步骤

(1) 样品待测液的提取：称取通过 0.25mm 筛孔的风干土样 1.00g（精确到 0.0001g）于 100mL 离心管中，加 0.3mol·L^{-1} 柠檬酸钠 20mL、1mol·L^{-1} $NaHCO_3$ 2.5mL，在水浴中加热至(80±5)℃，加连二亚硫酸钠 0.5g（估计量），用玻璃棒不断搅动，保持 15min，取出后在冷水中冷却，离心分离（3000～4000r/min）（若离不清时加饱和 NaCl 溶液 1mL，对于含水铝英石的土壤可再加丙酮 5mL）。将清液倾入 100mL 量瓶中，如此重复处理2次。最后用 $1mol \cdot L^{-1}$ NaCl洗涤残渣2次，将离心后的清液倒入同一量瓶中，用去离子水定容，摇匀，作为待测液。另称1份风干样，测定吸湿水含量，以便以后计算各元素时换算成烘干土重。

(2) 样品待测液的预处理：吸取一定量的上述待测液，置于100mL高型烧杯中，加3mL浓 H_2SO_4 和10mL H_2O_2（如颜色太深可适当补加 $HClO_4$），进行加热消化，开始温度不宜过高，不能使溶液沸腾，待体积渐渐浓缩后，再取出冷却，补加数次 H_2O_2 继续消化，直至使内溶物呈无色或黄绿色后，提高消化温度，使 H_2SO_4 冒烟，直到回流为止，取下冷却。用热去离子水溶解内溶物，全部洗入50mL量瓶中定容，摇匀，作为游离Al和Mn的待测液。

12.1.1.4　注意事项

在消化预处理时加浓 H_2SO_4 的作用是赶尽 H_2O_2，又能防止溶液蒸干（以 H_2SO_4 刚出现回流为度），避免Si和Al有可能脱水，形成硅氧铝键合(Si-O-Al)，使结果偏低。如遇溶液蒸干时，可用 $20g \cdot L^{-1}$ Na_2CO_3 热溶液重新溶解。

12.1.2　铁的测定

游离铁的测定方法有邻菲罗啉比色法和原子吸收光谱法，此两种方法测得的结果是一致的，可根据条件选用。

12.1.2.A　邻菲罗啉比色法

以盐酸羟胺为还原剂，先将浸出液中的 Fe^{3+} 还原为 Fe^{2+}，在pH2～9条件下，Fe^{2+} 与邻菲罗啉生成橙红色络合物，借此进行比色，确定游离铁的含量，橙红色溶液可稳定1个月。

12.1.2.1　主要仪器设备

分光光度计等。

12.1.2.2　试剂

(1) $100g \cdot L^{-1}$ $NH_2OH \cdot HCl$ 溶液：配法同10.3.1.2(1)。

(2) $1.0g \cdot L^{-1}$ 邻菲罗啉显色剂：配法同10.3.1.2(2)。

(3) $100g \cdot L^{-1}$ NaOAc溶液：配法同10.3.1.2(3)。

(4) Fe标准溶液：配法同10.3.1.2(4)。再稀释配成 $50mg \cdot L^{-1}$ Fe的标准溶液备用。

12.1.2.3　操作步骤

(1) 吸取12.1.1.3(1)样品待测液1～5mL（使含Fe 50～300μg），置于50mL

量瓶中，加去离子水至 20mL 左右，再加 1mL 100g · L^{-1} NH_2OH · HCl 溶液，摇匀，放置 5min，再加 8mL 100g · L^{-1}NaOAc 溶液，使溶液 pH 达 3～6，再加 10mL 1.0g · L^{-1}邻菲罗啉显色剂，用去离子水定容，摇匀。放置 24h 后在分光光度计上用 530～540nm 波长(1cm 比色皿)比色，读取透光度，并在标准曲线上查得 Fe 的浓度(或用回归统计法求得)。

(2) Fe 标准曲线的绘制：分别吸取 50mg · L^{-1}Fe 标准溶液 0mL、1mL、2mL、3mL、4mL、5mL、6mL 于 50mL 量瓶中，分别相应地加入空白提取液，再按上述待测液相同方法显色，即分别为 0mg · L^{-1}、1mg · L^{-1}、2mg · L^{-1}、3mg · L^{-1}、4mg · L^{-1}、5mg · L^{-1}、6mg · L^{-1} Fe 的标准色阶，进行比色，读取透光度，在半对数坐标纸上绘制 Fe 的标准曲线，或者用回归统计方法求得。

12.1.2.4 结果计算

Fe_2O_3(g · kg^{-1})计算同 10.3.1.4。

12.1.2.5 精密度

平行测定结果允许相对误差≤10%。

12.1.2.6 注意事项

(1) 如因有机质较高而使提取液呈深棕色时，可尽量减少吸取量(加大稀释倍数)，以便尽量减少影响透光度读数。如果颜色特深，也可用消化预处理的待测液进行比色。

(2) 由于提取液存在大量柠檬酸钠络合剂，会减缓 Fe^{2+} 与显色剂的络合速度，可在 Fe 标准系列溶液中加入相同量的空白提取液，并延长显色时间(放置 24h)加以内消。

12.1.2.B 原子吸收光谱法

12.1.2.7 主要仪器设备

原子吸收分光光度计、Fe 空心阴极灯等。

12.1.2.8 试剂

Fe 标准溶液：将 500mg · L^{-1} Fe 标准溶液，用去离子水逐级稀释配成 0mg · L^{-1}、1mg · L^{-1}、3mg · L^{-1}、5mg · L^{-1}、7mg · L^{-1}、9mg · L^{-1}、13mg · L^{-1}、15mg · L^{-1}、25mg · L^{-1}Fe 的标准系列溶液(每个标准溶液中必须含有与待测液相同量的提取液)。

12.1.2.9　操作步骤

同 10.3.2.3。

12.1.2.10　结果计算

Fe_2O_3($g \cdot kg^{-1}$)计算同 10.3.1.4。

12.1.2.11　精密度

同 12.1.2.5。

12.1.2.12　注意事项

(1) 由于样品待测液中含有较多的钠盐。测定时,应尽量增大稀释倍数;同时,测定每个样品后用去离子水多喷洗燃烧器。

(2) 应严格按仪器操作规程进行测定,以免发生意外。

12.1.2.C　ICP 发射光谱法

参照 10.2.3 步骤进行测定。

12.1.3　铝的测定

土壤中的游离铝含量,一般在 2～10g · kg^{-1}(Al_2O_3)范围,某些红壤可高达 20g · kg^{-1}(Al_2O_3)。测定方法通常用氟化钾取代-EDTA 滴定法和铝试剂比色法或二甲酚橙比色法。比色法的测定范围较窄(0～2mg · L^{-1} Al_2O_3),而滴定法较宽(0.38～3.8mg Al_2O_3)。也可用 ICP 发射光谱法测定。

12.1.3.A　氟化钾取代-EDTA 滴定法

12.1.3.1　试剂

(1) 1.0g · L^{-1}对硝基酚指示剂:配法同 10.4.1.1(6)。

(2) 2.0g · L^{-1}二甲酚橙指示剂:配法同 10.4.1.1(1)。

(3) pH6 NH_4OAc-HOAc 缓冲溶液:配法同 10.4.1.1(2)。

(4) Al_2O_3 标准溶液:准确称取经 700℃灼烧过的 0.2500g 三氧化二铝(Al_2O_3,分析纯),放入加有 3g 无水 Na_2CO_3(分析纯)的铂坩埚中,搅拌均匀,置于高温电炉中经 1000℃熔融 1h,取出冷却,小心旋转轻捏坩埚,使熔块分离,将熔块移入烧杯中,用稀 HCl 洗尽坩埚,再加 20mL 浓 HCl,完全溶解后全部移入 1L 量瓶中,用去离子水定容,摇匀,即为每升中含 250mg Al_2O_3(即 250mg · L^{-1} Al_2O_3)

的标准溶液。也可用金属铝箔配制[见 10.4.1.1(3)]。

(5) 0.015mol · L^{-1} EDTA 标准溶液：准确称取 EDTA 二钠盐($C_{10}H_{14}O_8N_2Na_2$ · $2H_2O$,分析纯)5.580g,用无 CO_2 去离子水溶解定容到 1L,摇匀。必要时可用 Ca 标准溶液标定。

(6) 浓 $Zn(OAc)_2$ 溶液：称取 6.6g 乙酸锌[$Zn(CH_3COO)_2$ · $2H_2O$,分析纯],加1～2滴冰醋酸,溶于 1L 去离子水中。

(7) 0.05mol · L^{-1} EDTA 溶液：同 11.4.2.1(3)。

(8) 0.0075mol · L^{-1} $Zn(OAc)_2$ 标准溶液：称取 1.65g 乙酸锌[$Zn(CH_3COO)_2$ · $2H_2O$,分析纯],加 1～2 滴冰醋酸,用去离子水溶解定容到 1L,摇匀,用下述方法标定其浓度：

① 吸取 0.015mol · L^{-1} EDTA 标准溶液 5mL 于三角瓶中,加 2 滴对硝基酚指示剂,用 1 ∶ 1NH_4OH 调到黄色,再用 1 ∶ 1HCl 调到刚无色,加 pH6 的 NH_4OAc 缓冲溶液 12mL,再加 2g · L^{-1} 二甲酚橙指示剂 6 滴,然后用待标定的 $Zn(OAc)_2$溶液滴到微红色,计算其浓度(用 mol · L^{-1}表示)。

② 吸取 250mg · L^{-1} Al_2O_3 标准溶液 10mL 于三角瓶中,用与待测液同样的操作方法进行标定。计算出每 mL$Zn(OAc)_2$ 标准溶液相当于 Al_2O_3 的质量(用滴定度 T 表示,约为 0.38mg · mL^{-1} Al_2O_3)。

(9) 200g · L^{-1} KF 溶液：称取 200g 氟化钾(KF,分析纯),溶于 1L 去离子水中。

12.1.3.2 操作步骤

(1) 吸取经 12.1.1.3(2)消化预处理的待测液 20mL(使含 $Al_2O_3$0.38～3.8mg)于 200mL 三角瓶中,加入 5mL 0.05mol · L^{-1} EDTA 溶液,加去离子水至 80mL 左右,加热至 80～90℃,再加对硝基酚指示剂 2 滴,用 1 ∶ 1 NH_4OH 调到黄色,再用 1 ∶ 1 HCl 调到刚无色,加 pH6 NH_4OAc 缓冲溶液 12mL,放入沸水浴上煮沸 5min,取出在冷水中冷却,再加 2g · L^{-1} 二甲酚橙指示剂 6 滴,用浓 $Zn(OAc)_2$ 溶液滴定至近终点,再用 0.0075mol · L^{-1} $Zn(OAc)_2$ 标准溶液滴定,由黄色滴到刚变橘红色(此滴定不记用量)。

(2) 加 KF 溶液 10mL,再在沸水浴上加热 3min,取出在冷水中冷却,补加二甲酚橙指示剂 2 滴,再用 0.0075mol · L^{-1} $Zn(OAc)_2$ 标准溶液滴定,使溶液由黄色到刚变橘红色,记下消耗 $Zn(OAc)_2$ 标准溶液的体积(V)。

12.1.3.3 结果计算

$$Al_2O_3(g \cdot kg^{-1}) = \frac{C \times V \times ts \times 0.051}{m} \times 1000 \tag{12-1}$$

式中，C 为 $Zn(OAc)_2$ 标准溶液的摩尔浓度($mol \cdot L^{-1}$)；V 为消耗 $Zn(OAc)_2$ 标准溶液的体积(mL)；ts 为分取倍数，样品待测液总体积与测定时吸取体积之比值；0.051 为每 mmol EDTA 络合 Al_2O_3 的质量(g)；m 为样品质量(g)；1000 为换算成每 1kg 土壤中铝的含量。

或

$$Al_2O_3(g \cdot kg^{-1}) = \frac{T \times V \times ts}{m \times 10^3} \times 1000 \quad (12\text{-}2)$$

式中，T 为滴定度，即每 mL $Zn(OAc)_2$ 标准溶液相当 Al_2O_3(mg)；V 为滴定 $Zn(OAc)_2$ 标准溶液体积(mL)；ts 为分取倍数；m 为样品重(g)；10^3 为将 Al_2O_3 mg 换算成 g；1000 为换算成每 1kg 土壤铝的含量。

12.1.3.4 精密度

平行测定结果允许相对误差≤10%。

12.1.3.5 注意事项

(1) 用 Al_2O_3 标准溶液标定 $Zn(OAc)_2$ 的作用，在于校正系统测定误差。

(2) 二甲酚橙指示剂应现用现配(冰箱中保存可用 1 个月左右)，以便滴定终点清晰。

(3) 加 EDTA 络合要充分过量，才能使 Fe、Al、Ti 等元素络合完全，以免影响结果的准确性。

(4) 由于待测液只有痕量 Ti，故计算 Al_2O_3 时可略而不计。

(5) 由于滴定溶液中盐类较多，在电炉上直接煮沸时容易喷溅，故必须在水浴上进行。

12.1.3.B 铝试剂比色法

提取液中的 Al 与铝试剂(玫红三羟酸铵)在微酸性溶液中能形成深红色素，在 pH3.7～4.0 时，红色络合物最为稳定(4h 内不变)。在分光光度计上比色测定游离铝的含量。

12.1.3.6 主要仪器设备

分光光度计等。

12.1.3.7 试剂

(1) 铝试剂显色剂：量取 120mL 冰醋酸(CH_3COOH，分析纯)，用去离子水稀释至 800mL 左右，加入 24g 氢氧化钠(NaOH，分析纯)，溶解后再溶入 0.350g 铝试剂(分析纯),全部移入 1L 量瓶中,用去离子水定容,摇匀(此液 pH 为 4.0)。

(2) 1.0g · L^{-1}对硝基酚指示剂:称取 0.1g 对硝基酚溶于 100mL 去离子水中。

(3) Al_2O_3 标准溶液:先参照 12.1.3.1(4)配成 250mg · L^{-1} Al_2O_3 标准溶液,再用去离子水稀释配成 25mg · L^{-1} Al_2O_3 标准溶液。

(4) 10g · L^{-1}抗坏血酸溶液:称取 1g 抗坏血酸(维生素 C),溶于 100mL 去离子水中(现用现配,配时不能加热)。

(5) 1 ∶ 4 NH_4OH 溶液:量取 20mL 浓氨水(化学纯)与 80mL 去离子水混合。

(6) 0.1mol · L^{-1} $1/2H_2SO_4$ 溶液:量取 3mL 1 ∶ 9 H_2SO_4 用去离子水稀释 100mL。

12.1.3.8 操作步骤

(1) 吸取经 12.1.1.3(2)消化预处理的待测液 5～10mL(使含 Al_2O_3 12.5～100μg),置于 50mL 量瓶中,加 2 滴对硝基酚指示剂,滴加 1 ∶ 4 NH_4OH 溶液中和至微黄色,再用稀 H_2SO_4 溶液调至无色(pH 为 5.6),再加入 0.5mL 抗坏血酸溶液,放在 105℃烘箱中保温 30min,取出后再用去离子水稀释至 35mL 左右,准确加入 10mL 铝试剂进行显色,用去离子水定容,摇匀,放置 2h 后在分光光度计上用 530nm 波长(用 1cm 比色皿)比色,读取透光度,并在标准曲线上查得 Al_2O_3 浓度(或用回归统计法求得)。同时用预处理后的空白溶液做空白试验。

(2) Al_2O_3 标准曲线的绘制:分别吸取 25mg · L^{-1} Al_2O_3 标准溶液 0mL、0.5mL、1.0mL、2.0mL、3.0mL、4.0mL 于 50mL 量瓶中,然后用与待测液相同的方法显色,即为 0mg · L^{-1}、0.25mg · L^{-1}、0.5mg · L^{-1}、10mg · L^{-1}、1.5mg · L^{-1}、2.0mg · L^{-1} Al_2O_3 标准色阶。将其与待测液相同条件比色,读取透光度,在半对数坐标纸上绘制成 Al_2O_3 标准曲线。

12.1.3.9 结果计算

$$Al_2O_3(g \cdot kg^{-1}) = \frac{\rho \times V \times ts}{m \times 10^6} \times 1000 \qquad (12\text{-}3)$$

式中,ρ 为待测液中 Al_2O_3 的浓度(mg · L^{-1});V 为比色时体积(mL);ts 为分取倍数,样品待测液总体积与比色时吸取体积之比值;m 为样品重(g);10^6 为将 Al_2O_3 的单位 mg 换算成 g 和将 mL 换算成 L;1000 为换算成每 1kg 土壤中铝的含量。

12.1.3.10 精密度

同 12.1.3.4。

12.1.3.11 注意事项

(1) 由于样品待测液中存在柠檬酸钠络合剂,会干扰 Al^{3+} 与铝试剂形成红色络合物(起封闭作用)，有机物的颜色也会影响比色读数，故必须用 H_2SO_4 和 H_2O_2 消化预处理。

(2) 铝试剂本身具有红颜色，因此加铝试剂时必须用吸管准确加入，以免产生测定误差。

12.1.3.C　二甲酚橙比色法

在酸性、微热条件下，使待测液中 Al^{3+} 与二甲酚橙形成橙红色络合物，并用 EDTA 消除 Fe 离子干扰，在限定时间内进行比色测定铝离子浓度，最大测定范围为 2mg · L^{-1} Al_2O_3。

12.1.3.12　主要仪器设备

分光光度计、恒温水浴锅等。

12.1.3.13　试剂

(1) 25g · L^{-1} Al_2O_3 标准溶液：首先参照 12.1.3.1(4)配制 250mg · L^{-1} Al_2O_3 标准溶液，再用去离子水稀释配成 25g · L^{-1} Al_2O_3 标准溶液。

(2)其余试剂同 11.4.2.1(1)～(5)。

12.1.3.14　操作步骤

(1) 吸取经 12.1.1.3(2)消化预处理的待测液 5～10mL(使含 Al_2O_3 20～100μg)，置于 50mL 量瓶中，加 2 滴甲酚红指示剂，用 1∶2 NH_4OH 溶液调节 pH2 左右(由紫红色转变为淡黄色直至深黄色)，加 10mL NaOAc 缓冲溶液和 5mL 二甲酚橙显色剂，摇匀后将量瓶置于 40℃水浴中保温 1.5h，取出冷却，加 2mL 0.05mol · L^{-1}EDTA 溶液，用去离子水定容，摇匀。放置 1h 后在分光光度计上用 550nm 波长(2cm 比色皿)进行比色，读取透光度，在标准曲线上查得 Al_2O_3 浓度(或用回归统计法求得)。

(2) Al_2O_3 标准曲线的绘制分别吸取 25mg · L^{-1} Al_2O_3 标准溶液 0mL、1mL、2mL、3mL、4mL 于 50mL 量瓶中，加入相同量的经预处理的空白液，并用相同的方法显色，即制得 0mg · L^{-1}、0.5mg · L^{-1}、1.0mg · L^{-1}、1.5mg · L^{-1}、2.0mg · L^{-1} Al_2O_3 的标准色阶，分别比色后读取透光度，在半对数坐标纸上绘制 Al_2O_3 标准曲线。

12.1.3.15　结果计算

Al_2O_3(g · kg^{-1})计算同 12.1.3.9。

12.1.3.16 注意事项

(1) 用柠檬酸钠-连二亚硫酸钠-重碳酸钠作提取液的土壤提取液，需经消化预处理，破坏分解还原剂和有机物后进行比色。

(2) 显色条件(包括显色酸度、温度和时间)要按规定控制一致，以免产生测定误差。

12.1.3.D ICP 发射光谱法

参照 10.2.3 步骤进行测定。

12.1.4 锰的测定

通常采用高碘酸钾比色法和原子吸收光谱法测定，也可以用 ICP 发射光谱法，可根据条件选用。

12.1.4.A 高碘酸钾比色法

在酸性介质中，用高碘酸钾强氧化剂，将待测液中的 Mn^{2+} 氧化成 Mn^{7+}，使呈玫瑰红色(MnO_4^-)，在一定浓度范围内，其含量与颜色深浅成正比，比色测定游离锰的含量。此玫瑰红色可稳定 10 天不变。

12.1.4.1 主要仪器设备

分光光度计等。

12.1.4.2 试剂

同 10.5.1.2。

12.1.4.3 操作步骤

吸取经 12.1.1.3(2)消化预处理的样品待测液 10～20mL(使含 Mn25～225μg)，置于 25mL 量瓶中，以下操作步骤同 10.5.1.3。

12.1.4.4 结果计算

MnO($g \cdot kg^{-1}$)计算同 10.5.1.4。

12.1.4.5 精密度

平行测定结果允许相对误差≤10%。

12.1.4.6　注意事项

(1) 由于待测液含有还原剂和有机物颜色,故必须取经 H_2SO_4 和 H_2O_2 进行预处理后的待测液进行比色。

(2) 显色时的酸度应控制在 2～3mol · L^{-1} 1/2H_2SO_4,显色时体积要适宜(应在 20mL 左右),酸度过大或过小都会引起颜色消退。

(3) 加 H_3PO_4 的作用是将 Fe^{3+} 离子络合成无色络合物,以掩蔽铁的干扰。

(4) 碳酸钙过多的土样提取液,在加 H_2SO_4 后会发生浑浊影响比色,应过滤后比色。

12.1.4.B　原子吸收光谱法

12.1.4.7　主要仪器设备

原子吸收分光光度计、Mn 空心阴极灯等。

12.1.4.8　试剂

Mn 标准溶液:先参照 10.5.1.2(1)配制 25mg · L^{-1} 的 Mn 标准溶液,再用去离子水逐级配成 0mg · L^{-1}、0.5mg · L^{-1}、1.0mg · L^{-1}、2.0mg · L^{-1}、3.0mg · L^{-1} Mn 标准系列溶液(内含相同量的空白液)。

12.1.4.9　操作步骤

直接将 12.1.1.3(1)样品待测液(使含 Mn100～1000μg),在原子吸收光谱仪上测定 Mn。根据 Mn 的测定条件,按照原子吸收光谱仪的使用方法进行测定,读取 Mn 的吸收值,同时测定 Mn 标准系列溶液。

12.1.4.10　结果计算

$$\mathrm{MnO}(\mathrm{g}\cdot\mathrm{kg}^{-1})=\frac{\rho\times 100\times 1.29}{m\times 10^{6}}\times 1000 \tag{12-4}$$

式中,ρ 为待测液中 Mn 的浓度(mg · L^{-1});100 为样品待测液的体积(mL);1.29 为将 Mn 换算成 MnO 的系数;m 为样品重(g);10^6 为将 Mn 的单位 mg 换算成 g 和将 mL 换算成 L;1000 为换算成每 1kg 土壤中锰的含量。

12.1.4.11　注意事项

(1) 由于样品待测液中含有大量的钠盐,每测定一个样品时,应尽量用去离子水多喷洗燃烧器。

(2) 应严格遵守仪器操作规程进行测定,以免发生意外。

12.1.4.C ICP 发射光谱法

参照 10.2.3 步骤进行测定。

12.2 非晶质氧化物的测定

由于酸性 $H_2C_2O_4$-$(NH_4)_2C_2O_4$ 溶液具有 pH 缓冲性能极强的特点,对于酸性和中性土壤浸出液的酸度可稳定在 pH3.2 左右,即使是碱土浸出液(土壤 pH 达 10),经测定证实,pH 仍能稳定在 3.3~3.4。因此,一般用于浸提活性较大的 Fe、Al、Mn、Si 等氧化物。

12.2.1 样品待测液的制备

用 $H_2C_2O_4$-$(NH_4)_2C_2O_4$ 溶液,一次性振荡提取土壤,使 Fe、Al、Mn 和 Si 等无定形水合氧化物提取到溶液中,然后用同一待测液分别测定。

12.2.1.1 主要仪器设备

振荡机等。

12.2.1.2 试剂

(1) 酸性 $H_2C_2O_4$-$(NH_4)_2C_2O_4$ 提取剂:称取 31.52g 草酸($H_2C_2O_4 \cdot 2H_2O$,分析纯)和 62.1g 草酸铵[$(NH_4)_2C_2O_4 \cdot H_2O$,分析纯],加去离子水后加热溶解,用去离子水定容到 2.5L,摇匀(pH 应为 3.2,必要时可在 pH 计上用稀 $H_2C_2O_4$ 和 NH_4OH 调节)。

(2) H_2SO_4:硫酸(H_2SO_4,分析纯)。

(3) H_2O_2:过氧化氢(H_2O_2,分析纯)。

12.2.1.3 操作步骤

(1) 样品待测液的提取:称取通过 0.25mm 筛孔的风干土样 2.00g(精确到 0.01g),置于 200mL 三角瓶中,在 20~25℃时,按 1∶50 土液比加入 100mL $H_2C_2O_4$-$(NH_4)_2C_2O_4$ 提取液,加塞,将三角瓶放入黑色布袋中,在振荡机上遮光振荡 2h,用干的定性滤纸过滤,作为活性 Fe 和 Si 的待测液。另称一份风干土样,测定吸湿水含量,以便换算成烘干土重。

(2) 样品待测液的预处理:吸取提取液 20~50mL,置于 100mL 高型烧杯中,低温蒸至近干,取下冷却,加入 3mL 浓 H_2SO_4 和 10mL H_2O_2,继续加热消化,开始温度不宜过高,不能使溶液沸腾,使 $C_2O_4^{2-}$ 充分氧化,有机物同时被氧化成无色或黄绿色状,中间可适当补加适量 H_2O_2,便于氧化彻底,最后适当提高消化温度,使 H_2SO_4 冒烟,直到回流为止,最后用 1∶9H_2SO_4 加热溶解,将内溶物全部移入 50mL 量瓶中定容,摇匀。作为活性 Al、Mn 的待测液。

12.2.1.4　注意事项

(1) 由于光化学作用的影响,会增加弱晶质氧化物的溶解度使结果偏高。因此,必须在遮光条件下振荡提取。

(2) 由于样品待测液中的草酸盐极易发生沉淀,会引起待测元素浓度的改变,因此,必须在 2 天内测定完毕。

12.2.2　铁的测定

土壤中的活性铁一般在 1～5g · kg^{-1}(Fe_2O_3),某些土壤的铁锰沉积层可高达 10g · kg^{-1}(Fe_2O_3)左右。通常采用邻菲罗啉比色法、原子吸收光谱法和 ICP 发射光谱测定,三者所得结果是一致的,可根据条件选用。

12.2.2.A　邻菲罗啉比色法

12.2.2.1　主要仪器设备

分光光度计等。

12.2.2.2　试剂

(1) 100g · L^{-1} NH_2OH · HCl 溶液:配法同 10.3.1.2(1)。

(2) 100g · L^{-1} NaOAc 溶液:配法同 10.3.1.2(3)。

(3) 1.0g · L^{-1}邻菲罗啉指示剂:配法同 10.3.1.2(2)。

(4) Fe 标准溶液:配法同 12.1.2.2(4)。

12.2.2.3　操作步骤

(1) 吸取 12.2.1.3(1)样品待测液 2～5mL(使含 Fe 50～300μg)置于 50mL 量瓶中,以下操作同 12.1.2.3(1)进行显色和比色,读取透光度,在标准曲线上查得 Fe 的浓度(或用回归统计法求得)。

(2) Fe 标准曲线的绘制同 12.1.2.3(2)。

12.2.2.4　结果计算

Fe_2O_3(g · kg^{-1})计算同 10.3.1.4。

12.2.2.5 精密度

平行测定结果允许相对误差≤10%。

12.2.2.6 注意事项

(1) 如遇到颜色较深的样品待测液时，可在测定范围内尽量减少吸取量，以增大稀释倍数来减少颜色干扰。

(2) 由于 $H_2C_2O_4$-$(NH_4)_2C_2O_4$ 提取液的酸度(pH 为 3.2)正在邻菲罗啉显色酸度(pH2～9)范围内，故显色时也可以省去加 NaOAc 溶液这一步，也可改加 NaOAc 5mL 已足够。

(3) 待测液中的 $C_2O_4^{2-}$，在邻菲罗啉比色条件下对测定结果无影响，但会减缓 Fe^{2+} 与显色剂的络合速度，可将显色后的有色溶液放置 24h，再进行比色，使显色完全。

12.2.2.B 原子吸收光谱法

12.2.2.7 主要仪器设备

原子吸收分光光度计、Fe 空心阴极灯等。

12.2.2.8 试剂

Fe 标准溶液同 12.1.2.8。

12.2.2.9 操作步骤

吸取 12.2.1.3(1)样品待测液 5～10mL(使含 Fe 50～125μg)，置于 50mL 量瓶中，用去离子水定容，摇匀。同时用 $500mg \cdot L^{-1}$ Fe 标准溶液稀释配成 0～$25mg \cdot L^{-1}$ Fe 标准系列溶液(内含相同量的提取液，使其同待测液条件一致)。测定方法同 10.3.2.3。

12.2.2.10 结果计算

$Fe_2O_3(g \cdot kg^{-1})$计算同 10.3.1.4。

12.2.2.11 注意事项

(1) 由于待测液中含有较高浓度的草酸盐，应在测定范围内尽量增大稀释倍数，以降低盐类的相对浓度。同时每测定一个样品时，用去离子水充分喷洗燃烧器。

(2) 整个测定过程,必须严格按照仪器操作要求进行。

12.2.2.C ICP 发射光谱法

参照 10.2.3 步骤进行测定。

12.2.3 铝的测定

12.2.3.A 氟化钾取代-EDTA 滴定法

12.2.3.1 试剂

同 12.1.3.1。

12.2.3.2 操作步骤

吸取 12.2.1.3(2)经消化预处理的待测液 20～25mL(使含 Al_2O_3 0.38～3.8mg),置于 200mL 三角瓶中,以下操作按 12.1.3.2 进行,直到记下 $Zn(OAc)_2$ 标准溶液的第二次用量体积(V)。

12.2.3.3 结果计算

$Al_2O_3(g \cdot kg^{-1})$计算同 12.1.3.3。

12.2.3.4 精密度

平行测定结果允许相对误差≤10%。

12.2.3.5 注意事项

参照 12.1.3.5 中有关事项。

12.2.3.B 铝试剂比色法

12.2.3.6 主要仪器设备

分光光度计等。

12.2.3.7 试剂

同 12.1.3.7。

12.2.3.8 操作步骤

(1) 吸取 12.2.1.3(2)经消化预处理的样品待测液 5～10mL(使含 Al_2O_3 1.25～

100μg),置于 50mL 量瓶中,以下操作同 12.1.3.8(1),进行显色和比色,读取透光度,据此透光度在 Al_2O_3 标准曲线上查得 Al_2O_3 浓度(或用回归统计法求得)。

(2) Al_2O_3 标准曲线的绘制:具体测定参照 12.1.3.8(2),读取透光度,在半对数坐标纸上绘制 Al_2O_3 标准曲线。

12.2.3.9　结果计算

Al_2O_3($g \cdot kg^{-1}$)计算同 12.1.3.9。

12.2.3.10　精密度

同 12.2.3.4。

12.2.3.11　注意事项

(1) 由于提取液中的 $C_2O_4^{2-}$ 会阻止 Al^{3+} 离子与铝试剂形成红色络合物(起封闭作用),有机物的颜色也会影响比色测定,故必须用 H_2SO_4 和 H_2O_2 消化预处理的待测液。

(2) 由于铝试剂显色剂具有颜色,因此,必须用吸管准确加入,以免产生测定误差。

(3) 用铝试剂比色法测定铝的要求比较严格,应掌握好酸度和显色时间。标准溶液显色应与待测液保持一致,以便内消测定误差。

12.2.3.C　二甲酚橙比色法

12.2.3.12　主要仪器设备

分光光度计、恒温水浴锅等。

12.2.3.13　试剂

同 12.1.3.13。

12.2.3.14　操作步骤

(1) 吸取经 12.2.1.3(2)消化预处理的待测液 5～10mL(使含 Al_2O_3 20～100μg),置于 50mL 量瓶中,以下操作参照(12.1.3.14)进行显色、比色,读取透光度。并在标准曲线上查得待测液的浓度(或用回归统计法求得)。

(2) Al_2O_3 标准曲线线的绘制:具体测定参照 12.1.3.14(2)显色、比色、读取透光度,在半对数纸上绘制 Al_2O_3 标准曲线。

12.2.3.15 结果计算

Al_2O_3($g \cdot kg^{-1}$)计算同 12.1.3.15。

12.2.3.16 注意事项

(1) 由于样品待测液中的 $C_2O_4^{2-}$ 和有机物颜色,会影响比色测定,故必须用 H_2SO_4 和 H_2O_2 进行消化预处理,破坏分解还原剂和有机物。

(2) 显色条件(包括比色液酸度、温度及时间)要按规定控制一致,以免影响测定结果。

12.2.3.D ICP 发射光谱法

参照 10.2.3 步骤进行测定。

12.2.4 锰的测定

通常采用高碘酸钾比色法,原子吸收光谱法和 ICP 发射光谱法的测定,可根据条件选用。

12.2.4.A 高碘酸钾比色法

12.2.4.1 主要仪器设备

分光光度计等。

12.2.4.2 试剂

同 10.5.1.2。

12.2.4.3 操作步骤

吸取经 12.2.1.3(2)消化预处理的待测液 10～20mL(使含 Mn 25～225μg),于 25mL 量瓶内,以下操作步骤同 10.5.1.3。

12.2.4.4 结果计算

MnO($g \cdot kg^{-1}$)计算同 10.5.1.4。

12.2.4.5 精密度

平行测定结果允许相对误差≤10%。

12.2.4.6 注意事项

参照12.1.4.6。

12.2.4.B 原子吸收光谱法

12.2.4.7 主要仪器设备

原子吸收分光光度计、Mn空心阴极灯等。

12.2.4.8 试剂

Mn标准溶液:参照12.1.4.8。

12.2.4.9 操作步骤

用12.2.1.3(1)样品待测液(使含Mn 100～1000μg),在原子吸收光谱仪上测定Mn。根据Mn的测定条件,按照原子吸收光谱仪的使用方法进行测定,读取Mn的吸收值。根据Mn的标准系列浓度及其吸收值,在方格坐标纸上绘制Mn的标准曲线。再以待测液的吸收值,在标准曲线查得Mn的浓度(或用回归统计法求得)。

12.2.4.10 结果计算

MnO($g \cdot kg^{-1}$)计算同10.5.1.4。

12.2.4.C ICP发射光谱法

参照10.2.3步骤进行测定。

12.2.5 硅的测定(硫酸亚铁铵比色法)

通常采用硫酸亚铁铵比色法测定。在适宜酸度的条件下,提取液中的Si与钼酸铵生成可溶性的黄色硅钼杂多酸络合物,被硫酸亚铁铵还原为硅钼蓝色,在一定范围内比色测定活性硅的含量。

12.2.5.1 主要仪器设备

分光光度计等。

12.2.5.2 试剂

(1) 50$g \cdot L^{-1}$钼酸铵溶液:配法同11.2.2(1)。

(2) $2g \cdot L^{-1}$2,4-二硝基酚指示剂：配法同 11.2.2(2)。

(3) $40g \cdot L^{-1} H_2C_2O_4$ 溶液：配法同 11.2.2(3)。

(4) $30g \cdot L^{-1} (NH_4)_2SO_4 \cdot FeSO_4$ 还原剂：配法同 11.2.2(4)。

(5) $200mg \cdot L^{-1} SiO_2$ 标准溶液：配法同 11.2.2(5)。再用去离子水稀释 4 倍得 $50mg \cdot L^{-1} SiO_2$ 标准溶液(标准溶液均需贮于塑料瓶中)。

(6) $50g \cdot L^{-1} KMnO_4$ 溶液：5g 高锰酸钾($KMnO_4$，分析纯)，加热溶于 100mL 去离子水中。

(7) $10g \cdot L^{-1} H_2C_2O_4$ 溶液：1g 草酸($H_2C_2O_4$，分析纯)溶于 100mL 去离子水中。

(8) $6mol \cdot L^{-1}$ $1/2H_2SO_4$ 溶液：量取 100mL 浓硫酸(H_2SO_4，分析纯)，慢慢倒入 400mL 去离子水中，冷却后在量筒中加去离子水定容到 600mL，摇匀。

(9) $100g \cdot L^{-1} Na_2CO_3$ 溶液：10g 无水碳酸钠(Na_2CO_3，分析纯)，溶于 100mL 去离子水中。

12.2.5.3　操作步骤

(1) 吸取 12.2.1.3(1)待测液 2～5mL(使含 SiO_2 25～300μg)，置于 50mL 量瓶中，加 $6mol \cdot L^{-1}1/2\ H_2SO_4$ 1.0mL 在水浴加热条件下，滴加 $KMnO_4$ 溶液，直至出现棕色沉淀，再滴加 $H_2C_2O_4$ 溶液，使沉淀刚消失，再滴加稀 $KMnO_4$ 溶液，使溶液呈微红色(3s 不褪)。加 2 滴 2,4-二硝基酚指示剂，用 Na_2CO_3 溶液调至微黄色，准确加入 $50g \cdot L^{-1}$ 钼酸铵溶液 2.5mL，摇匀，放置 5～20min，再补加 $6mol \cdot L^{-1}1/2\ H_2SO_4$ 2mL，然后加 $40g \cdot L^{-1} H_2C_2O_4$ 溶液 5mL，摇匀，再立即准确加入 $30g \cdot L^{-1}$ 硫酸亚铁铵显色剂 5mL，用去离子水定容，摇匀。15min 后在分光光度计上用 660nm 波长(2cm 比色皿)比色，读取透光度，再在标准曲线上查得 SiO_2 的浓度(或用回归统计法求得)。

(2) SiO_2 标准曲线的绘制：分别吸取 $50mg \cdot L^{-1}$ SiO_2 标准溶液 0mL、0.5mL、1.0mL、2.0mL、3.0mL、4.0mL、5.0mL、6.0mL 于 50mL 量瓶中，再按上述与待测液相同的操作方法显色，即制得 0～$6mg \cdot L^{-1}$ SiO_2 标准系列色阶，相同条件比色，分别读取透光度。在半对数纸上绘制 SiO_2 标准曲线。

12.2.5.4　结果计算

$SiO_2(g \cdot kg^{-1})$计算同 11.2.4。

12.2.5.5　精密度

平行测定结果允许相对误差≤10%。

12.2.5.6 注意事项

(1) 提取液中存在的 $C_2O_4^{2-}$ 会阻止 Si 与钼酸铵形成硅钼黄络合物，致使显不出蓝色，因此，必须在酸性条件下用 $KMnO_4$ 氧化破坏 $C_2O_4^{2-}$ 后测定。

(2) 温度对硅钼黄络合物的稳定性影响极大，放置时间同 11.2.5(3)。

(3) 在加钼酸铵与加显色剂前加入 $H_2C_2O_4$ 的作用是掩蔽 PO_4^{3-}。当 Si 与钼酸铵形成稳定的络合物后，在适当时间内加入 $H_2C_2O_4$ 就不会妨碍显色。

(4) 本方法补加 H_2SO_4 的作用是将显色酸度提高到 0.89mol · L^{-1} 1/2 H_2SO_4，更好地避免磷的干扰。

(5) 因显色酸度的要求很严格，故必须准确加入钼酸铵和显色剂。

(6) 由于硅钼蓝色的稳定性较差，一般要求在 4h 内比色完毕，以免蓝色减褪。

(7) 本法对器皿的清洁度要求很高，否则会增大空白值。因此，可预先将量瓶用 1∶1 NH_4OH 浸泡和洗涤；选择空白值小的试剂和去离子水；全部试剂必须用塑料瓶保存。

12.3 络合态氧化物的测定

12.3.1 样品待测液的制备

在强碱性介质中焦磷酸钠与土壤作用时，腐殖物质及其铁、铝等衍生物与焦磷酸钠发生不可逆交换，腐殖酸与铁、铝等均以焦磷酸钠盐形态进入溶液。

12.3.1.1 主要仪器设备

电动离心机(转速 3000～5000r/min，4×100mL)等。

12.3.1.2 试剂

0.1mol · L^{-1} $Na_4P_2O_7$ 提取液：称取焦磷酸钠($Na_4P_2O_7$ · $10H_2O$，分析纯) 44.6g，用去离子水加热溶解后稀释到 1L，此溶液 pH 为 10(必要时用 NaOH 和 H_2SO_4 调节，2 天内有效)。

12.3.1.3 操作步骤

(1) 称取通过 0.25mm 筛孔的风干土样 5.00g(精确到 0.01g)，置于 200mL 三角瓶中，加 100mL $Na_4P_2O_7$ 提取液在 20～25℃室温时，摇动数次，使土液充分混合，放置 14～16h，在离心机上离心(转速 4000r/min)，分离出清液，如清液内有漂浮物，可重新过滤。作为 Fe、Al 和 C 待测液。

(2) 样品预处理：吸取一定量上述提取液，置于高型烧杯中，加 3mL 浓 H_2SO_4 和 10mL H_2O_2，如颜色较深可适当补加数滴 $HClO_4$，进行加热消化。开始温度不宜过高，待体积浓缩后，冷却，补加 H_2O_2 继续消化，直至内溶物呈无色或微黄色后，提高温度消化，使 H_2SO_4 冒烟，直到回流为止。取下冷却，用热去离子水溶解内溶物，全部洗入 50mL 容量瓶中，作为 Fe、Al 待测液。

12.3.1.4 注意事项

(1) 也可改用 20～25℃时振荡 2h 的方法提取。

(2) 由于焦磷酸钠盐易分解生成沉淀，引起待测元素浓度的改变，因此，必须在 2 天内吸取待测液进行测定，以免产生测定误差。

12.3.2 铁的测定

12.3.2.A 邻菲罗啉比色法

12.3.2.1 主要仪器设备

分光光度计等。

12.3.2.2 试剂

(1) 100g · L^{-1}盐酸羟胺溶液：配法同 10.3.1.2(1)。

(2) 1.0g · L^{-1}邻菲罗啉显色剂：配法同 10.3.1.2(2)。

(3) 100g · L^{-1}NaOAc 溶液：配法同 10.3.1.2(3)。

(4) Fe 标准溶液：配法同 10.3.1.2(4)。再稀释配成 50mg · L^{-1}Fe 的标准溶液备用。

(5) 50g · $L^{-1}$$KMnO_4$ 溶液：5g 高锰酸钾($KMnO_4$，分析纯)加热溶于 100mL 去离子水中。

12.3.2.3 操作步骤

(1) 吸取 12.3.1.3(2)待测液 2～5mL(使含 Fe 50～250μg)，置于 50mL 量瓶中，加 5 滴 1∶1 H_2SO_4 溶液，再滴加 50g · $L^{-1}$$KMnO_4$ 溶液，直至溶液保持紫红色不退为止，放置过夜。

(2) 加 2mL 盐酸羟胺溶液，摇匀，以还原过剩的 $KMnO_4$，并将 Fe^{3+} 还原为 Fe^{2+}。

(3) 加 5mL 100g · L^{-1}NaOAc 溶液，再加入 10mL 1.0g · L^{-1}邻菲罗啉显色剂，放置 32h(或浸入沸水中加热 5min)，定容，摇匀。在分光光度计上用 530～

540nm 波长(1cm 比色皿)比色，读取透光度，在标准曲线上查得 Fe 的浓度(或用回归统计法求得)。

(4) Fe 标准曲线的绘制：准确吸取 $50mg \cdot L^{-1}$ Fe 标准溶液 0mL、1mL、2mL、3mL、4mL、5mL 于 50mL 量瓶中，加入相同量的提取液，制成 $0mg \cdot L^{-1}$、$1mg \cdot L^{-1}$、$2mg \cdot L^{-1}$、$3mg \cdot L^{-1}$、$4mg \cdot L^{-1}$、$5mg \cdot L^{-1}$ Fe 的标准色阶，与待测液相同条件进行比色，读取透光度，绘制 Fe 的标准曲线。

12.3.2.4 结果计算

$Fe_2O_3(g \cdot kg^{-1})$计算同 10.3.1.4。

12.3.2.5 精密度

平行测定结果允许相对误差≤10%。

12.3.2.B 原子吸收光谱法

12.3.2.6 主要仪器设备

原子吸收分光光度计、Fe 空心阴极灯等。

12.3.2.7 试剂

Fe 标准系列溶液：配法同 12.1.2.8。

12.3.2.8 操作步骤

吸取 12.3.1.3(2)待测液 5～10mL(使含 Fe 25～625μg)，置于 25mL 量瓶中，用去离子水定容，摇匀。在原子吸收光谱仪上，根据铁的测定条件和使用方法进行测定。同时测定 Fe 的标准系列溶液，绘制 Fe 的标准曲线，再以待测液的吸收值，在标准曲线上查得 Fe 的浓度(或用回归统计法求得)。

12.3.2.9 结果计算

$Fe_2O_3(g \cdot kg^{-1})$计算同 10.3.1.4。

12.3.2.10 注意事项

参照 12.1.2.12。

12.3.3 铝的测定

土壤中络合态铝的含量因有机质不同相差甚远。可采用 KF 取代-EDTA 滴定法或铝试剂比色法和二甲酚橙比色法测定。

12.3.3.A　氟化钾取代-EDTA滴定法

12.3.3.1　试剂

同12.1.3.1。

12.3.3.2　操作步骤

吸取12.3.1.3(2)待测液20～50mL(使含Al_2O_3 0.38～3.8mg)，置于200mL三角瓶中，以下操作同12.1.3.2。

12.3.3.3　结果计算

$Al_2O_3(g \cdot kg^{-1})$计算同12.1.3.3。

12.3.3.4　精密度

同12.1.3.4。

12.3.3.5　注意事项

参照12.1.3.5。

12.3.3.B　铝试剂比色法

12.3.3.6　主要仪器设备

分光光度计等。

12.3.3.7　试剂

同12.1.3.7(1)～(6)。

12.3.3.8　操作步骤

(1) 吸取12.3.1.3(2)待测液5～10mL(使含$Al_2O_3$12.5～100μg)，于50mL容量瓶中，以下操作按照12.1.3.8(1)，进行比色，读取透光度，在标准曲线上查得Al_2O_3浓度(或用回归统计法求得)。

(2) Al_2O_3标准曲线的绘制：具体测定参照12.1.3.8(2)，进行比色，读取透光度，在半对数纸上绘制Al_2O_3标准曲线。

12.3.3.9 结果计算

Al_2O_3($g \cdot kg^{-1}$)计算同12.1.3.9。

12.3.3.10 注意事项

参照12.2.3.11。

12.3.3.C 二甲酚橙比色法

12.3.3.11 主要仪器设备

分光光度计等。

12.3.3.12 试剂

同12.1.3.13。

12.3.3.13 操作步骤

(1) 吸取12.3.1.3(2)待测液5～10mL(使含Al_2O_3 20～100μg)于50mL容量瓶中,再按12.1.3.14(1)进行显色和比色,读取Al_2O_3透光度,再在标准曲线上查得Al_2O_3浓度(或用回归统计法求得)。

(2) Al_2O_3标准曲线的绘制:具体方法参照12.1.3.14(2)。

12.3.3.14 结果计算

Al_2O_3($g \cdot kg^{-1}$)计算同12.1.3.15。

12.3.3.15 注意事项

(1) 待测液的有机物颜色会干扰比色测定,故必须用H_2SO_4和H_2O_2进行消化处理。

(2) 显色酸度、显色时间和温度,要按规定控制一致,以免影响测定结果。

12.3.4 碳的测定(重铬酸钾-硫酸消化法)

12.3.4.1 主要仪器设备

恒温水浴锅、油浴锅等。

12.3.4.2 试剂

同4.2.2(2)～(9)。

12.3.4.3 操作步骤

吸取 12.3.1.3(1)待测液 10～50mL(视溶液颜色深浅而定)，移入 20cm×2cm 的硬质试管中，用 $1mol \cdot L^{-1}$ H_2SO_4 溶液中和到颜色变浅，pH 为 7.0(用 pH 试纸检查)，置于 80～90℃水浴锅中加热蒸到近干为止。然后按土壤有机质的方法测定含碳量(4.1.3)。

12.3.4.4 结果计算

C($g \cdot kg^{-1}$)计算同 4.2.4 中腐殖酸总碳量。

12.3.4.5 注意事项

(1) 如样品待测液的颜色较浅(含 C 量较低)时，必须增大吸取体积进行蒸干。为便于蒸干，可分次加入(待第一次溶液蒸干后再加入)。

(2) 其他有关事项可参照 4.2.5。

12.4 氢氧化钠浸提性硅、铝的测定

南方某些酸性土壤中所含有的三水铝矿、水铝英石和无定形硅等氧化物，用柠檬酸钠-连二亚硫酸钠-重碳酸钠浸提往往不够完全。因此，必须再用 $0.5mol \cdot L^{-1}$ NaOH 热碱进一步提取后测定硅和铝。

12.4.1 样品待测液的制备

12.4.1.1 主要仪器设备

恒温水浴锅、塑料烧杯(100mL)等。

12.4.1.2 试剂

$0.5mol \cdot L^{-1}$ NaOH 溶液：称取 20g 氢氧化钠(NaOH，分析纯)，溶于无 CO_2 去离子水中，再稀释到 1L，存于塑料瓶内(必须现用现配)。

12.4.1.3 操作步骤

将 12.1.1.3(1)中的残渣，用预先加热到近 90℃的 $0.5mol \cdot L^{-1}$ NaOH 溶液，加入塑料离心管中，浸入沸水浴中保温 15min，用塑料筷搅拌数次，取出冷却离心，将清液倒入 100mL 容量瓶中，再用饱和氯化钠溶液洗涤离心 1 次，清液一并倒入容量瓶，用去离子水定容，摇匀，移到塑料瓶中，作为硅和铝的待测液。

12.4.1.4 注意事项

(1) 也可用相同的方法测定土壤样品，作为对比和补充。

(2) 由于此种方法提取的硅和铝是相对数值，故提取的温度和时间应按规定条件进行。

(3) 整个提取过程应避免接触玻璃器皿，以免溶出 SiO_2 影响测定结果。

12.4.2 硅的测定(硫酸亚铁铵比色法)

12.4.2.1 主要仪器设备

分光光度计等。

12.4.2.2 试剂

(1) $50g \cdot L^{-1}$钼酸铵溶液：配法同 11.2.2(1)。

(2) 2,4-二硝基酚指示剂：配法同 11.2.2(2)。

(3) $40g \cdot L^{-1} H_2C_2O_4$ 溶液：配法同 11.2.2(3)。

(4) $30g \cdot L^{-1} (NH_4)_2SO_4 \cdot FeSO_4$ 还原剂：配法同 11.2.2(4)。

(5) SiO_2 标准溶液：配法同 11.2.2(5)。

(6) $6mol \cdot L^{-1} H_2SO_4$ 溶液：配法同 12.2.5.2(8)。

(7) $100g \cdot L^{-1} Na_2CO_3$ 溶液：配法同 12.2.5.2(9)。

12.4.2.3 操作步骤

(1) 吸取 12.4.1.3 待测液 2～5mL(使含 SiO_2 25～300μg)，置于 50mL 量瓶中，加 2 滴 2,4-二硝基酚指示剂后，以下操作同 12.2.5.3(1)，在分光光度计上用 660nm 波长(2cm 比色皿)比色，读取透光度，再在标准曲线上查得 SiO_2 浓度(或用回归统计法求得)。

(2) SiO_2 标准曲线的绘制：分别吸取 $50mg \cdot L^{-1} SiO_2$ 标准溶液 0mL、0.5mL、1.0mL、2.0mL、3.0mL、4.0mL、5.0mL、6.0mL 于 50mL 量瓶中，加入相同量的提取液，再按待测液相同方法显色、比色，读取透光度，在半对数纸上绘制 SiO_2 标准曲线。

12.4.2.4 结果计算

$SiO_2(g \cdot kg^{-1})$计算同 11.2.4。

12.4.2.5 精密度

平行测定结果允许相对误差≤10%。

12.4.2.6　注意事项

参照 12.2.5.6 有关事项。

12.4.3　铝的测定

12.4.3.A　氟化钾取代-EDTA 滴定法

12.4.3.1　试剂

(1) 2.0g · L^{-1}二甲酚橙指示剂：0.2g 二甲酚橙溶于 100mL 去离子水中。
(2) 1.0g · L^{-1}对硝基酚指示剂：0.1g 对硝基酚溶于 100mL 去离子水中。
(3) pH6 NH_4OAc-HOAc 缓冲溶液：配法同 10.4.1.1(2)。
(4) 0.05mol · L^{-1}EDTA 溶液：配法同 11.4.2.1(3)。
(5) 浓 $Zn(OAc)_2$ 溶液：配法同 12.1.3.1(6)。
(6) 0.0075mol · $L^{-1}$$Zn(OAc)_2$ 标准溶液：配法和标定方法同 12.1.3.1(8)。
(7) 200g · L^{-1}KF 溶液：配法同 12.1.3.1(9)。

12.4.3.2　操作步骤

吸取 12.4.1.3 样品待测液 20～50mL(使含 Al_2O_3 0.38～3.8mg)，置于 200mL 三角瓶中，以下操作同 12.1.3.2，记下 0.0075mol · L^{-1} $Zn(OAc)_2$ 标准溶液第二次滴定用量体积(V)。

12.4.3.3　结果计算

Al_2O_3(g · kg^{-1})计算同 12.1.3.3。

12.4.3.4　注意事项

(1) 由于待测液中无还原物质和有机物颜色，故可直接测定。
(2) 其他参照 12.1.3.5 有关事项。

12.4.3.B　铝试剂比色法

12.4.3.5　主要仪器设备

分光光度计等。

12.4.3.6　试剂

同 12.1.3.7。

12.4.3.7 操作步骤

(1) 吸取 12.4.1.3 样品待测液 5～10mL(使含 $Al_2O_3$12.5～100μg),置于 50mL 量瓶中,以下操作同 12.1.3.8(1),进行比色,读取透光度,并在标准曲线上查得 Al_2O_3 浓度(或用回归统计法求得)。同时做空白试验。

(2) Al_2O_3 标准曲线的绘制:具体测定同 12.1.3.8(2)。

12.4.3.8 结果计算

Al_2O_3($g \cdot kg^{-1}$)计算同 12.1.3.9。

12.4.3.9 注意事项

(1) 由于样品待测液无还原性物质和有机物颜色,故可直接测定。

(2) 其他参照 12.1.3.11 有关事项。

12.4.3.C 二甲酚橙比色法

12.4.3.10 主要仪器设备

分光光度计、恒温水浴锅等。

12.4.3.11 试剂

同 12.1.3.13。

12.4.3.12 操作步骤

(1) 吸取 12.4.1.3 样品待测液 5～10mL(使含 $Al_2O_3$12.5～100μg),置于 50mL 量瓶中,以下按 12.1.3.14(1)进行显色和比色,读取 Al_2O_3 透光度,并在标准曲线上查得 Al_2O_3 浓度(或用回归统计法求得)。

(2) Al_2O_3 标准曲线的绘制:具体测定同 12.1.3.14(2)。

12.4.3.13 结果计算

Al_2O_3($g \cdot kg^{-1}$)计算同 12.1.3.9。

12.4.3.14 注意事项

(1) 由于待测液无还原性物质和有机物颜色,故可直接测定。

(2) 显色条件(包括显色酸度、温度和时间)要按规定控制一致,以免产生测定误差。

12.5　硫酸铝浸提性铁、锰的测定

12.5.1　样品待测液的制备

由于 $Al_2(SO_4)_3$ 浸提剂具有较强的交换能力和相当强的络合能力，而且还有很大的缓冲性能，浸出液的 pH 改变很小，另外，湿土样带进的水分会使浸提剂的浓度略有降低，但对其浸提能力不会有多大影响。同时还有助于土样的凝聚，便于过滤。

12.5.1.1　试剂

0.1mol·L^{-1} $Al_2(SO_4)_3$ 溶液(pH2.5)：称取硫酸铝[$Al_2(SO_4)_3 \cdot 18H_2O$，化学纯]66.65g 溶于去离子水中，用稀的 NaOH 溶液调 pH 至 2.5，最后用去离子水定容至 1L，摇匀。

12.5.1.2　操作步骤

(1) 称取新鲜土样 10.00g(精确到 0.01g)于 250mL 三角瓶中，加 0.1mol·L^{-1}硫酸铝浸提液 200.0mL，充分捣碎摇匀，放置 5min，用干滤纸过滤，滤液承接于 200mL 三角瓶中，并立即测定各元素含量。

(2) 同时称新鲜土样 10.00g(精确到 0.01g)于已知质量的铝盒中，测定湿土含水量(参照 2.5.3)。

12.5.1.3　注意事项

(1) 由于还原性物质在空气中很易氧化，因此，从田间取样时应将土样存于密闭的盒内，并用胶布或石蜡封紧；带回实验室后，应尽快分析；提取制备的待测液应当天测定完毕。

(2) 在称样时尽量将土块弄碎混匀，并去掉细石块和其他侵入体，以免增加误差。

(3) 对于黏重的土样必须充分捣碎后再加浸提剂。

12.5.2　铁的测定

12.5.2.A　邻菲罗啉比色法

浸出液中的 Fe^{2+} 在 pH2～9 范围内与邻菲罗啉反应生成橙红色的络合物 $[(C_{12}H_8N_2)_3Fe]^{2+}$，颜色稳定，可进行比色测定。

12.5.2.1　主要仪器设备

分光光度计等。

12.5.2.2　试剂

(1) $100g \cdot L^{-1} NH_2OH \cdot HCl$ 溶液：配法同 10.3.1.2(1)。

(2) $1.0g \cdot L^{-1}$ 邻菲罗啉溶液：配法同 10.3.1.2(2)。

(3) 铁标准溶液：准确称取硫酸亚铁铵[$(NH_4)_2Fe(SO_4)_2 \cdot 12H_2O$，分析纯] 0.8640g 溶于去离子水中，加浓 H_2SO_4（分析纯）5mL，定容至 1L，摇匀。每毫升溶液中含亚铁离子 0.1mg，即 $100mg \cdot L^{-1}$ 铁标准溶液。再从中吸取 25mL 到 100mL 量瓶中，定容，摇匀后即得 $25mg \cdot L^{-1}$ 的铁标准溶液。

12.5.2.3　操作步骤

吸取 12.5.1.2 待测滤液 1～5mL 于 50mL 量瓶中，加 1mL 盐酸羟胺溶液，充分摇匀，放置数分钟，再加邻菲罗啉溶液 10mL，用去离子水定容，摇匀，在分光光度计上，用波长 530～540nm(1cm 比色皿)比色，同时做空白试验。

用 $25mg \cdot L^{-1}$ 铁标准溶液稀释成 $0mg \cdot L^{-1}$、$1.0mg \cdot L^{-1}$、$2.0mg \cdot L^{-1}$、$3.0mg \cdot L^{-1}$、$4.0mg \cdot L^{-1}$、$5.0mg \cdot L^{-1}$ 铁标准系列溶液，与待测液一样处理，进行显色、比色，并绘制成铁的标准曲线。在曲线查出待测液中 Fe 的浓度。

12.5.2.4　结果计算

$$Fe(mg \cdot kg^{-1}) = \frac{\rho \times V \times ts}{m \times [(1000 - m')/1000] \times 10^3} \times 1000 \qquad (12\text{-}5)$$

式中，ρ 为在标准曲线上查得待测液中 Fe 的浓度（$mg \cdot L^{-1}$）；V 为比色体积(mL)；ts 为分取倍数，提液体积与比色时吸取体积之比值；m 为湿土重(g)；m' 为以湿样为基础的湿土含水量（$g \cdot kg^{-1}$）；$[(1000-m')/1000]$ 为将湿土换算成干土重的系数；10^3 为将 mL 换算成 L；1000 为换算成每 1kg 含量。

12.5.2.5　注意事项

测定某些石灰性土壤时，需用乙酸钠缓冲液将待测液的 pH 调到 3～5。

12.5.2.B　原子吸收光谱法

用 $Al_2(SO_4)_3$ 作浸提剂在待测液中含有大量的 Al 离子和硫酸根离子，通过稀释以及在标准溶液加入相应的 Al 离子和 SO_4^{2-}，可以消除干扰，其他离子对 Fe 的测定没有干扰。

12.5.2.6　主要仪器设备

原子吸收分光光度计、铁空心阴极灯等。

12.5.2.7　试剂

铁标准溶液同 10.3.1.2(4)。

12.5.2.8　操作步骤

(1) 测定条件和测定前的准备，同 10.3.2.3(1)～(2)。

(2) 测定：吸取 12.5.1.2 浸提滤液 1～5mL 于 50mL 量瓶中，用去离子水定容，摇匀，在 AAS 上测定，同时做空白试验。

铁标准系列溶液配制成 $0\mu g \cdot mL^{-1}$、$5\mu g \cdot mL^{-1}$、$10\mu g \cdot mL^{-1}$、$15\mu g \cdot mL^{-1}$、$20\mu g \cdot mL^{-1}$、$25\mu g \cdot mL^{-1}$、$30\mu g \cdot mL^{-1}$，从中加入和待测液同样体积的浸提液，然后用去离子水定容，摇匀，在 AAS 上测定，并绘制成 Fe 的标准曲线。

12.5.2.9　结果计算

$Fe(mg \cdot kg^{-1})$计算同 12.5.2.4。

12.5.2.10　注意事项

同 10.5.2.5。

12.5.3　锰的测定

12.5.3.A　高碘酸钾比色法

浸提液中的二价锰与强氧化剂 KIO_4 反应，生成紫色 MnO_4^- 离子，可进行比色测定。

12.5.3.1　主要仪器设备

分光光度计等。

12.5.3.2　试剂

(1) KIO_4 固体粉末：高碘酸钾(KIO_4，化学纯)。

(2) 锰标准溶液：同 10.5.2.2。

(3) 1∶1 H_2SO_4 溶液：1 份硫酸(H_2SO_4，分析纯)与 1 份去离子水混合。

12.5.3.3 操作步骤

吸取 12.5.1.2 浸提滤液 5～10mL 于 25mL 量瓶中，加 1：1 H_2SO_4 2mL，加浓 H_3PO_4 1mL，加 0.2g 左右的固体 KIO_4，加少量去离子水冲洗瓶颈，充分摇匀，然后在水浴上煮沸 1h，冷却后定容，摇匀，在分光光度计上比色，波长用 530nm (1cm 比色皿)。同时做空白试验。

锰标准系列溶液配制成 0mg・L^{-1}、1.0mg・L^{-1}、3.0mg・L^{-1}、5.0mg・L^{-1}、7.0mg・L^{-1}、9.0mg・L^{-1}，与待测液一样处理，进行显色、比色，并绘制成 Mn 的标准曲线。

12.5.3.4 结果计算

$$Mn(mg \cdot kg^{-1}) = \frac{\rho \times V \times ts}{m \times [(1000 - m')/1000] \times 10^3} \times 1000 \tag{12-6}$$

式中，ρ 为在标准曲线上查得待测液中 Mn 的浓度（mg・L^{-1}）；V 为比色体积(mL)；ts 为分取倍数，浸提液体积与比色时吸取体积之比值；m 为湿土重(g)；m' 为以湿样为基础的湿土含水量(g・kg^{-1})；$[(1000-m')/1000]$为将湿土换算成干土重的系数；10^3 为将 mL 换算成 L；1000 为换算成每 1kg 土壤中锰的含量。

12.5.3.5 注意事项

若加热后不显色，则需增加待测液用量。比色时的酸度应控制在 2～3mol・L^{-1} $1/2H_2SO_4$ 之间。

12.5.3.B 原子吸收光谱法

浸提液中有大量的 Al^{3+} 和 SO_4^{2-}，通过稀释以及在标准系列溶液加入相应的浸提液，可以抵消干扰，其他元素对 Mn 的测定无干扰。

12.5.3.6 主要仪器设备

原子吸收分光光度计、Mn 空心阴极灯等。

12.5.3.7 试剂

锰标准溶液：同 10.5.2.2。

12.5.3.8 操作步骤

吸取 12.5.1.2 浸提滤液 5～10mL 于 25mL 量瓶中，用去离子水定容，摇匀，在 AAS 上测定，同时做空白试验。

锰标准系列溶液配制成 $0g\cdot L^{-1}$、$0.2g\cdot L^{-1}$、$0.4g\cdot L^{-1}$、$0.8g\cdot L^{-1}$、$1.0g\cdot L^{-1}$、$1.5g\cdot L^{-1}$、$2.0g\cdot L^{-1}$，分别在标准系列液中加入与待测液相同体积的浸提液，然后用去离子水定容，摇匀，在 AAS 上测定，并绘制成 Mn 的标准曲线。

12.5.3.9　结果计算

Mn($mg\cdot kg^{-1}$)计算同 12.5.3.4。

12.5.3.10　注意事项

同 10.5.2.5。

主要参考文献

方肇伦. 1983. 仪器分析在土壤学和生物学中的应用. 北京:科学出版社:1-22.

何群，陈家坊. 1983. 土壤中游离铁和络合铁的测定. 土壤，15(6):242-244.

熊毅，等. 1985. 土壤胶体研究法.（第二册）. 北京:科学出版社:245-251.

许祖诒，陈家坊. 1980. 土壤中无定形氧化铁的测定. 土壤通报，6:32-35.

于天仁，等. 1976. 土壤的电化学性质及其研究法. 修订本. 北京:科学出版社:447-450.

中国科学院南京土壤研究所. 1978. 土壤理化分析. 上海:上海科学技术出版社.

中国土壤学会农业学专业委员会. 1983. 土壤农业化学常规分析方法. 北京:科学出版社:235-241.

朱韵芬，王振权. 1985. 土壤络合态铁测定中某些问题的探讨. 土壤，17(5):269-272.

朱韵芬，王振权. 1986. 土壤中硅的比色法测定中若干同题. 土壤，18(5):267-270.

Avcry B W, et al. 1974. Soil Survey Laboratory Methods. Harpenden, Eng:Soil Survey Technical Monograph, No. 6.

Pritchard D T. 1976. Spectrophotometric Determination of Alnnunumis Soil Extracts with Xylenolorange. London:Analyst, 92:103-106.

Weaver R M, Syers J K, Jackson M L. 1968. Determination of Siliea in Citrate-Bicarbonate-Dithionite Extracts of Soils. S. S. S. Amer Proc, 32:497-501.

第十三章 土壤野外调查的速测方法

13.1 酸碱度的测定(混合指示剂法)

利用各种有机色素试剂能随酸度改变而变色的性质,将它们按一定比例混合后作为指示剂,滴加到不同酸碱度的土壤中,可显现不同的颜色,以便估测土壤pH,也可根据pH标准比色卡估计pH。

13.1.1 主要仪器设备

白瓷板或小瓷酒杯、点滴瓶、1/100天平等。

13.1.2 试剂

(1) pH4~8混合指示剂:称取等量(0.25g)的溴甲酚绿、溴甲酚紫和甲酚红等3种指示剂,放在玛瑙研钵或小瓷酒杯中,加15mL 0.1mol·L^{-1} NaOH溶液和5mL蒸馏水,共同研磨均匀,用蒸馏水冲洗小瓷酒杯,并将溶液全部洗入1L量瓶中,用蒸馏水定容,摇匀,贮于点滴瓶中使用。此混合指示剂变色范围为

pH	4.0	4.5	5.0	5.5	6.0	6.5	7.0	8.0
颜色	黄	绿黄	黄绿	草绿	灰绿	灰蓝	蓝紫	紫

(也可根据此颜色制成pH4~8的标准比色卡)

(2) pH7~9混合指示剂:称取等量(0.25g)的甲酚红和百里酚蓝(又名1-甲异丙苯蓝),放在玛瑙研钵或小瓷酒杯中,加0.1mol·L^{-1} NaOH溶液11.9mL,共同研磨均匀,用蒸馏水洗净小瓷酒杯,并将溶液全部洗入1L量瓶中,用蒸馏水定容,摇匀,贮于点滴瓶中。此混合指示剂变色范围为

pH	7	8	9
颜色	橙黄	橙红	红紫

(也可根据此颜色制成pH7~9的标准比色卡)

13.1.3 操作步骤

(1) 在田间取少许土壤(蚕豆粒大小),弄碎后置于白瓷板凹槽内,加pH4~8或pH7~9的混合指示剂3~4滴,使土样湿润,并略有余液,用火柴棒搅匀,使土样与pH指示剂充分作用,半分钟后,倾斜比色板,使少量带色溶液流到边外,根据颜色判断其pH,也可与pH标准比色卡比较确定土壤pH。一般需重复

测3～5次。

(2) 也可用室内电位法测得pH结果的土样，再用pH混合指示剂对照使用，便于正确判断pH。

13.2　碳酸钙的测定(盐酸发泡估测法)

利用盐酸与土壤中的碳酸钙作用所产生的二氧化碳气泡发生情况，估计碳酸钙含量。

13.2.1　主要仪器设备

白瓷板或小瓷酒杯、点滴瓶等。

13.2.2　试剂

1∶3 HCl溶液：1份浓盐酸与3份蒸馏水混合，贮于点滴瓶中。

13.2.3　操作步骤

在田间取土壤少许(黄豆粒大小)，放在白瓷板凹槽内，滴加1∶3 HCl溶液3～4滴，由气泡发生情况来判断土壤中有无碳酸钙及其含量。一般需重复测定3～5个点。气泡发生状况与碳酸钙($CaCO_3$)含量对照见表13.1。

表13.1　气泡发生状况与碳酸钙($CaCO_3$)含量对照表*

$CaCO_3$/(g·kg^{-1})	0	10以下	10～30	30～50	50以上
气泡发生情况	看不到气泡	有微细气泡发生，但听不到声音	有明显气泡发生，并能持续10～30s，有微弱声音	气泡发生激烈，持续30～60s，并能听到声音	气泡发生剧烈，持续1min以上，泡沫溢出，并听到明显声音

*此对照系用室内分析(气量法)结果的土样，滴加HCl后，观察气泡发生情况，以便准确掌握两者之间的关系。

13.3　碱化反应的测定(酚酞指示剂法)

根据酚酞指示剂从pH8.3起变红色的原理，直接在田间检验土壤是否发生碱化可能。

13.3.1　主要仪器设备

白瓷板或小瓷酒杯、点滴瓶等。

13.3.2 试剂

5.0g · L^{-1}酚酞指示剂:0.5g 酚酞溶于 100mL 无水乙醇中。

13.3.3 操作步骤

在田间取少许土样(蚕豆粒大小),置于白瓷板凹槽内,滴加 5.0g · L^{-1}酚酞指示剂 3～5 滴,使土样湿润并略有余液,用火柴棒搅匀,稍澄清,立即观察其颜色情况。如无红色出现,说明无碱化现象(用"－"表示);有微红色出现,说明有轻度碱化(用"＋"表示);有红色出现,说明有中度碱化(用"＋＋"表示);有紫红色出现,则说明有重度碱化(用"＋＋＋"表示)。

13.4 水田土壤亚铁的测定(邻菲罗啉指示剂法)

根据邻菲罗啉能与亚铁作用生成橙红色络合物的原理,在田间直接诊断亚铁发生现象。

13.4.1 主要仪器设备

白瓷板或小瓷酒杯、点滴瓶等。

13.4.2 试剂

1.0g · L^{-1}邻菲罗啉指示剂:0.1g 邻菲罗啉加热溶于 100mL 蒸馏水中。

13.4.3 操作步骤

在水稻根际(约离表层 3～5cm 处)取少许(约 3～4 个米粒大小),放入白瓷板凹槽内,滴入 1.0g · L^{-1}邻菲罗啉指示剂 5 滴,用火柴棒搅匀,稍待澄清后观察其上面清液是否显现红色。如无红色出现,说明无 Fe^{2+} 存在;如显微红色,则 Fe^{2+} 约在 100mg · L^{-1};如呈深红色,则 Fe^{2+} 约在 200～300mg · L^{-1},已对水稻生长有抑制作用。

13.5 水田土壤氧化还原电位的测定(电位计法)

在田间测定氧化还原电位时,可采用携带式的氧化还原电位计,其测定原理详见说明书。

13.5.1 主要仪器设备

袖珍式数字 mV/pH 计。

13.5.2 操作步骤

(1) 用电位计测定电位时，先将选择开关拨向“mV”档，将铂金电极插入正极位上，饱和甘汞电极插入负极位上，拨通直流电源开关，检查显示器是否在零位上，否则可调节面板上的调零钮，关闭电源开关。

(2) 将两种电极插入稻田土壤所在部位，开启电源开关，待显示器上读数稳定后，记下正或负的电位值(mV)，记下测定温度(℃)。测定完毕后关闭电源开关，饱和甘汞电极的标准电位参见表 13.2。

表 13.2 饱和甘汞电极在不同温度时的标准电位值($E_{饱和甘汞电极}$)

温度/℃	毫伏/mV	温度/℃	毫伏/mV
0	260	24	244
5	257	26	243
10	254	28	242
12	252	30	240
14	251	35	237
16	250	40	234
18	248	45	231
20	247	50	227
22	246		

13.5.3 结果计算

当 mV 值自动显示出正读数时

$$Eh_{土壤} = E_{饱和甘汞电极} + E_{测得} \tag{13-1}$$

当 mV 值自动显示出负读数时

$$Eh_{土壤} = E_{饱和甘汞电极} - E_{测得} \tag{13-2}$$

13.5.4 注意事项

(1) 用电位计在田间测定 mV 时，一般仅适用于水田土壤。

(2) 在田间测定时一般需重复 5 次，取平均电位值。

(3) 饱和甘汞电极和铂金电极的电位必须准确，应预先在室内进行测试选取符合要求的电极。

13.6　土壤中还原性物质(田间原位电极法)

土壤中含有各种无机和有机的还原性物质。测定这些物质的数量,并对其进行区分有助于了解土壤的氧化还原特性。由于还原物质易变,采样携回室内测定往往使结果偏离田间的实际情况甚远,因此,原位测定还原性物质的数量还具有特殊的意义。

13.6.1　主要仪器设备

ECM-1 型电化学复用仪、蜡浸石墨棒电极或玻碳电极和大面积 1M 银-氯化银电极等。

13.6.2　操作步骤

将石墨电极(指示电极)和银-氯化银电极(参比电极)插入土壤中,先加＋0.35V的电压,2min 读取电流数,将石墨电极取出,稍加擦拭,再测＋0.70V 时的电流。＋0.35V 时的电流代表亚铁和还原性较强的有机物质量,称为强还原性物质;＋0.70V 时的电流代表包括亚锰和还原性较弱的有机物质量,作为估量土壤中还原性物质总量的指标。后者减去前者即为弱还原性物质数量。

13.6.3　注意事项

(1) 两支电极宜靠近一些,以减少由于电路中的电阻所引起的误差。

(2) 由于土壤的不均一性,一般需重复测定 5 次,取其平均值。

(3) 每次测定后,用 5 号金相砂纸或滤纸擦拭石墨电极表面,使其有较好的重现性。

(4) 为了便于比较,将测得的电流值换算成电流密度(电流值除以电极表面积)。

(5) 还原性物质数量可与氧化还原电位结合,互补说明土壤的氧化还原性质。

(6) 本法适用于水稻土、沼泽土土壤中还原性物质的测定。

主要参考文献

中国科学院南京土壤研究所. 1978. 土壤理化分析. 上海:上海科技出版社.

中国科学院南京土壤研究所分析室. 1979. 土壤肥料与作物养分简易测定. 南京:江苏科技出版社: 58-63, 184.

第十四章　土壤中原生矿物和黏土矿物的鉴定

14.1　原生矿物的鉴定(偏光显微镜鉴定)

土壤原生矿物是指岩石风化后留在母质和土壤中的碎屑物质,其化学成分和矿物结构没产生变化,与在母岩时相同。土壤原生矿物在土壤中多达 60 余种,但常见者约 20 种,它们的分布与母质来源及周围的物理化学环境密切相关。鉴定土壤原生物的方法有偏光显微镜,X 射线衍射,差热分析,穆斯堡尔和化学分析等。然而,X 射线鉴定时可能有多种矿物同时在一个峰的位置出现,难以区分它们,差热分析和穆斯堡尔只对铁矿物的鉴定特别有效,化学分析对含量低的矿物难以确定,所以一般的鉴定都采用偏光显微镜方法,只有对特殊矿物才选用相应的其他方法鉴定。

14.1.1　主要仪器设备

偏光显微镜、125mL 分液漏斗、普通加热电炉、50mL 3～4G 砂芯漏斗、250mL 抽气瓶、载片和盖玻片等。

14.1.2　试剂

(1) 1∶9 HCl 溶液:10mL 浓盐酸加 90mL 蒸馏水混合。

(2) 三溴甲烷($CHBr_3$):又称溴仿,比重 $2.9g \cdot cm^{-3}$,故称重液。

(3) 乙醇(C_2H_5COOH):化学纯。

(4) 折光率 1.4840～1.7120 的浸油一套,地质部门设立的公司有售。

14.1.3　操作步骤

(1) 称 5g 提取胶体后的粉砂和细砂级样本置于 50mL 烧杯中,加入 1∶9 HCl10mL,在电炉上煮沸 1min(在通风橱内进行)。

(2) 冷却澄清后去除清液,用水洗 3～5 次,把残留在颗粒上的 HCl 洗净,连烧杯放在红外灯下烤干颗粒。

(3) 把烧杯内的干颗粒搅松拌匀,称 2g 置于事先装有 60mL 三溴甲烷的分液漏斗内。

(4) 把黏在分液漏斗口内壁的颗粒用三溴甲烷冲入内,塞紧盖后用手直立摇动 2min。

(5) 把黏在分液漏斗内壁上的颗粒用三溴甲烷冲到内中的重液(三溴甲烷)中,架在漏斗架上在通风橱静置 1h(较砂的样本,30min 即可)。如若沉下的重矿物较多,为避免轻矿物中还夹有重矿物,可用细玻璃棒再充分搅动浮在重液上的轻矿物,用三溴甲烷把玻棒及分液漏斗内壁上黏着的颗粒冲洗入重液内,再在通风橱中静置 1h。

(6) 把沉在分液漏斗下部的重矿物放置到砂芯漏斗中,再把浮在三溴甲烷上面的轻矿物放到另一个砂性漏斗中。把含有重、轻矿物的砂芯漏斗分别移到抽气瓶中抽气过滤。过滤出来的三溴甲烷回收再用。

(7) 用乙醇通过抽气过滤来洗净矿物颗粒上的三溴甲烷。

(8) 把砂芯漏斗中的重矿物和轻矿物移出,烘干,称重(精确度到 0.001g)。

(9) 选取有代表性的重矿物(或轻矿物)样本(用四分法取样)1000 颗以上置于载玻片上,加上 1.5440 折光率的浸油,盖上盖片,用手指轻轻按着前后左右推动,使内中的颗粒分布均匀,在偏光显微镜下鉴定。当发现有疑难矿物不好鉴定时,可不断调换不同折光率的浸油,使之接近浸油折光率后,再查有关矿物鉴定手册,缩小鉴定范围,然后再从其他光学性质来确定被鉴定的矿物。

(10) 在偏光显微镜下统计各种矿物,总共统计颗粒数不少于 500 颗。

14.1.4 结果计算

$$\text{单矿物的颗粒}(\text{g}\cdot\text{kg}^{-1})=\frac{\text{单矿物的颗粒}}{\text{总颗粒数}}\times 1000 \tag{14-1}$$

$$\text{单矿物的质量}(\text{g}\cdot\text{kg}^{-1})=\text{单矿物的颗粒}(\text{g}\cdot\text{kg}^{-1})\times\text{重矿物(或轻矿物)质量} \tag{14-2}$$

14.1.5 注意事项

(1) 为使在偏光显微镜下更准确地进行鉴定,选取的粒级最好在 50mm 以上,但由于许多土壤原生矿物集中在 10～50mm 中,所以不能忽视这一粒级的鉴定。<10mm 的矿物颗粒在偏光显微镜下鉴定有困难,因此一般不选择。

(2) 在偏光显微镜下鉴定时,若发现有许多不透明矿物,需用磁分离或电磁分离法分出来,然后用反光法、穆斯堡尔法和 X 射线衍射法等方法做半定量测定。

(3) 使用三溴甲烷时,尽可能在通风橱内操作。

(4) 土壤中若含像磷灰石等易溶于 HCl 的矿物,则改用弱草酸。

14.2 黏土矿物的鉴定(X 射线衍射仪鉴定)

土壤黏粒部分含有各种黏土矿物,其中有次生的层状硅酸盐矿物和硅、铝、铁、锰的氧化物,也有少量原生矿物。这些矿物对土壤性质的影响很大,弄清它们的组成可有助于土壤发生分类的确立和土壤的工农业利用。用以土壤黏土矿物分析的方法虽然不少,但是到目前为止,X 射线衍射仪法始终不失为一种最有效的方法。

用 X 射线衍射仪进行黏土矿物的定量分析虽然从理论上来讲是可行的,但由于土壤黏土矿物受成土母质、成土环境和风化程度等的影响,使不同母质、不同类型土壤中同一种黏土矿物在结晶程度上有相当大的差异,因而大大地影响了黏土矿物定量分析的准确性,故我们认为用 X 射线进行土壤黏土矿物分析只能获得定性或半定量的结果。

14.2.1　主要仪器设备

X 射线衍射仪、普通离心机、马福炉、万用电炉、10mL 离心管、4.4cm×3.4cm 载玻片等。

14.2.2　试剂

(1) 0.3mol·L^{-1} $Na_3C_6H_5O_7$(柠檬酸钠)溶液:配法同 12.1.1.2(1)。

(2) 1mol·L^{-1} $NaHCO_3$ 溶液:配法同 12.1.1.2(2)。

(3) 连二亚硫酸钠,又称保险粉(Na_2SO_4,化学纯):固体。

(4) 0.5mol·L^{-1} $MgCl_2$ 溶液:称取 47.60g 氯化镁($MgCl_2$,分析纯),用蒸馏水溶解后稀释至 1L。

(5) 1mol·L^{-1} KCl 溶液:称取 74.55g 氯化钾(KCl,化学纯)溶于蒸馏水中,稀释到 1L。

(6) 1∶9 甘油溶液:100mL 甘油($C_3H_8O_3$,分析纯)和 900mL 蒸馏水混合。

14.2.3　操作步骤

(1) 去除游离氧化铁:

① 称取<2μm 黏粒 50mg 于 10mL 离心管中,加入 5mL 0.3mol·L^{-1}柠檬酸钠溶液和 0.6mL 1mol·L^{-1} $NaHCO_3$ 溶液。

② 将离心管置于水浴中,当水温升至 80～90℃后,切断电源,慢慢加入约 0.2g 连二亚硫酸钠粉,并不时的搅拌。

③ 15min 后取出离心管,冷却后离心,倒去上清液。

(2) 阳离子饱和:用 0.5mol·L^{-1} $MgCl_2$ 或 1mol·L^{-1} KCl 溶液在离心管中进行 3 次交换[在加 $MgCl_2$ 溶液前需先加 1 滴 0.5mol·L^{-1} HCl 酸化,以防 $Mg(OH)_2$沉淀生成],倒去上清液,制成 Mg 或 K 饱和黏粒。

(3) 甘油吸附:将 Mg 饱和黏粒继用 1∶9 甘油溶液离心洗两次,使甘油进入膨胀性矿物的层间;K 饱和黏粒则不需要再用甘油水溶液处理。

(4) 加入 1.5mL 蒸馏水,充分搅拌分散后将泥糊倒在 4.4cm×3.4cm 的载玻片上，制成定向薄膜（载玻片必须放在水平的玻璃板上）。

(5) 待载玻片上薄膜在空气中晾干后，移至以 $Ca(NO_3)_2$ 为饱和溶液的干燥器（相对湿度约为 50%）中，放置过夜后进行 X 射线衍射分析。

(6) X 射线衍射仪的测试条件：Cu 辐射，Ni 滤波（或用单色器），管压 35KV，管流 15MA，扫描速度（2θ）每分钟为 2°。

14.2.4 结果解释

(1) 矿物种类的鉴定

将所得的衍射数据（*d* 值和相对强度）与矿物的标准数据进行对比，如果两者都能吻合，就表明试样与该标准矿物是同一种物相，从而便可作出鉴定。

粉晶衍射标准联合委员会（JCPDS）于 1986 年编辑的《矿物粉晶衍射卡片（Mineral Powder Diffraction File）》中收集了 3000 多种矿物的标准数据。中国科学院贵阳地球化学研究所编的《矿物 X 射线粉晶鉴定手册》（1978），收集了 632 种矿物的衍射数据。由于土壤黏粒中可能出现的矿物种类不多，需要查的范围有限，不必从汪洋大海般的数据中去寻觅。为此，根据《黏土矿物晶体结构及其 X 射线鉴定》（Brindley 和 Brown，1980）、《实用黏土矿物鉴定法》（Thorez，1976）等专著中，将土壤黏粒中常见矿物的重要面网间距和衍射强度，以 d 值顺序作了排列于表 14.1中以便鉴定者能短时间内对整个未知图谱作出初步判断。

表 14.1　土壤中常见矿物的特征衍射线检索表

d/nm	矿物
3.2	柯绿泥石(g)(8)；1∶1Ch-Sm(g)
2.8	柯绿泥石，闭合(7)；1∶1 Mi-Sm(g)(10)
2.75	累托石(g)(10)
2.5	累托石(10)
2.4	1∶1 Mi-ch(10)；1∶1 Mi-V(10)；1∶1Ch-Sm(g)，闭合(10)
	1∶1Ch-V，闭合(10)
2.2	Na-累托石(10)
1.94	1∶1 Mi-Sm，闭合(10)
1.9～0.96	水化度不等的 Sm，(10)
1.8	Sm(g)(10)
1.6	柯绿泥石(g)(10)；Ch-Sm(g)(10)
1.5	Ca，Mg-Sm(g)(10)；水铝英石(8，b)
1.4	V(10)；V(g)(10)；Fe-Ch(3)；Mg-Ch(10)；柯绿泥石(10)
1.25	Na-Sm，50% R. H. (10)；累托石(4)
1.23～1.20	海泡石(10)
1.2	1∶1Ch-V(或 Sm)，闭合(10)

续表

d/nm	矿物
1.08	埃洛石(1.0nm)(g)(7～10)
1.05～1.03	坡缕石(10)
1.01	埃洛石(1.0nm)(7～10)
1.01～0.99	白云母(10);金云母(10);黑云母(10)
1.0～0.96	Sm,V,闭合(10)
0.93	滑石(10)
0.92～0.91	叶蜡石(10)
0.89	Sm(002)(g)(4)
0.85～0.82	闪石(10)
0.81	柯绿泥石(g)(3);1∶1Ch-Sm(g)(5)
0.75～0.72	埃洛石(0.7nm)(10)
0.74	四方纤铁矿(10)
0.735～0.725	蛇纹石(10)
0.72～0.71	K(10);Ch(6～10);Al-蛇纹石;Fe-蛇纹石(10)
0.626	纤铁矿(10)
0.611	一水软铝石(10)
0.50	白云母(4～5);金云母(2～3)
0.494	累托石(2)
0.48	V(2)
0.485	G(10)
0.479	β-三羟铝石(10)
0.478～0.468	Ch(4～8)
0.466～0.456	Sm(5)
0.466	滑石(3)
0.46～0.457	蛇纹石(3～6)
0.460	V(5);叶腊石(2)
0.459	滑石(3)
0.455	滑石(3)
0.450～0.447	坡缕石(5);海泡石(3)
0.449～0.445	Mi(二八面体)(5～9);Sm(二八面体)(5)
0.446	K(4)
0.444	埃洛石(1.0nm)(9);埃洛石(0.7nm)(10);K(4)
0.437～0.436	K(7);G(4)
0.432～0.431	G(3);海泡石(4)
0.426	Q(3)
0.423～0.421	K-长石(6)
0.421～0.404	K,Na-长石(6～7)
0.418～0.415	针铁矿(10);叶蜡石 2M(9)

续表

d/nm	矿物
0.411～0.409	蛋白石-CT(10)
0.405	方英石(10)
0.404～0.402	Na-Ca-长石(5～8)
0.399	一水硬铝石(10)
0.383～0.370	长石(7)
0.367	赤铁矿(3)；金云母(8)
0.366	白云母 1M(6)
0.366～0.361	蛇纹石(3～6)；埃洛石(0.7nm)(4)
0.354	Ch(7～10)；V(3)
0.358	K(7)
0.356	Sm(g)(5)
0.352	锐钛矿(10)
0.351	板钛矿(10)
0.348	刚玉(8)
0.347	板钛矿(8)
0.340	Sm(g)(5)；埃洛石(1.0nm)(10,b)；水锰矿(10)
	水铝石英(10,b)
0.337～0.334	海泡石(4)
0.333	云母(3～10)
0.334	Q(10)
0.332	四方纤铁矿(10)
0.331～0.329	K-长石(10)
0.329	纤铁矿(6)
0.326～0.323	Ca-长石(3～5)；K-长石(双线)(4～10)
0.325	金红石(10)
0.325～0.315	辉石(4～10)
0.324	坡缕石(5～10)
0.321～0.315	Na,Ca-长石(二三条线)(10)
0.316	一水软铝石(6)
0.314	黑锰矿(10)
0.313～0.305	闪石(7～10)
0.312	滑石(6)
0.310	累托石(4)
0.307	叶蜡石(10)；白云母 1M(5)
0.304	方解石(10)
0.302～0.294	辉石(4～10)
0.299～0.295	镁方解石(10)
0.289	白云石(10)

续表

d/nm	矿物
0.269	赤铁矿(10);针铁矿(3)
0.262	金云母(6~10);坡缕石(8)
0.257	白云母 1M(9)
0.256	K(6);白云母 2M(9);埃洛石(4~5)
0.251	赤铁矿(7)
0.250	蛋白石-CT(5);水铝石英(7,b)
0.247	纤铁矿(3)

注:括号中的数字是相对强度,表中采用了一些缩写字。Ch:绿泥石;Q:石英;G:三水铝石;K:高岭石;Mi:云母或水云母;Sm:蒙皂石;V:蛭石;g:甘油;b:宽;闭合:层间闭合。

从表 14.1 中可以看到,许多矿物具有共同的 *d* 值,这是它们在晶体结构上相似性所决定。为了让它们彼此区分开来,还必须对试样作些附加处理(表 14.2)。

表 14.2 黏土矿物最大 *d* 值(nm)的变化一览表

矿物	气干	乙二醇吸附	甘油吸附	K 饱和	300~350℃	反射消失的温度/℃
蒙皂石 Ca,Mg	1.5~1.55	1.7	1.8	1.0~1.2	1.0~1.2	700~1000
蒙皂石 Na	1.25	1.7	1.8	1.0~1.2	1.0~1.2	700~1000
蛭石 Ca,Mg	1.42~1.5	1.42	1.42	1.0~1.2	1.0	700~1000
蛭石 Na	1.25	1.42	1.42	1.0~1.2	1.0	700~1000
绿泥石富 Mg	1.41~1.43	—	—	—	1.4(增强)	800
绿泥石富 Fe	1.41~1.42	—	—	—	1.4(有时变宽)	600
蛇纹石富 Mg	0.725~0.735	—	—	—	—	575~700
蛇纹石富 Fe	0.704	—	—	—	—	575~700
高岭石	0.715~0.72	—	—	—	—	500~550
埃洛石(0.7nm)	0.72~0.75	—	—	—	—	450~520
埃洛石(1.0nm)	1.01	1.08	1.1	1.01	0.74(60~110℃)	450~520
水云母	1.0	—	—	—	—	800~1000
坡缕石	1.04~1.05	—	—	—	1.05(变宽)	700
海泡石	1.21~1.23	—	—	—	1.22(变宽,并出现 0.98,0.76 强峰)	700

注:—表示不变。

(2) 主要层状硅酸盐矿物的判断特征

① 蒙皂石族(蒙脱石、贝得石(拜来石)和绿脱石):蒙皂石中这三种二八面体成员是土壤中常见的膨胀性矿物。从 K 饱和后 d_{001} 的收缩情况可以推测蒙皂石电荷的高低,由云母变来的蒙皂石电荷高,K 饱和后收缩到 1.0nm;由热液蚀变或由

长石、铁镁矿物或火山灰物质风化成的自生蒙皂石电荷低，只能收缩到 1.2nm。Mg 饱和和甘油处理后的蒙皂石族矿物层间吸附两层甘油分子，底面间距（d_{001}）都膨胀至 1.8nm，这可以与蛭石、绿泥石等矿物相区分。

② 蛭石：黏粒粒级的蛭石同蒙皂石在性质上很相似，但在晶层胀缩性程度上有些区别。在 Mg 饱和和甘油处理后，蛭石层间只吸附一层甘油分子，底面间距为 1.4nm；而当用 K 饱和并加热至 300℃左右时则收缩至 1.0nm。蛭石的 001 除 1.4nm 衍射峰强度较强外，其余的都较弱，这可与绿泥石相区分。

③ 绿泥石：绿泥石的底面间距在数值上与蛭石相同，但整个谱形与蛭石不同。富镁绿泥石的 001 都相当强，铁置换镁多的绿泥石 001 和 003 相对弱，002 和 004 较强。绿泥石的底面间距不受 K 饱和和热处理的影响。

④ 蛭石与绿泥石之间的过渡矿物（即铝蛭石，又叫次生绿泥石）：这类矿物实质上蛭石层间夹有一些非交换性的羟基铝、镁等离子，所以 K 饱和和 300℃热处理后的 X 射线衍射图谱与正常的蛭石和绿泥石不同，在 1.0～1.4nm 之间出现一个宽的、向低角度扩散的峰，当用 0.5mol · L^{-1} NaOH 或 NH_4F 和 KCl 的混合液溶去层间羟基铝后，它的性质就同蛭石完全一样。

⑤ 高岭类矿物：高岭石具有 d 值为 0.71～0.72nm 和 0.358nm 的两个强而对称的反射，不为 K、Mg 等离子或甘油饱和所左右。无序高岭石的 d_{001} 比结晶良好的高岭石稍大（略＞0.72nm），峰形不对称，高度也较低。埃洛石 1.0nm 的层间能吸附甘油，当用 Mg 和甘油处理后其底面间距（d_{001}）由原来的 1.01nm 扩展到 1.10nm；0.7nm 埃洛石除 d_{001} 较大于高岭石外，也不为 K、Mg 等离子或甘油饱和所左右。当 1.0nm 埃洛石在高于 60～70℃的温度下脱水，便不可逆转地变为 d_{001} = 0.74nm。

通过氢键作用强的化合物的穿插和氢键的形成作用，可以打开高岭石和埃洛石的层间联结，如样品与醋酸钾研磨后就与高岭石或埃洛石形成 d_{001} 为 1.4nm 反射的复合体，当此复合体用水洗去醋酸钾后，高岭石的底面间距回复到 0.71～0.72nm，埃洛石则收缩到 0.98nm 左右。

土壤中绿泥石的（002）反射强度相当高，位置又与高岭石的 d_{001}（0.7nm）相重，但绿泥石还有高岭石所没有的（003）反射（0.47nm），同时它的 d_{004} 和高岭石的 d_{002} 两者可呈双峰出现，如用 CuK$_\alpha$ 辐射，高岭石的 d_{002} 位置不会超过 25°（2θ），而绿泥石 d_{004} 的位置必＞25°。此外，两者对热处理的表现也不同，也较容易地给予区分。

⑥ 云母和水云母：云母具有尖锐的 1.0nm 和 0.33nm 反射，后者与石英的最强反射（d_{101}）重合。0.50nm 峰的反射强度随八面体中铁含量的增加而降低，可鉴别云母的八面体类型。各种多型云母间粉晶衍射谱的共同点较多，但也有一些特征线存在，如 0.388nm、0.373nm、0.349nm、0.320nm、0.280nm 等是 $2M_1$ 白云母

的特征线；0.366nm 和 0.307nm 是 1M 白云母的特征线。

土壤和沉积物中的水云母，Mg 饱和和甘油处理后 d_{001} 峰值与云母一样，但随着水化度的提高，膨胀晶层增多，峰逐渐变宽，强度降低，1.0nm 和 0.33nm 峰分别向低角度和高角度方向展宽。

⑦ 坡缕石和凹凸棒石：这类纤维状或棒状的矿物，由于晶体结构与一般的层状矿物不一样，所以，衍射谱颇具特色，强峰不多，只有 1.04～1.05nm(d_{110})、0.64(d_{200})、0.449(d_{040})、0.323(d_{400})、0.261nm(d_{440})等数峰，并且不受取向排列影响，也不受吸附阳离子或甘油等有机分子的处理而改变。

土壤和沉积物中的凹凸棒石结晶较差，衍射峰很低，含量少而不易检出，可于 150℃加热使(110)增强以达到鉴定的要求。

⑧ 混层矿物：规则混层矿物中各结构单位晶层沿 Z 轴作用周期性的重复，采用不同阳离子饱和，在不同温度下加热使胀缩性矿物收缩，或用甘油(或乙二醇)等层间扩展，则可根据底面间距和处理后的变化推知它的底面是由哪些晶层组成。例如：云母-蒙皂石规则混层矿物甘油化后 d_{001} 扩展到 2.8nm，加热于 550℃ 2h 闭合为 1.94nm；柯绿泥石(1∶1 绿泥石-蛭石或蒙皂石规则混层)甘油化后扩展到 3.2nm，而 550℃加热 2h 后出现 1.2nm(002)。不规则混层矿物的底面反射是由两种或数种厚度不同的单位晶层的同级或非同级底面反射叠加而成，位于邻近的两个峰的中间，不像单相矿物或规则混层矿物那样出现一系列峰值互为整数倍关系的反射，并且峰形相当宽。例如当乙二醇化后蒙皂石 002(10.47° 2θ)和水云母(8.8° 2θ)之间出现 0.886nm(9.97° 2θ)宽峰时，可以推测有 0.7 的蒙皂石晶层和 0.3 的水云母晶层的不规则混层存在，因为

$$(9.97-8.8):(10.47-9.97)=1.17:0.5\approx 7:3 \tag{14-3}$$

(3) 铁、铝氧化物矿物的鉴定

① 氧化铁矿物的鉴定：在鉴定层状硅酸盐矿物时，为增强其鉴定的灵敏度，常将黏粒中的氧化铁矿物除去，故氧化铁矿物需单独进行鉴定。具体方法如下：将 $<2\mu m$ 黏粒直接装入矩形纯铝片或玻璃片上打通的方形的孔穴中(把铝片或玻璃片反放在水平的玻璃板上，填好磨细的试样，并在背面垫一小片光洁的纸，用手指轻轻压实)，即可进行衍射分析。由于铁对 Cu 辐射的强烈吸收作用，故应将 X 射线改用 Co 辐射，扫描范围(2θ)15°～75°。在土壤黏粒中常见的结晶态氧化铁类矿物有针铁矿(0.418～0.415nm，0.269nm)、赤铁矿(0.269nm，0.251nm，0.367nm)和纤铁矿(0.626nm，0.247nm)等。

② 氧化铝矿物的鉴定：氧化铝矿物鉴定时的样品制备没有特殊的要求，故既可从鉴定氧化铁时所得的衍射图谱中加以判读，也可从鉴定层状硅酸盐矿物的衍射图谱中获得信息。土壤中常见的结晶态氧化铝矿物有三水铝石(0.485nm，0.437nm，0.432nm)，一水软铝石(0.611nm)和一水硬铝石(0.399nm)等较少

发现。

14.2.5 注意事项

（1）土壤黏土矿物的结晶一般都较差，为增强 X 射线检出的灵敏度和准确性，故必须将土壤除去碳酸盐、有机质后经超声波分散后提取黏粒，除去游离氧化铁，制成定向薄膜后进行 X 射线衍射分析。

（2）由于从土壤中每次分离提取＜1μm 黏粒的时间长达 48h，而＜2μm 黏粒只需 8h 左右；另外，对大多数土壤来说，这两个黏粒级中的矿物组成差异又不大。为此，我们建议采用＜2μm 黏粒作黏土矿物分析。

（3）根据试样中各种矿物的 X 射线衍射峰的高度或面积所计算获得的各类矿物的含量，在利用其来说明问题时应特别小心，因为这些数值有时很不可靠。

14.3 非晶物质的定量

黏土中非晶物质主要包括水铝英石和无定形硅铝氧化物，无定形氧化硅以蛋白石为主，无定形铝以羟基铝及其聚合物为主。

14.3.1 样品待测液的制备

由于非晶物质具有很大的表面积，所以在碱溶液中溶解的速率很快。样品在 0.5mol · L^{-1}NaOH 溶液中煮沸，其中大部分的水铝英石、三水铝石及无定形硅、铝氧化物等都溶解，而层状硅酸盐矿物溶解度很低，但提取条件要控制，否则会引起过多的晶体矿物的溶解。

14.3.1.1 主要仪器设备

水浴锅、塑料离心管(50mL)、离心机等。

14.3.1.2 试剂

0.5mol · L^{-1}NaOH 溶液：称取 20g 氢氧化钠（NaOH，分析纯），用蒸馏水溶解后稀释至 1L(保存于塑料瓶中)。

14.3.1.3 操作步骤

称取经 105℃烘 2h 的去铁钾质胶体样品 0.1000g(精确到 0.0001g)，置于小塑料瓶中，加 0.5mol · L^{-1}NaOH 溶液 20mL，加盖混匀，放入沸水浴中加热 1h(温度控制在 100℃)。取出放入冷水浴中冷却至室温，洗入 50mL 容量瓶中，定容，摇匀，离心或过滤于塑料瓶中。

14.3.1.4　注意事项

待测液可用比色法或等离子光谱仪测定硅和铝的量。待测液应尽快测定，不宜放置，以免形成硅酸铝沉淀，导致测定结果偏低。

14.3.2　硅的测定(氨基萘酚磺酸比色法)

在 0.5mol · L^{-1} NaOH 碱液中溶解的无定形硅，在酸性条件下，与钼酸铵生成可溶性的黄色硅钼酸络合物，被还原剂还原成硅钼蓝。蓝色的深浅在一定范围内与硅的含量成正比，因此可借以比色测定硅的含量。

14.3.2.1　主要仪器设备

分光光度计等。

14.3.2.2　试剂

(1) 硅标准溶液：准确称取分析纯石英 0.1070g，置于铂坩埚中，加无水碳酸钠 0.75g，混匀，其上再覆盖无水 Na_2CO_3 0.25g。将坩埚放入高温电炉中加热 1000℃，熔融 15min，取出冷却后，熔块用蒸馏水溶解，并定容至 500mL，此溶液中硅的浓度为 100mg · L^{-1}。再稀释至 25mg · L^{-1} 备用。

(2) 还原剂：称取 25g $NaHSO_3$ 溶于 200mL 蒸馏水中，另溶 2g Na_2SO_3 和 0.4g 氨基萘酚磺酸溶于 25mL 蒸馏水中，然后将此两溶液混合，并定容至 250mL，摇匀。低温保存，有效期约为 1 个月。

(3) 钼酸铵溶液：称取钼酸铵[$(NH_4)_6Mo_7O_{24}$ · $4H_2O$，分析纯]7.5g，溶于 75mL 蒸馏水中，加 1∶1 H_2SO_4 10mL，稀释至 100mL。

(4) 100g · L^{-1} 酒石酸溶液：称取酒石酸($C_4H_6O_6$，分析纯)100g，溶解后用蒸馏水稀释到 1L。必须新鲜配制。

(5) 0.5mol · L^{-1} HCl 溶液：8.3mL 1∶1 HCl 用蒸馏水稀释至 100mL。

(6) 0.5mol · L^{-1} NaOH 溶液：配法同 14.3.1.2。

14.3.2.3　操作步骤

(1) 吸取待测液 1.0～5.0mL(视含量而定)于 50mL 容量瓶中，用 0.5mol · L^{-1} HCl 溶液中和，使溶液呈中性。加蒸馏水约 10mL，加硫酸钼酸铵溶液 1mL，摇匀，静置 10min(否则形成的硅钼黄不完全，使结果偏低)。

(2) 然后加 100g · L^{-1} 酒石酸溶液 4mL，摇匀，再加还原剂 1mL，定容，摇匀。30min 后在分光光度计上用 640nm 波长进行比色。

(3) 标准曲线的绘制：吸取 25mg · L^{-1} Si 标准溶液 0mL、1.0mL、2.0mL、

3.0mL、4.0mL、5.0mL 和 6.0mL 于 50mL 容量瓶中（此即 Si 的浓度为 $0mg \cdot L^{-1}$、$0.5mg \cdot L^{-1}$、$1mg \cdot L^{-1}$、$1.5mg \cdot L^{-1}$、$2mg \cdot L^{-1}$、$2.5mg \cdot L^{-1}$、$3mg \cdot L^{-1}$），与待测液同样处理进行比色，绘制标准曲线。

14.3.2.4 结果计算

$$SiO_2(g \cdot kg^{-1}) = \frac{\rho \times V \times ts \times 2.139}{m \times 10^6} \times 1000 \tag{14-4}$$

式中，ρ 为从 Si 的标准曲线中查得 Si 的浓度（$mg \cdot L^{-1}$）；V 为比色体积（mL）；ts 为分取倍数；2.139 为由 Si 换算成 SiO_2 常数；m 为样品质量（g）；10^6 为将硅的单位 mg 换算成 g 和将 mL 换算成 L；1000 为换算成每 1kg 土壤中硅的含量。

14.3.3 铝的测定（铝试剂比色法）

在 $0.5mol \cdot L^{-1}$ NaOH 碱液中溶解的无定形铝和铝试剂（玫红三羧酸铵）在中性微酸性溶液中形成红色络合物，在 pH4 时，显色的络合最为稳定。在一定浓度范围内，其红色的深浅与铝的含量成正比。因此，可借以比色测定铝的含量。

14.3.3.1 主要仪器设备

分光光度计等。

14.3.3.2 试剂

(1) 铝标准溶液：称取金属铝片（表面氧化物用刀刮去）0.5000g，加 15mL 1∶1 HCl 溶解，用蒸馏水定容至 1L，摇匀，铝的浓度为 $500mg \cdot L^{-1}$，再稀释至 $10mg \cdot L^{-1}$ 备用。

(2) $0.5g \cdot L^{-1}$ 铝试剂显色剂：称取 0.05g 铝试剂（玫红三羟酸铵），加 100mL 蒸馏水溶解。必须新鲜配制。

(3) $100g \cdot L^{-1}$ 乙酸铵溶液：称取 10g 乙酸铵（CH_3COONH_4，分析纯），用蒸馏水溶解后稀释至 100mL。

(4) $0.5mol \cdot L^{-1}$ NaOH 溶液：配法同 14.3.1.2。

(5) $0.5mol \cdot L^{-1}$ HCl 溶液：配法同 14.3.2.2(5)。

14.3.3.3 操作步骤

(1) 吸取待测液 1.0～5.0mL（视含量而定）于 50mL 容量瓶中，加 $0.5mol \cdot L^{-1}$ HCl 中和，约加 10mL 蒸馏水，精确加入铝试剂 5mL，摇匀，再加 $0.5mol \cdot L^{-1}$ HCl 溶液 9mL，摇匀，加 $100g \cdot L^{-1}$ 乙酸铵溶液 5mL，摇匀。静置 10min 后用蒸馏水定容，摇匀，在分光光度计上用 530nm 波长进行比色。

(2) 铝标准曲线的绘制：吸取 $10mg \cdot L^{-1}$ Al 标准溶液 0mL、1.0mL、2.0mL、3.0mL、4.0mL、5.0mL、6.0mL 于 50mL 容量瓶中(此即 Al 的浓度为 $0mg \cdot L^{-1}$、$0.2mg \cdot L^{-1}$、$0.4mg \cdot L^{-1}$、$0.6mg \cdot L^{-1}$、$0.8mg \cdot L^{-1}$、$1.0mg \cdot L^{-1}$、$1.2mg \cdot L^{-1}$)，与待测液同样处理进行比色，绘制标准曲线。

14.3.3.4　结果计算

$$Al_2O_3(g \cdot kg^{-1}) = \frac{\rho \times V \times ts \times 1.890}{m \times 10^6} \times 1000 \tag{14-5}$$

式中，ρ 为铝的标准曲线中查得铝的浓度($mg \cdot L^{-1}$)；V 为比色体积(mL)；ts 为分取倍数；1.890 为由 Al 换算成 Al_2O_3 的常数；m 为样品重(g)；10^6 为将铝的单位 mg 换算成 g 和将 mL 换算成 L；1000 为换算成每 1kg 土壤中铝的含量。

14.3.4　非晶物质的计算

根据 $0.5mol \cdot L^{-1}$ NaOH 溶解的硅和铝量来计算。如样品中含有三水铝石，则需将其中铝的含量减去三水铝石的铝量，即为无定形铝量

$$非晶物质(g \cdot kg^{-1}) = [SiO_2(g \cdot kg^{-1}) + Al_2O_3(g \cdot kg^{-1})] \times 1.1^{①} \tag{14-6}$$

14.4　高岭石和埃洛石的定量

高岭石和埃洛石在 525℃加热过程中，由于脱羟基作用，晶体被破坏，变成非晶物质，可溶于 $0.5mol \cdot L^{-1}$ NaOH 提取液中。因此可用钾质样品分别在 525℃和 105℃加热，从 $0.5mol \cdot L^{-1}$ NaOH 提取的 SiO_2 和 Al_2O_3 的差数来计算高岭石和埃洛石的含量。

14.4.1　主要仪器设备

瓷坩埚、高温电炉、水浴锅、塑料离心管、离心机、分光光度计等。

14.4.2　试剂

同 14.3.1.2。

14.4.3　操作步骤

称取经 105℃烘 2h 的去铁钾质胶体样品 0.1000g(也可用测定非晶物质的经

---

① 无定形硅酸铝含结合水为 $160g \cdot kg^{-1}$(平均值)，蛋白石含 $40g \cdot kg^{-1}$左右的结合水，故非晶物质一般按含 $100g \cdot kg^{-1}$左右的结合水来计算。

0.5mol · L^{-1}NaOH 提取过的样品)，置于坩埚中，盖上坩埚盖，将坩埚放入高温电炉中，525℃加热 4h，取出冷却。然后将脱羟基的样品倒入小塑料瓶中，同上法用 0.5mol · L^{-1}NaOH 提取和测定待测液中的 Si 和 Al 的含量(见非晶物质定量)。

14.4.4 结果计算

根据 525℃和 105℃加热用 0.5mol · L^{-1}NaOH 提取的 SiO_2 和 Al_2O_3 的差数计算(如直接用 105℃烘过并经 0.5mol · L^{-1}NaOH 溶液提取过的样品，在 525℃加热后用 0.5mol · L^{-1}NaOH 提取，则用实测数)。

(1) 当差数的 SiO_2/Al_2O_3 分子率<2，说明存在游离铝或是层间铝被溶解，这时高岭石和埃洛石的量就以溶解的硅量来计算

$$\text{高岭石} + \text{埃洛石}(g \cdot kg^{-1}) = \frac{\Delta SiO_2(g \cdot kg^{-1})}{465} \times 1000 \tag{14-7}$$

(2) 当差数的 SiO_2/Al_2O_3 分子率>3，表明一些 2∶1 层状硅酸盐被溶解，此时就以溶解的铝量计算

$$\text{高岭石} + \text{埃洛石}(g \cdot kg^{-1}) = \frac{\Delta Al_2O_3(g \cdot kg^{-1})}{395} \times 1000 \tag{14-8}$$

(3) 当差数的 SiO_2/Al_2O_3 分子率在 2～3，就以 $\Delta SiO_2(g \cdot kg^{-1})$和 $\Delta Al_2O_3(g \cdot kg^{-1})$计算的平均值表示

$$\text{高岭石} + \text{埃洛石}(g \cdot kg^{-1}) = \frac{\dfrac{\Delta SiO_2(g \cdot kg^{-1})}{465} + \dfrac{\Delta Al_2O_3(g \cdot kg^{-1})}{395}}{2} \times 1000 \tag{14-9}$$

式中，465 为每 1kg 高岭石所含 SiO_2 的理论值；395 为每 1kg 高岭石所含 Al_2O_3 的理论值；1000 为换算成每 1kg 胶体中高岭石和埃洛石含量。

14.5 过渡矿物的定量

在有些酸性土壤中存在着性质介于绿泥石与蛭石或蒙脱石之间的过渡矿物，它是风化和成土过程的产物。在 X 射线衍射图谱中，它具有 1.4nm 反射峰，在加热和用钾饱和时，抗收缩的能力比蛭石强，但比绿泥石弱。在这些过渡矿物的层间有带正电荷的羟基铝，这层间物质可用化学方法去除，也可用加热脱羟基方法，通过去除层间铝的量估算出过渡矿物的含量。

14.5.1 主要仪器设备

同 14.4.1。

14.5.2 试剂

同14.3.1.2。

14.5.3 操作步骤

称取经105℃烘2h的去铁钾质胶体样品0.1000g(精确到0.0001g)，置于坩埚中，盖上坩埚盖，将坩埚放入高温电炉中，400℃加热4h，取出冷却。同上法用0.5mol·L^{-1}NaOH溶液提取层间铝并测定之(见非晶物质定量14.3)。

14.5.4 结果计算

样品经400℃加热处理后，用0.5mol·L^{-1}NaOH溶液提取的Al_2O_3(g·kg^{-1})与105℃提取的Al_2O_3(g·kg^{-1})之间的差数[如用经105℃提取过的样品加热处理，则用实测Al_2O_3(g·kg^{-1})]，乘以4.40，得层间的理论绿泥石当量。

14.6 蛭石和蒙脱石的定量

蛭石和蒙脱石都属于膨胀性的黏土矿物，具有较多的层间电荷，其中蛭石的层间电荷对钾的固定能力特别强。当钾离子陷入蛭石层间的“穴”中，则蛭石的1.4nm衍射峰就闭合到1.0nm，此时钾离子就不能被离子半径与钾相同大小的铵离子所置换。因此，用钾处理并经110℃加热干燥后的蛭石，如用NH_4^+来测其层间阳离子交换量，则将降低到接近于零。而钾处理后的蒙脱石，虽同样经110℃加热干燥，晶层能重新膨胀，层间的钾离子基本上都可被NH_4^+置换出来，所以仍可用铵盐测出蒙脱石的阳离子交换量。这样，通过测定钾处理前后样品交换量的降低值来计算蛭石含量；而蒙脱石的量可由钾质样品交换量值求得。

14.6.1 主要仪器设备

离心机、原子吸收分光光度计、火焰光度计等。

14.6.2 试剂

(1) 钙标准溶液：配法同8.2.1.1(2)。

(2) 钾标准溶液：称取经105℃烘4h的KCl(分析纯)1.9070g，溶于蒸馏水中，定容至1L，摇匀，浓度为1000mg·L^{-1}。

(3) 0.5mol·L^{-1}$CaCl_2$溶液：称取$CaCl_2$(分析纯)55.49g，用蒸馏水溶解后稀释至1L。

(4) 0.5mol·L^{-1}$MgCl_2$溶液：配法同14.2.2(4)。

(5) 1mol · L^{-1}KCl 溶液：配法同 14.2.2(5)。

(6) 1mol · $L^{-1}$$NH_4Cl$ 溶液：称取 53.45g NH_4Cl(分析纯)，用蒸馏水溶解后稀释至 1L。

(7) 乙醇(C_2H_5COOH，化学纯)。

14.6.3 操作步骤

(1) 称取 0.1000g(精确到 0.0001g)经 105℃烘 2h 的去铁胶体样品 2 份，置于 10mL 离心管中。将其中 1 份胶体样品用 0.5mol · $L^{-1}$$CaCl_2$ 溶液洗 4 次，使成钙质。然后用少量蒸馏水洗 1 次，乙醇洗 3～4 次，除去游离的钙离子。

(2) 继用 0.5mol · $L^{-1}$$MgCl_2$ 溶液洗 4 次，以置换 Ca，提取液倒入 100mL 容量瓶中，用蒸馏水定容，摇匀，提取液中 $MgCl_2$ 的浓度接近于 0.2mol · L^{-1}(在 Ca 标准液中，$MgCl_2$ 的浓度亦应为 0.2mol · L^{-1})。

(3) 用原子吸收分光光度计测 Ca，分析结果以烘干样品的 cmol(1/2Ca^{2+}) · kg^{-1}表示，称之为 CEC(Ca^{2+}/Mg^{2+})。

(4) 将另 1 份样品用 1mol · L^{-1}KCl 溶液洗 4 次，使成 K 质。然后用少量蒸馏水洗 1 次，乙醇洗 3～4 次，除去游离的 K 离子。钾饱和的样品在 110℃烘箱中烘 24h。

(5) 继用 1mol · $L^{-1}$$NH_4Cl$ 溶液洗 4 次，提取未固定的 K，提取液倒入 100mL 溶量瓶中，最后定容，摇匀，提取液中 NH_4Cl 浓度为 0.2mol · L^{-1}(在标准的钾溶液中 NH_4Cl 浓度应为 0.2mol · L^{-1})。

(6) 在火焰光度计上测钾。分析结果也以烘干样品的 cmol(K^+) · kg^{-1}表示，称之为 CEC(K^+/NH_4^+)。

14.6.4 结果计算

CEC(Ca^{2+}/Mg^{2+})为试样的阳离子交换总量；CEC(K^+/NH_4^+)为钾固定后测得的交换量。这两者的差值即为蛭石层间电荷对钾的固定值，所以

$$蛭石(g \cdot kg^{-1}) = \frac{CEC(Ca^{2+}/Mg^{2+}) - CEC(K^+/NH_4^+)}{154} \times 1000 \quad (14\text{-}10)$$

$$蒙脱石(g \cdot kg^{-1}) = \frac{CEC(K^+/NH_4^+) - 5 + 105 \times Amor}{105} \times 1000 \quad (14\text{-}11)$$

式中，154cmol(K) · kg^{-1}为标准蛭石的层间电荷；105cmol(K) · kg^{-1}为标准蒙脱石的层间电荷；5cmol(K) · kg^{-1}为代表各种黏土矿物的外表面 CEC；Amor 为 SiO_2/Al_2O_3 分子比率大于或等于 3 的非晶物质含量(假定溶于 0.5mol · L^{-1} NaOH 溶液中的物质为蒙脱状产物，与蒙脱石具有相同的 CEC。如 SiO_2/Al_2O_3 分子率<3，则略去 105×Amor 这一项)；1000 为换算成每 1kg 土壤中蛭石或蒙脱

石的含量。

14.6.5　注意事项

蛭石总的 CEC 为 159cmol(K^+)·kg^{-1}(即 154＋外表电荷 5);蒙脱石总的 CEC 为 110cmol(K^+)·kg^{-1}(即 105＋外表电荷 5)。标准的蛭石和蒙脱石由于其来源的不同,层间电荷的大小亦不尽相同,所以不同学者在用阳离子交换量法定量时所采用的标准层间电荷值也不相同。

14.7　云母类矿物的定量

云母类矿物的定量,一般以 K_2O 的含量来计算。但云母类矿物种类很多,K_2O 的含量也很不一致,如白云母的 K_2O 为 70～110g·kg^{-1},黑云母为 60～100g·kg^{-1},水云母为 40～70g·kg^{-1},因而各人采用的参数也不一样。一般对二八面体云母采用 100g·kg^{-1},三八面体云母为 90g·kg^{-1},水云母为 60g·kg^{-1}计算其含量。

14.7.1　主要仪器设备

塑料坩埚、火焰光度计。

14.7.2　试剂

(1) K_2O 标准溶液:称取经 105℃烘 4h 的 KCl(分析纯)1.5830g,溶于蒸馏水中,定容至 1L,摇匀,即为 1000mg·L^{-1}。然后再配制 5～70mg·L^{-1} K_2O 标准溶液(100mL 容量瓶中应含 5mL 1∶1HCl 溶液),分别贮于塑料瓶中备用。

(2) 浓高氯酸($HClO_4$,分析纯)。

(3) 浓氢氟酸(HF,分析纯)。

(4) 1∶1 HCl 溶液。

14.7.3　操作步骤

(1) 称取经 105℃烘 2h 的去铁胶体样品 0.1000g(精确到 0.0001g),置于铂坩埚或塑料坩埚中,先加几滴蒸馏水使样品湿润,再加 0.5mL 浓 $HClO_4$ 和 5mL 浓 HF,将坩埚盖好十分之九,即可放在 200～225℃的砂浴上进行加热,同时注意不要使溶液剧烈沸腾或溅出而造成损失。直至坩埚中的酸蒸干。

(2) 从砂浴上取下坩埚,冷却后加 5mL 1∶1HCl,而后用蒸馏水稀释至坩埚容积的三分之二,加盖,用小火微微加热使残渣完全溶解。

(3) 将坩埚中的溶液移入 100mL 容量瓶中,定容,摇匀,用火焰光度计测钾。

14.7.4 结果计算

$$K_2O(g \cdot kg^{-1}) = \frac{\rho \times V}{m \times 10^6} \times 1000 \quad (14\text{-}12)$$

$$云母(g \cdot kg^{-1}) = K_2O(g \cdot kg^{-1}) \times 10 \quad (14\text{-}13)$$

$$水云母(g \cdot kg^{-1}) = K_2O(g \cdot kg^{-1}) \times 6 \quad (14\text{-}14)$$

式中，ρ 为从 K_2O 标准曲线中查得 K_2O 的浓度($mg \cdot L^{-1}$)；V 为定容体积(mL)；m 为样品重(g)；10^6 为将 mg 换算成 g 和将 mL 换算成 L；1000 为换算成每 1kg 土壤中钾的含量；10 和 6 为计算云母类矿物含量的参数。

14.7.5 注意事项

如样品中含有钾长石，则要扣除钾长石所含的 K_2O 但是一般在$<2\mu m$ 的胶体中，钾长石极少见，因而钾长石所含的 K_2O 量可忽略不计。

14.8 绿泥石的定量

绿泥石的差热和失重分析结果表明有两个脱-OH 的热反应，第一个吸热谷在 650℃左右，相当于氢氧化物片的脱水作用。第二个吸热谷在 780～810℃，相当于 2∶1 晶层的脱水。因此，绿泥石-OH 水的含量比其他层状硅酸盐要多，-OH 水可用来作为绿泥石的定量标准。

这个方法以测定 300～950℃之间钾质样品的灼烧失重为基础，其中扣除其他矿物-OH 水的失重。此外，在 950℃加热过程中，样品中的 FeO 被氧化而产生增重，在计算时要进行修正。

14.8.1 主要仪器设备

铂坩埚、高温电炉。

14.8.2 操作步骤

(1) 称取 0.2000g(精确到 0.0001g)去铁钾质胶体样品，置于已知质量的铂坩埚中，将盛有样品的铂坩埚移入高温电炉，300℃加热 10～12h，从电炉中取出放入干燥器中(每个干燥器内不超过 4 个坩埚)，称至恒重，这样得到样品的以 300℃为基础的质量。

(2) 然后坩埚再移入高温电炉中，950℃加热 6h，关闭电炉，待炉温降至 500℃时，取出坩埚放入干燥器内，称至恒重。

14.8.3 结果计算

$$绿泥石(g \cdot kg^{-1})=\frac{A-B}{0.14}+[FeO(g \cdot kg^{-1})]\times 0.79 \tag{14-15}$$

式中，A 为灼烧失重($g \cdot kg^{-1}$)，即 300～950℃之间的质量差除以以 300℃为基础的样品重；B 为绿泥石以外的钾质矿物在 300℃以上的理论失水量：蒙脱石和蛭石是 $50g \cdot kg^{-1}$，非晶物质是 $80g \cdot kg^{-1}$，高岭石是 $140g \cdot kg^{-1}$，埃洛石是 $163g \cdot kg^{-1}$，滑石是 $47.5g \cdot kg^{-1}$，云母是 $45g \cdot kg^{-1}$；0.14 为每克绿泥石的-OH 水；0.79 为亚铁氧化后的增重与绿泥石失重之间的换算因子。

14.8.4 注意事项

绿泥石定量目前没有其他好方法，对绿泥石含量较少的样品，为了简便起见，也可采用以总和为 1000 减去其他矿物含量的差数为绿泥石的含量。

14.9 长石和石英的定量

用 $Na_2S_2O_7$ 粉末与胶体样品进行熔融，可使云母和其他层状硅酸盐进行分解，分解产物用 1∶3 HCl 洗涤和 $0.5mol \cdot L^{-1}$ NaOH 煮沸 2.5min 除去。留下的残渣即为长石和石英的总量。为了进一步分离长石和石英，再用 H_2SiF_6 溶液处理残渣，长石完全溶解，进而可分别计算出长石和石英含量。

14.9.1 主要仪器设备

铂坩埚、塑料离心管、镍质烧杯、X 射线衍射仪。

14.9.2 试剂

(1) 焦硫酸钠($Na_2S_2O_7$)粉末。

(2) 1∶3 HCl 溶液：1 份浓盐酸加 3 份蒸馏水。

(3) $0.5mol \cdot L^{-1}$ NaOH 溶液：称取 20g 氢氧化钠(NaOH，化学纯)，加蒸馏水溶解后，定容至 1L，摇匀。

(4) 浓氟硅酸(H_2SiF_6)。

14.9.3 操作步骤

(1) 称取在 105℃烘 2h 的去铁胶体样品 0.2000g(精确到 0.0001g)，置于铂坩埚中，加入 10g$Na_2S_2O_7$ 粉末，用玻棒混匀。在通风橱内加热，开始时低温，直至大量气泡产生(勿使溢出)，再升高温度，当有 Na_2SO_4 结晶在熔融物表面出现时，熔融完成。

(2) 冷却时，旋转坩埚，使熔融物结在坩埚壁上。用 50mL 1∶3 HCl 溶液将结块移入烧杯，加热至沸，使结块溶解。将此溶液倒入离心管中，离心，清液倾去。

(3) 离心管中的沉淀物用 1∶3 HCl 溶液洗 2 次，然后用 100mL 0.5mol · L^{-1} NaOH 溶液将沉淀物洗入镍质烧杯中，迅速加热至沸，并煮沸 2.5min，使总加热时间不超过 5min，拿下立即用冷水冷却，离心，清液倾去。

(4) 残余物(主要是石英和长石)用 1∶3 HCl 溶液洗 3 次，沉淀物转移入已知质量的铂坩埚中，蒸发至干，105℃烘干，称重。

(5) 铂坩埚中的残余物移入 20mL 塑料离心管中，加 5mL 浓 H_2SiF_6 溶液，温度保持在 15～20℃之间，以防止产生游离 HF 以腐蚀石英，每天至少搅拌两次，H_2SiF_6 处理的时间和次数，取决于长石的含量和粒径，对高度风化的长石，一次处理 3 天即够。

(6) 离心管中的残余物取出一部分，悬浮于玻片上，做 X 光衍射分析，如衍射图谱表明仍有长石和其他矿物存在，则把玻片上的残余物合并到离心管中，再加 H_2SiF_6 处理，直至不再有长石。

(7) 此时离心管中的残余物用 50mL 水洗 3 次，沉淀移入已知质量的铂坩埚内，105℃烘干，称重，得出石英的重量。

14.9.4 结果计算

$$\text{石英}(g \cdot kg^{-1}) = \frac{m_2}{m} \times 1000 \tag{14-16}$$

$$\text{长石}(g \cdot kg^{-1}) = \frac{m_1 - m_2}{m} \times 1000 \tag{14-17}$$

式中，m 为称取待测样品量(g)；m_1 为 $Na_2S_2O_7$ 熔融后残余物重(g)；m_2 为 H_2SiF_6 处理后残余物重(g)；1000 为换算成每 1kg 土壤中石英或长石的含量。

$Na_2S_2O_7$ 熔融和 H_2SiF_6 处理对长石和石英都有不同程度的溶解。粒级越粗，回收百分数越高。所以对不同粒级的样品要乘以不同的校正系数(表 14.3)。

表 14.3 不同粒级样品的校正系数

粒级/μm	校正系数	
	长石	石英
50～20	1.05	1.02
20～5	1.1	1.03
5～2	1.2	1.04
2～0.2	1.5	1.05

14.9.5　注意事项

一般在<2μm 的胶体中，石英和长石的含量甚微。在进行石英和长石定量前，应先做 X 射线衍射分析，从衍射图谱可知，样品中是否有长石和石英，如没有就不用测定，如有就按上法进行测定。

14.10　三水铝石的定量

三水铝石的定量可用全量分析的结果进行计算，也可用 0.5mol·L^{-1}NaOH 碱溶法。样品在 0.5mol·L^{-1}NaOH 溶液中煮沸 2.5min，可将三水铝石和无定形硅、铝溶解，但无法将三水铝石和无定形铝区别开来，故碱溶法测得的三水铝石含量可能偏高。此外，还可用 X 射线分析，差热和热重分析法。土壤中三水铝石的含量在 50g·kg^{-1}以上时，才可由 X 射线检定出。热分析法鉴定三水铝石的灵敏度比 X 射线法要高。X 射线衍射强度与差热曲线上峰或谷的面积，易于受到各方面条件的影响，它们与物相的含量不是简单的直线关系。

热重法的主要特点是定量性强，能准确地测量物质的质量变化及变化速率。土壤黏粒部分在 300℃左右失重的矿物只有三水铝石和针铁矿，如用去铁样品，这样在 300℃左右失重的矿物只有三水铝石，故可用热重法测定三水铝石的含量。

14.10.1　主要仪器设备

热分析仪。

14.10.2　操作步骤

(1) 称取 0.0300g(精确到 0.0001g)去铁的镁饱和胶体样品，置于铂坩埚中，放入硝酸钙饱和溶液的干燥器中平衡 2 天。

(2) 然后放入热分析仪的热天平中，升温，每分钟 15℃，纸速为每分钟 1.25mm，量程为百分之五十。温度升至 500℃结束。根据失重曲线图谱算出失重含量。再根据样品在 300℃左右失重的含量在定量标准曲线上查出三水铝石的含量。

(3) 三水铝石定量标准曲线：用标准的三水铝石与高岭石按不同的比例混匀后，进行热重分析。如 1 号样品(0.8g 高岭石+0.2g 三水铝石)在 300℃左右失重为 35g·kg^{-1}，2 号样品(0.9g 高岭石+0.1g 三水铝石)为 20g·kg^{-1}，3 号样品(0.95g 高岭石+0.05g 三水铝石)为 10g·kg^{-1}，4 号样品(0.975g 高岭石+0.025g 三水铝石)为 5g·kg^{-1}。根据标准样品的含量和在 300℃左右失重做出三水铝石的每千克含量曲线。

主要参考文献

熊毅，等. 1985. 土壤胶体（第二册）：土壤胶体研究法. 北京：科学出版社.

中国地质科学院地矿所. 1977. 砂矿物鉴定手册. 北京：地质出版社.

中国科学院贵阳地球化学研究生《矿物X射线粉晶鉴定手册》编著组. 1978. 矿物X射线粉晶鉴定手册. 北京：科学出版社.

Alexiades C A, Jackson M L. 1966. Quantitative clay mineralogical analysis of soils and sediments. Clay Miner, 26(14):35-52.

Brindley G W, Brown G. 1980. Crystal Structures of Clay Minerals and Their X-ray Identification. London: Mineral Soc.

JCPDS-International centre for Diffraction Data, American Ceramic Society. 1986. Mineral Powder Diffraction File. Swarthmore, PA. U. S. A. : International Centre for Diffraction Data.

Rich C I, Kunze G W. 1964. Soil Clay Mineralogy. University of North Carolina: Chapel Hill.

Thorez J. 1976. Practical Identification of Clay Minerals. Dison, Belggue.

第十五章　土壤微形态鉴定

15.1　土壤薄片的制备

土壤微形态鉴定是利用偏光显微镜观察土壤薄片中各种微形态特征的方法。土壤薄片质量的优劣关系到能否有效而顺利地进行观察、描述和摄影。土壤薄片的制备是土壤微形态工作中的一个关键。因此，要求采用合适的浸渍剂，保证浸透任何质地和结持状况的土壤样块，浸渍固结效果好，基本上不破坏土壤垒结，折射率接近加拿大树胶(1.54)，制备出合乎镜下鉴定要求的、厚度为 0.03mm 左右而且均匀的高质量薄片。厚薄不均、边缘磨蚀、样品开裂、“细土”和矿物颗粒脱落、夹杂部分金刚砂、树脂、气泡、纤维、油污、擦痕等在制片过程中带入的人为形貌的次品薄片，一般虽不影响观察，但严重影响显微摄影。若由于浸渍不良或制片技术等原因造成薄片中“土粒”和矿物颗粒明显脱落、薄片四周严重“磨蚀”并“缩成”很小的面积、各种人为形貌大量存在等则为不合格薄片，应予返工。

15.1.1　薄片大小的选择

土壤等薄片按其大小大致可分为普通薄片(或叫小薄片)、中薄片和大薄片 3 种，其大小规格见表 15.1。

表 15.1　土壤和非固结物质薄片的种类

种类	载玻片大小/mm^2	实际薄片面积/mm^2
普通薄片	25×75(厚 1mm)	(20～22)×(20～30～40)，或更小
中薄片	50×75(厚 2mm)	35×45
	(60～70)×100(厚 1mm)	50×60
大薄片	75×125(厚 2.5～3.0mm)	60×100
	100×200(厚 2.5～3mm)	80×150

大薄片的制备(浸渍和磨片方面)较为困难，但由于它可以有较大的面积反映土壤的不均质性，从而能提供更多的微形态信息，故目前在国际上制备大薄片的越来越多，并有专门报道。主要用于研究耕作层和腐殖质层的结构和孔隙状况，便于直接用薄片进行印相以完整显示土壤的结构、孔隙和有机物质分布方面的微形态特征，并可在这种照片上进行结构和孔隙的计量。在无条件(技术上和时间上)制备大薄片情况下，可用制备 2 张普通薄片的方式弥补。特别是它们的制备方法相

对较易，故在微形态研究上最为常用。

15.1.2　土壤样块的采集

(1) 材料和工具

① 样块盒

样块盒的准备可因地制宜，材料有金属、塑料、纸质等。常用的有：

马粪纸质标本盒：即野外采集土壤标本的纸盒。分大小两种：大者每格宽7cm、长4.5cm、高3cm，适于盛放供制备中薄片的样块；小者每格宽4cm，长2.5cm或3cm或4cm，高约2cm，适于盛放供制备小薄片的样块。这种标本盒成本较低，重量轻，携带方便，因此较为常用。

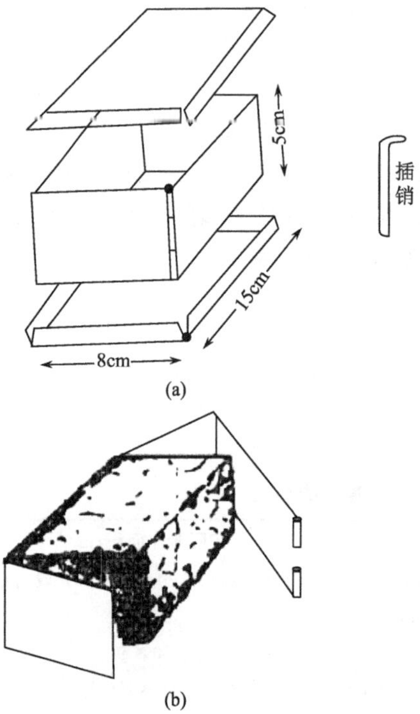

图 15.1　库比纳盒的外形(a)及其卸取土壤样块情况(b)

库比纳盒(Kubiena box)(图 15.1)：由不锈钢制成，上下均有盖，盒的一棱边用铜棒插销锁住，便于卸取土壤样块并减少扰动，而且经久耐用，也分大小2种。大者长×宽一般为8cm×15cm，高5cm，供制备大薄片；小者长×宽为6cm×8cm，高3.5cm，供制备中薄片和较小的薄片用。缺点是成本昂贵，分量重，携带不便。

② 小型烧杯

规格为10mL或25mL，用于采集十分松散的土壤或沉积物，例如具团粒结构的松散土壤、沙丘砂、风化砂、砂土、地表盐霜等。携回室内后可直接进行浸渍固化。

③ 钢锯条

用以锯切样块至适宜大小、厚薄，以便放入上述容器内。

④ 锋利小刀

湿润、黏紧而软的土壤可用刀子削切。

⑤ 剪刀

用于剪断根系，不因牵拉而破坏土壤垒结。

(2) 采集方法

① 土壤样块的选择

在野外观察土壤剖面后如图 15.2 所示，按发生层选择代表该层特征的部位。若该层具明显不均质的形态特征(例如红壤网纹层中红、白网纹分布的不均质，水稻土中锈纹、锈斑分布的不均质,土壤中石灰或石膏等淀积的不均质等),则按需要在该层的不同部位上选择。若某发生层较厚,可视情况在其垂直方向选取两个或两个以上的部位。必要时,为了研究土层的过渡情况和物质的淋淀特征,可选择两土层交界处作为采样点。另外,对一些较大的新生体可专门单独采取,以研究其内部微形态特征。

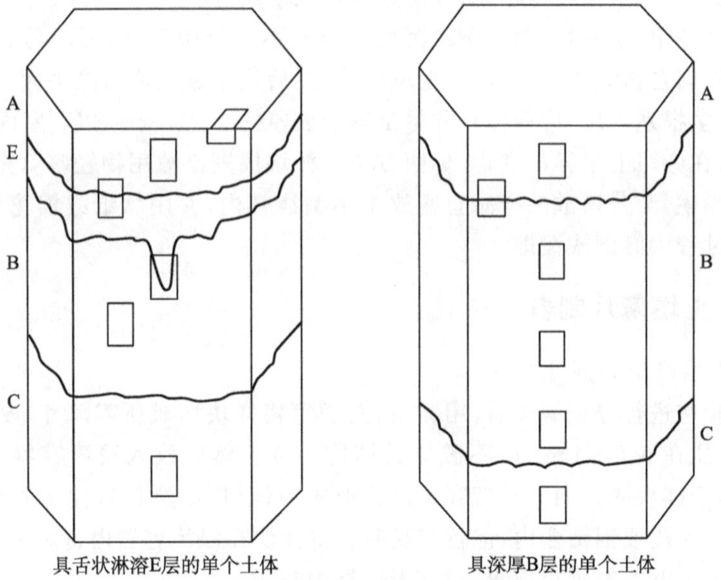

图 15.2　土壤样块采集部位示意图

如果我们把单个土体(pedon)内的各发生层的三维实体叫做土层个体(horon),那么由图 15.2 可见,欲采集的土壤样块,可以是土层个体内的(intra-horonal),也可以是跨土层个体的(transhoronal)。土壤样块本身既可以是一个结构体(ped),也可以是结构体的一部分(若结构体很大),或包含多个结构体(结构发育明显的土壤),或为两个相邻的不完整结构体(若两结构体转大,为了观察结构体间的表面或淀积物、根系等形貌),或为无结构土壤物质的一部分。总之,代表一个土层个体或由一个土层个体向另一土层个体过渡的土壤样块是一个原状的三维实体。

② 土壤样块的采集

土壤样块一般取其垂直面,以便观察单个土体中物质的淋溶和淀积特征。有时,为了研究土壤结构、孔隙等分布特征可采集其水平面作为辅助。

当土壤比较湿润、不十分硬结,特别是需要制备大、中薄片时,可用库比纳盒采样。首先在选定的部位上按盒子大小划出轮廓,削去旁边的土壤,下切约 1～2cm;

将卸去上、下盖的盒套入；继续削去周围土壤(若有较粗根系阻碍盒的切入，应剪去)；逐渐加压，直至盒内土填满，并略高出盒面，用刀修整表面后加盖。然后再用刀切入盒的背面，将盒取出，削去多余土壤，加盖。最后写上标记，包括用箭头标明方位。

若土壤多砾石或甚坚硬，则可采集适宜大小的土块，放入任何容器中，但周围空隙处需要用软纸、棉花等填充，以防运输过程中震碎。

若拟制备中、小薄片，而土壤或沉积物等又不十分松散，则可用马粪纸质标本盒采集。根据盒格大小，用刀小心挖取样块，然后用钢锯条或刀除去大于盒格部分的土壤(若多根系露出，应剪掉)，并尽量锯削成厚约 1～1.5cm，以利室内浸透。放入盒格后，在旁写上采样深度，并标明方位。样块周围空隙用物轻塞填充。

如前所述，十分松散的样品宜盛放于小型烧杯内，并用软纸或棉花妥为填塞，防止运输过程中倾倒或泼散。

15.1.3 土壤薄片制备

(1) 土壤样块的预处理

在实验室进行登记编号后，用锯条、刀子等将样块切成所需尺寸，厚度以较薄为宜，尽可能在 0.5～1cm，以不破坏其结构为度。然后放入浸渍容器，工作面朝上，注意标记样块的方向。浸渍容器以玻璃质为佳(例如烧杯)，便于脱模；较大样块可盛放于铁皮或铝箔盒内，但较难脱模。待样块在浸渍容器内自然风干后，再在 80℃下烘干 12h 左右即可取出，放在干燥器中备用。

(2) 浸渍和固化

① 疏松土壤和沉积物样块的浸渍和固化

浸渍剂的配制：选用不饱和聚酯树脂作浸渍剂，这是一种多品种多牌号的合成树脂，应采用其中低黏度、耐热性的牌号。如 198# 和 3198#，其黏度为 0.4～0.9 帕秒/25℃，固化后热变形温度在 90℃以上。它易于浸透土样，固化方便，折射率接近加拿大树胶，经用阿贝氏折射仪测定为 1.54 左右(198# 为 1.5375，3198# 为 1.5448)。其他牌号的不饱和聚酯树脂如通用的 196# 也可采用，但折射率偏高，在 1.56 左右。每 100mL 加入 0.6mL 过氧化苯甲酰在邻苯二甲酸二丁酯中的 50%糊状液(质量比)作催化剂(简称催化剂 B)并不断搅拌使均匀混合。

浸渍操作：将置于浸渍容器中的待浸渍样品放入真空干燥器(图 15.3)，沿浸渍容器边缘徐徐注入浸渍剂，淹至样品高度 1/2 处，然后在减压条件下，赶出样品孔隙内的空气，使胶液充分渗入。减压程度因室温而异，勿超过苯乙烯①的饱和蒸气压，以免产生大量气泡而使胶液溢出。待样品减压抽气至如表 15.2 所示的帕斯

① 不饱和聚酯树脂约含 30%的苯乙烯。

卡时，维持 15min。然后再加入胶液至浸没样品。继续减压抽气，直至基本上不产生气泡为止（一般约需 1h 以上），这时胶液已充分渗入样品的微细孔隙内。

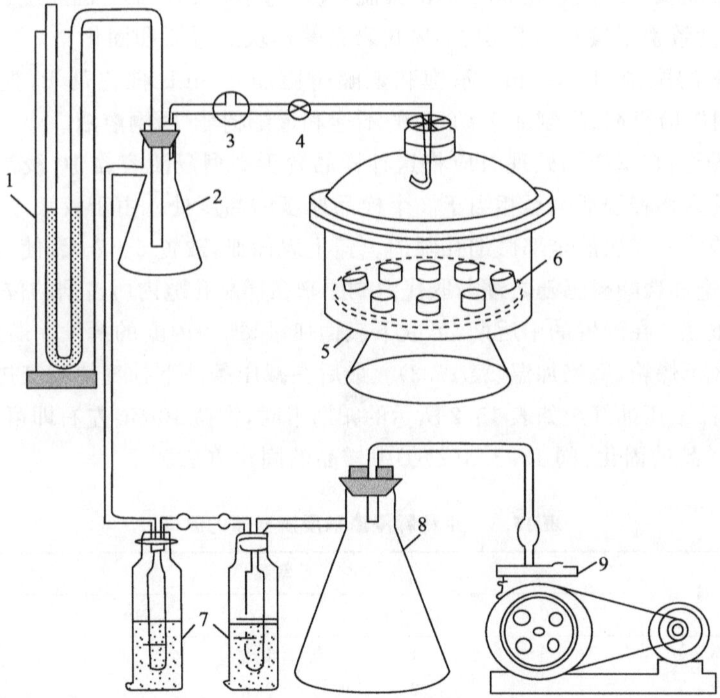

图 15.3　样品浸渍装置图

1. 水银减压计　2. 1000mL 安全瓶　3. 三路真空活塞　4. 压力调节夹　5. 真空干燥器　6. 浸渍容器　7. 500mL 洗气瓶　8. 2500mL 安全瓶　9. 真空泵

表 15.2　不同室温时浸渍样品的减压抽气程度*

室温/℃	苯乙烯的饱和蒸气压/Pa	样品减压抽气程度/Pa
0	173.319(1.3 mmHg)	—
10	346.637(2.6 mmHg)	533.288(4 mmHg)
20	653.278(4.9 mmHg)	799.932(6 mmHg)
25	879.925(6.6 mmHg)	1066.567(8 mmHg)
30	1173.234(8.8 mmHg)	1333.220(10 mmHg)
33	—	1599.864(12 mmHg)
35	—	1866.508(14 mmHg)
40	2026.494(15.2 mmHg)	—

* 引自 Blout(1951)。

浸渍样品的固化：采用热固化法，即把浸渍后的样品放入烘箱，按 50℃3h，60℃1h，70℃2h，80℃2h 的升温顺序加温，便可固化硬结。固化后令其在烘箱内自然冷却至室温后方能取出。注意在 50℃前的升温，应以每小时 10～20℃的速度进行。

② 黏度致密土壤和沉积物、半风化岩石等样块的浸渍和固化

浸渍剂的配制：每 100mL 不饱和聚酯树脂加 0.5mL 催化剂 B，搅匀后再加 80mL 丙酮作稀释剂，配制成 1∶0.8 的不饱和聚酯树脂-丙酮溶液。

浸渍操作：在室内预处理时应将这种样品置于高型浸渍容器中，浸渍时沿容器边缘徐徐注入稀释浸渍剂至相当于 3 个样品厚度的高度处。由于胶液十分稀淡，几乎可以很快渗入样块的全部微细孔隙内。盖上表面皿，放置 5～7 天，使丙酮逐渐挥发逸出，不饱和聚酯树脂随之逐渐取代丙酮原来在样品孔隙内所占据的位置，直至全为树脂所填充。在静置的中后期，可取下表面皿，以加快丙酮的挥发。若室温偏低，可放入鼓风干燥箱，适当加温(表 15.3)。最后在减压条件下抽气使胶液进一步浸透样品，待样品减压抽气至如表 15.2 所示的帕斯卡时，维持 10min 左右即可。

浸渍样品的固化：同 15.1.3(2)①中样品的固化方法。

表 15.3　用稀释浸渍剂浸渍样品的时间

操作步骤	室温/℃				
	>30	30～25	24～20	19～16	<16
加盖(天)	1	1	1	1	1
留缝(天)	2	2	2	1	—
去盖(天)	2～3	3～4	3	2	2
30℃加温(天)	—	—	—	2	2
40℃加温(天)	—	—	1	1	2
全过程(天)	5～6	6～7	7	7	7

③ 需注意的问题

在浸渍固化过程中对质地明显差异、不同 pH、含或不含盐的样品宜分开操作。中、粗质地土壤或其他样品易于浸透，减压浸渍需时较短，而黏质致密土壤或其他样品则需时较长。分开操作有利于节省时间。另外，土壤的 pH、含盐与否等对浸渍样品的固化速度有一定影响，分开进行固化可防止同一批样品中发生固化时间先后不一的问题。

15.1.4　土壤薄片磨制技术要点

(1) 固结土壤样块和其他样品经过切片、磨片(粗、中、细磨)、黏片、再切片、再磨片(粗、中、细磨)后用冷杉胶盖片，清洗并贴上标笺，薄片制备便告完成。

(2) 固化土样切片时，切块厚度以 0.5cm 左右为宜，不要太薄，以免磨片时磨

块变形。如土样较大,不宜持续切片,以防受热变形。切片时应注意切块有无遇水"胀化"现象,以决定磨片时是否需要用煤油作磨片液。

(3) 磨料规格和品种虽有一定要求,但并无严格限定,可视货源和工作习惯选用。一般粗磨用120～150号金刚砂(其中绿碳化硅硬度大,比黑碳化硅好);中磨用240～320号金刚砂(也可用同型号刚玉砂代替,但硬度较差);细磨可分别用M28-M20和M7-M3.5的金刚砂或刚玉粉。

(4) 磨片一般用水作润滑液。遇水膨胀或因浸渍不透致磨片时细土脱落的样品宜用煤油磨。

(5) 含盐样品在南方潮湿季节即使已经用树脂固结,其磨面和切开面仍会产生"冒汗"现象,在磨片的间歇过程中应随时置于干燥器中。

(6) 黏片前必须仔细检查磨块的磨面是否变形而显得不平,如发生变形,必须重磨,确认已十分平整后才能黏片。

(7) 供黏片的载玻片必须经过严格检查,选用平整而无擦痕者,并用稀盐酸浸泡,洗去油污或霉斑。

(8) 用环氧树脂[①]作黏片剂,黏结牢固,可以上切片机。缺点是折射率偏高(为1.58)。固化剂宜采用三乙烯四胺或*N*-羟乙基乙二胺,可室温固化而且低毒。配制方法:

① 用三乙烯四胺作固化剂,先在每100g环氧树脂中加10g邻苯二甲酸二丁酯(增塑剂)。再加入固化剂,其用量因室温而异(表15.4),加入后用玻璃棒向同一方向或有规律地转换方向缓慢调匀。然后加8g或10mL丙酮作稀释剂,室温在30～34℃时丙酮用量可减少一半左右,室温超过35℃时可不加丙酮。

② 用*N*-羟乙基乙二胺作固化剂。其用量也因室温而异(表15.5),调匀后可视黏片剂的黏度情况加入5～8g丙酮作释剂。

(9) 在磨片过程中难免有金刚砂嵌入样品,若在黏片前和盖片前在超声波清洗槽中清洗,可获得满意的效果。

(10) 盖玻片也需经过检查、清洗后方能使用。

表15.4 三乙烯四胺作固化剂的用量

室温/℃	三乙烯四胺/(g/100g环氧树脂)
≤20	12
21～25	11
26～29	10
30～34	0.8
≥35	0.6

① 宜选用E-44(旧6101)型号,这是一种低分子量双酚A型环氧树脂,软化度低,为14～22℃。

表 15.5　*N*-羟乙基乙二胺作固化剂的用量

室温/℃	*N*-羟乙基乙二胺/(g/100g 环氧树脂)
7～9	18
10～12	17
13～15	16
16～18	15
19～21	14
22～24	13
25～27	12
28～33	11
≥34	10

15.2　土壤薄片的观察和描述

15.2.1　土壤基质(Soil matrix)

土壤基质是在风化成土过程中形成的、由<0.01mm 的矿质和(或)有机颗粒组成的连续相,包括 0.009～0.005mm 的粗基质颗粒、0.004～0.002mm 的细基质颗粒和<0.002mm 的细粒物质。

(1) 基质颜色

借助标准芒塞尔土壤比色卡①在单偏光下测定土壤基质的颜色可以鉴定土壤腐殖化程度、铁质含量或浸染状况、离铁状况、氧化铁脱水或水化程度以及碳酸盐状况等,必要时辅以在斜反射光下测定土壤基质的反射色有助于进一步鉴别腐殖化与铁的富集化以及氧化铁的脱水或水化程度。

供测定颜色的土壤薄片应具标准厚度,即 0.03mm,以免因厚度不同而造成颜色上的差异。在单偏光下测定时应在一致的较放大倍数(40～50 倍)和正常观察所需的光亮强度下进行。放大倍数和光亮强度的增加,都会使明度和彩度增高。在斜反射光下测定土壤基质的反射色时需将透射光源隔绝,使自然光或灯光(至少 60W)斜射土壤薄片表面,通过物镜进入目镜。用白炽灯光测定斜反射色若不加蓝滤色片,泛色稍黄,但并不影响鉴定;在描述时应注明所使用的光

① (1)中国科学院南京土壤研究所和中国科学院西安光学精密机械研究所编制,1989 年:中国标准土壤比色卡。南京出版社。(2)日本农林省农林水产技术会议事务局监修,1973 年:新版标准土色帖。日本色研开事业株式会社。

源。比色时，将比色卡靠近显微镜筒，尽量用左眼观察薄片，右眼视比色卡上的色片。

由于有的土壤基质颜色较为鲜艳，其彩度常超出现有芒塞尔比色帖的色片范围，在可能条件下可参照日本《标准叶色帖》作辅助测定，颜色名称见表 15.6，注意应加引号。

表 15.6　与芒塞尔颜色标志相对应的暂拟颜色名称

色调（Hue）	明度/彩度（Value/Chroma）	推定颜色名称
7.5R	7/10	“亮黄橙”
	6/10	“亮橙红”
	6/8	“橙红”
	6/6	“浊橙红”
	5/10	“红”
	5/8	“红”
	5/6	“红”
	4/10	“红”
	4/8	“红”
	4/6	“红”
	3/10	“红”
	3/8	“暗红”
10R	7/10	“亮红橙”
	6/10	“亮红橙”
	5/10	“红”
	4/10	“红”
	3/8	“暗红”
2.5YR	7/10	“亮橙”
	6/10	“亮红橙”
	5/10	“亮红棕”
	4/10	“亮红棕”
	3/8	“红棕”
	2/6	“暗红棕”
	2/4	“暗红棕”
5YR	7/10	“亮橙”
	6/10	“亮橙”
	5/10	“亮红棕”
	4/10	“亮红棕”
	3/8	“暗红棕”

续表

色调（Hue）	明度/彩度（Value/Chroma）	推定颜色名称
7.5YR	8/10	"亮黄橙"
	7/10	"亮黄橙"
	6/10	"亮橙"
	5/10	"亮棕"
	4/8	"亮棕"
	4/7	"棕"
	3/6	"棕"

在测定基质颜色的同时，应注意描述颜色的均一程度及其成因。

(2) 基质类型

土壤基质在风化成土作用进一步影响下，其内部某种或某些组成分发生移动、淋失、聚积和再组配，从而形成具有一定形貌特征的基质类型。

① 胶凝基质

胶凝基质是铁铝土纲风化B层、黏粒淀积层中最常见、最主要的土壤基质类型。在单偏光下显示致密、平整而比较光滑的形貌；粗骨颗粒在胶凝基质内呈嵌埋状分布。

② 高度胶凝基质

高度胶凝基质是玄武岩、蛇纹岩等基性、超基性岩上发育的砖红壤的风化B层所特有的土壤基质。形貌十分致密、光滑、常呈暗红色。对砖红壤单个土体的风化B层各亚层自下而上逐层观察可以见到，随着成土作用的进行，土壤基质逐渐凝聚。最初在基质内部隐现大小为0.01～0.02mm的微凝聚体，致使基质表面因有许多光滑的微突起而不如胶凝基质那么平整。继而，随着孔隙发育而形成不同发育程度的凝聚性团聚体。粗骨颗粒在土壤基质内呈包埋状分布，即基质与粗骨颗粒接触部分逐渐变淡，似将粗骨颗粒包埋。

过渡性基质-胶凝-高度胶凝基质见于第四纪红色黏土发育的红壤中，其致密和光滑程度介于两者之间，有一些隐约的微凝聚体；较大的粗骨颗粒在这种基质内多呈嵌埋状分布，而较小者则多呈包埋状分布。

③ 黏结基质

见于我国大部分土壤和铁铝土的腐殖质层中。其颗粒组成以粗、细基质颗粒占优势，细粒物质相对较少，在镜下呈现密实或较密实、平整但不光滑的形貌。在水稻土中常夹有一些黑色粉尘状腐殖化有机颗粒和铁质化矿物碎屑。若这种黑色"粉尘"甚丰，基质污浊，称为浊黏结基质。另外，在某些土壤的BC层中，其黏结基质内含有大量(＞50％)铁质化矿物细屑、暗色矿物细屑或泥浊化长石细屑等黑色

“粉尘”，也属浊黏结基质，但为一种较低级的基质类型。

对于含碳酸盐的土壤，在单偏光下确认为黏结基质后，应在正交偏光下检查是否含有碳酸盐晶霜①，并估测其占土壤基质的面积百分率。占1%～20%者为低碳酸盐黏结基质，占20%～50%者为中碳酸盐黏结基质，占50%～80%者为高碳酸盐黏结基质。若碳酸盐晶霜面积百分率达到80%以上便属另一种土壤基质类型为碳酸盐基质，见于超钙积层和石灰磐，以及强度复石灰水稻土犁底层的部分亚层中。

④ 絮凝基质

(正常)絮凝基质。主要见于肥沃耕种土壤，特别是肥沃水稻土的耕作层中。在低倍显微镜下显示毛糙或蓬松状，放大后可见边缘呈扩散状的不规则形“絮凝体”。“絮凝体”的物质组成为腐殖质、碳酸盐、黏粒和粗细基质颗粒。内部常包裹有较小的粗骨颗粒，后者与基质之间的边界为过渡状。“絮凝体”之间有隐约可见的空隙或较大的粗骨颗粒。在水耕条件下，“絮凝体”形成中产生的应力作用导致黏粒就地重新排列而形成大量纤维状光性定向黏粒，在正交偏光镜下观察，一般因定向黏粒的亮度较弱，加强光源亮度便清晰可见。

铁质絮凝基质。见于少数红壤的有较多铁质化矿物或铁质化岩屑，发育较年轻的风化B层中。土壤基质在整体上较为毛糙，仔细观察可见多密集的不规则形黏粒-氧化铁絮凝体，在斜反射光下絮凝体泛浓艳的红色，与其相邻无絮凝基质的土层或同一土层内非絮凝或絮凝不明显的土壤基质相比，后两者的斜反射色为稍淡的红色。粗骨颗粒在铁质絮凝基质中的分布常呈包埋状。

碳酸盐絮凝基质。见于某些含碳酸盐土壤中。其在单偏光下的形貌特征与上述两种絮凝基质相同，在正交偏光下可见其物质组成主要是碳酸盐、黏粒和粗、细基质颗粒，有时可能尚有腐殖质。

⑤ 浊松基质

浊松基质是一种低发育土壤基质类型，见于某些土壤的BC层。土壤基质疏松，含有大量暗色矿物细屑、铁质化矿物细屑。

(3) 基质比

土壤薄片中土壤基质与粗骨颗粒的比例(相关分布)称为基质比，反映该土层总的颗粒组成特征。在单偏光和正交偏光下进行估测，以土壤基质的面积百分率/土壤基质+粗骨颗粒的面积百分率表示。当土壤基质的面积百分率为10%，粗骨颗粒的面积百分率为90%时，基质比即为0.1。以此类推，当土壤基质的面积百分率达100%时，基质比为1。

---

① 指散布于土壤基质中，粒径＜0.01mm的碳酸盐泥晶，包括0.01～0.005mm的微晶，0.005～0.002mm的细微晶和＜0.002mm的隐晶。

15.2.2 胶结型式(Binding patterns)

胶结型式是指土壤基质与粗骨颗粒之间的胶结关系,反映土壤基质与粗骨颗粒的排列方式、数量关系以及土体的松紧程度和结持状况。描述时,以土壤基质在胶结型式中的状态命名。

(1) 包膜胶结型式

土壤基质包膜于粗骨颗粒表面,相互胶结形成游离颗粒。见于砂土中,又可细分为薄包膜胶结(基质膜厚 0.002～0.005mm)和厚包膜胶结(基质膜厚 0.01～0.02mm),后者形成的游离颗粒称为屑粒。必要时可分出中包膜胶结(基质膜厚 0.005～0.01mm)。

(2) 包膜-接触胶结型式

由包膜于粗骨颗粒表面的土壤基质相互接触而胶结。见于砂土和砂质土壤中。可进一步按"胶结体"堆集的松紧程度分出疏松堆集包膜-接触胶结、稍紧堆集包膜-接触胶结和紧实堆集包膜-接触胶结等亚型。

(3) 桥接胶结型式

土壤基质除包膜于粗骨颗粒表面外,其部分边缘的基质以桥接物状态伸出与另一颗粒互相胶结。

(4) 填隙胶结型式

土壤基质填充于粗骨颗粒之间的空隙中,将许多粗骨颗粒胶结连成各种大小的"实体"。粗骨颗粒含量仍占优势,粗骨颗粒含量越多,"连片"面积越小。可进一步按粗骨颗粒间填隙土壤基质的垒结的松紧程度分为疏松填隙胶结、稍紧填隙胶结和紧实填隙胶结等亚型。

以上四种胶结型式构成疏松的土壤垒结,土壤结持疏松或较疏松。

(5) 基底胶结型式

以土壤基质为基底,粗骨颗粒嵌埋或包埋于土壤基质中连成整体的一种胶结型式。土壤基体①紧实(基质比小)或致密(基质比大)。

15.2.3 粗骨颗粒(Skeleton grains)

粗骨颗粒是土壤物质中>0.01mm 的矿物颗粒和岩屑。

(1) 粗骨颗粒的大小、形状和数量

测定薄片中粗骨颗粒的大小、形状和数量可以说明土壤的机械组成和物质来源。

---

① 由土壤基质和粗骨、颗粒相互胶结形成的连续体,不包括各种土壤形成物、植物残体>0.01mm 的孔隙。

① 颗粒大小(粒度)

以颗粒直径表示,单位为mm。由于薄片切过处不一定是各颗粒的中心,故测量的颗粒大小一般必然小于实际情况;据统计,所测量平均直径只是真正球径的76.3%。另外,土壤中粗骨颗粒的形状常不规则,特别是延长形的颗粒,测量其不同方向轴径得出的结果相差很大,在微形态工作中采用测量长轴的方法;对于针形颗粒(例如黑、白云母)则分别测量其长、短轴。测量时,应预先确定目镜测微尺中每一刻度(共100格)在不同放大倍数的物镜下的值。即把刻度为100等分的物镜测微尺(一般都注有每等分=0.01mm)置于偏光显微镜载物台上,调整焦距并使目镜测微尺与物镜测微尺的零位对准,找到物镜测微尺的某一刻度分划与目镜测微尺的任一刻度线相重合处,即可按公式求得目镜测微尺中每格的值

$$E = \frac{Z}{A} \times T \tag{15-1}$$

式中,E为目镜测微尺中每格的值;Z为物镜测微尺中的格数;T为物镜测微尺中每格的值(0.01mm);A为目镜测微尺中的格数,依次从低倍物镜至高倍物镜分别测出目镜测微尺在不同物镜下的刻度值,然后绘制成表供查用。在测量颗粒大小时应注意描述粒度的均一性。

② 形状

圆度:指颗粒在搬运过程中经流水冲刷、滚动、互相撞击后棱角被磨圆的程度。一般分为五级(棱角形、半棱角形、半磨圆形、磨圆形、极磨圆形),其描述标准见表15.7。

表 15.7　颗粒圆度分级

分级	圆度系数	特征
棱角形	0～0.15	面和脚边明显;有许多二级角*
半棱角形	0.15～0.25	面明显,边缘略磨圆;多二级角
半磨圆形	0.25～0.40	边和角磨圆,平的面积较小 二级角很圆,数目也减少(5～10个)
磨圆形	0.40～0.60	一般无平的面,所有边、角呈 较大的弧形;二级角消失
极磨圆形	0.60～1.00	无平的面,整个表面由大弧组成

* 二级角(secondary corner)是"颗粒切面上许多小的凸出部分",而一级角(primary corner)是主要的面间边(interfacial edge),数目很少。

球度:指颗粒形状与球体相似的程度,一般分为扁平状、卵状、半球状和球状。圆度和球度可参照一般岩矿鉴定手册中的附图进行测定。

③ 数量

在描述粗骨颗粒的大小、形状后要进一步测量其数量，一般在必要时才采用点计法、带计法或线计法进行较精确的测量，常用的简便方法为借助颗粒数量估测卡(参见一般岩矿鉴定手册)进行估测。

(2) 粗骨颗粒的分布和排列

① 分布型式

堆集状分布：见于粗骨颗粒占优势，呈包膜胶结、包膜-接触胶结、桥接胶结和填隙胶结的土壤中。

嵌埋状分布：见于具黏结基质、胶凝基质的土壤中。

包埋状分布：见于具高度胶凝基质、絮凝基质的土壤中。

② 排列型式

紧实；稍紧实；疏松；散布(仅用于呈基底胶结的土壤)。

③ 分布的均匀程度

均匀；较均匀；不均匀；极不均匀。

④ 分选型式

粗骨颗粒在沉积过程、堆积过程、冻融交替过程等影响下粗骨颗粒本身或土壤基质与粗骨颗粒两者发生分选，重新排列而造成的各种分选型式。

层状分选：粗、细颗粒分选成水平或近水平分布，可由沉积、堆积、冻融交替等原因造成。

环状分选：由冻融交替导致粗骨颗粒呈环状分布。

堆叠分选：粗骨颗粒集中堆叠成一定形状。有冻融交替、堆积等成因。不包括土壤表层中因黏粒淋失而形成的由残留粗骨颗粒组成的淋余斑(属土壤形成物中的颗粒形成物)。

⑤ 定向型式

水平定向型式：在缓慢静水沉积条件下或复石灰水稻土等板结土壤中细小长形粗骨颗粒(主要是针形矿物颗粒)以其长轴方向呈水平或近水平排列。

垂直定向型式：由于冻融交替作用，粗骨颗粒的长轴方向呈垂直或向一侧倾斜分布。

扭曲定向型式：因气泡状孔隙或其他孔隙的发育，或其他内营力的扰动影响而发生扭曲。

无序定向型式：一般无需描述，在原定向型式受严重扰动而改变的情况下应予说明。

(3) 粗骨颗粒的矿物组成及其风化状况

① 单矿物鉴定

参见王德滋(1975)、罗吉斯和凯尔(1956)。

② 岩屑的矿物鉴定和命名

在土壤微形态上把由两个或两个以上任何大小的原生矿物(不管是单矿物或多矿物)组成的,而且在排列上与原岩石中一致的粗骨颗粒称为岩屑。它可以用岩石命名(例如花岗岩岩屑),也可以其矿物组成命名,例如石英质岩屑(指由两个或两个以上的石英晶体组成的单矿物岩屑)、黑云母-斜长石-石英质岩屑(由黑云母、斜长石和石英组成的多矿物岩屑)。命名时将占优势的矿物放在最后,若在上述岩屑的矿物组成中以黑云母为主,石英最少,则命名为石英-斜长石-黑云母质岩屑。

在鉴定岩屑的矿物组成中应特别注意区分属于石灰岩一部分的方解石质岩屑与成土过程中形成的方解石集晶体(例如方解石凝块)以及磨圆形方解石质岩屑与成土过程中形成的方解石凝团。

③ 矿物的风化形貌

物理风化:例如石英、长石等的冻裂、热裂和裂脱;黑云母、白云母的剥裂等。

蚀变和风化:例如黑云母蚀变为褪色黑云母;黑云母沿解理面水化变为浅色的细小蛭石,与未变化的黑云母互生,成为水黑云母;进一步水化则全部变为蛭石;黑云母常风化为绿泥石并依黑云母成为假晶。

铁质化岩屑和矿物:在薄片中常可见到可风化矿物,特别是铁镁矿物,在风化过程中释放出的游离铁沿矿物的解理面、矿物间或矿物内的间隙浸染,或使矿物全部铁质化,形成尚可识别出原来矿物种类的不完全铁质化矿物或岩屑和已不能识别原来矿物种类的完全铁质化矿物或岩屑。铁质化部分在单偏光下呈不透明的棕、黄棕、暗棕和黑棕等色,在正交偏光下全黑,在斜反射光下因其脱水或水化程度的不同而泛红棕、棕红、鲜红、橙红、红橙或橙色。除铁质化岩屑和矿物外,更常见的是由完全铁质化矿物颗粒进一步崩解成粉砂大小的棱角形铁质化矿物碎屑。在鉴定时应注意勿与由土壤发生形成的铁质凝粒混淆,可根据前者多呈棱角形或半棱角形,后者则呈磨圆形予以区别,在游离铁活化较为强烈的土壤中可见游离铁自铁质化矿物碎屑浸染至邻近土壤基质中,若这些“活化”的铁质化矿碎屑分布较为集中,则释放出的游离氧化铁可连成局部的一片,将铁质化矿物碎屑包于其中,两者合在一起称为铁质斑迹。

15.2.4　孔隙(Voids)

在薄片中观察到的孔隙是通过某一切面的二维图像,众所周知,任何三维形状的物体在不同切面表现为不同形状,例如根孔的纵切面呈管道状,横切面近似圆形,斜切面则呈椭圆形。

(1) 孔隙的形态分类

① 堆集性孔隙

由单粒或团聚体堆集而形成的一种开放性孔隙,孔隙互相连通。其孔隙壁就是单粒或团聚体的表面。孔隙的大小、形状决定于单粒或团聚体的大小、形状和堆集特征。可进一步分为：

简单堆集性孔隙：由单粒堆集而形成。

复合堆集性孔隙：由团聚体堆集而形成。

复杂堆集性孔隙：由单粒和团聚体堆集而形成。

② 气泡状孔隙

简称泡孔，呈圆形，孔隙壁光滑，大小不一，彼此不连通，属封闭性孔隙，见于干旱土和碱土的结皮层。其在结皮层下部常发生变形，成为不规则形孔洞，按其成因可称为泡孔性孔洞。

③ 孔道

孔道又称管道状孔隙，为圆柱形或近似圆柱状，孔隙壁常较光滑，属半封闭或封闭性孔隙。既有生物成因，也有土壤成因，前者常残留有植物根或动物粪粒，对于这类孔道可命名为根孔(道)或动物孔道。按其分叉与否可分为单一孔道和分叉孔道。

④ 孔洞

孔洞是一种较大的不规则形、孤立的封闭性孔隙，孔隙壁呈不同程度的圆滑凹凸状。主要为土壤成因，也有生物成因。后者常残留有植物根系或动物粪粒，可称为根孔洞或动物穴。

⑤ 孔穴

孔穴是孔洞的极度发育形态；孔隙壁凹凸明显而不圆滑，多枝状突出。大小一般为1～2.5mm，甚至更大。常伴随结构体的形成。孔穴是土壤孔隙发育良好的一种形态，常与相邻的孔穴相连，由原封闭性孔隙变为半封闭的并连孔穴或沟连孔穴。

⑥ 囊状孔隙

简称囊孔，专指土壤中原来的孔道或裂隙在孔隙继续发育过程中，其某一地段向两侧凸出形成囊状，或原来的孔洞、孔穴其两端孔隙壁凸出，发育成短孔道，而原孔洞、孔穴本身成为囊状的孔隙类型。不包括孔洞、孔穴、气泡状孔隙等因土壤裂隙或孔道的发育将它们沟连的形态，这些孔隙分别称为沟连孔洞、沟连孔穴和沟连泡孔。

⑦ 树枝状孔隙

简称枝孔，由孔道极度发育而成，多分枝，常与邻近的树枝状孔隙相连，形成半封闭性孔隙，是土壤孔隙发育良好的一种形态。树枝状孔隙的发育常伴随有结构体的形成。

⑧ 蠕虫状孔隙

孔隙壁呈不对称的凹凸状，一端或两端逐渐变细，分叉或不分叉，长宽比一般为10∶1或更大些。主要见于铁铝土和铁硅铝土中，硅铝土中也可见到。按其发育状况可分为：

粗长蠕孔，宽度＞0.07mm，长度＞1mm。粗短蠕孔，宽度＞0.07mm，长度＜1mm。细长蠕孔，宽度 0.01～0.07mm，长度＞1mm。细短蠕孔，宽度 0.01～0.07mm，长度＜1mm，一般为 0.2～0.3mm。致密土壤的孔隙发育往往首先形成细短蠕孔，然后发育则形成孔洞、孔穴或树枝状孔隙。

⑨ 裂隙

由于干燥收缩或冻融变替而形成。孔隙壁通常互相平行，而且形状对称吻合，由此可与孔道区别。有时裂隙因被根系伸长或动物活动而发育成为孔道化裂隙。

⑩ 人为孔隙

人为孔隙是制备土壤薄片过程中因粗骨颗粒的脱落或局部土壤基体的磨失而造成的孔隙。前者可由“孔隙”呈粗骨颗粒假形，后者可由“孔隙壁”呈模糊的逐渐过渡或残留有许多细(土粒)斑点予以识别。

(2) 孔隙大小的测定和分级

① 孔隙大小的测定

等向形孔隙，例如气泡状孔隙，以其直径表示。

短延长形孔隙，例如变形气泡状孔隙、孔洞和孔穴等，以其短径表示；形状不规则的孔洞或孔穴应测其左、中、右(或上、中、下)三条短径，取其平均值。

较长的延长形孔隙，例如孔洞、孔穴，应同时测定其长径和平均短径值。

长形孔隙，例如孔道和裂隙，测定其宽和长度。

② 孔隙大小的分级

由于孔隙形态不一，有的孔隙在分类时本身就有大小的概念(例如孔洞、孔穴)，因此不宜作统一规定。这里仅就几种孔隙的大小分级划分如下。

孔洞、孔隙和囊状孔隙，主要按其短径并辅以长径进行分级(表 15.8)。

表 15.8　孔洞、空穴、囊状空孔隙的大小分级*

大小分级	短径/mm	长径/mm
极小	＜0.25	0.5
小	0.25～0.5	0.5～1
中	0.5～1	1～2
大	1～1.5	2～3
极大	＞1.5	＞3

* 若某孔洞的长径值跨人相邻较大等级，而且与原等级规定的值相差较大时，则该孔隙的大小分级可归入较大的一级中，例如测得为 0.7mm×3.3mm 时，即划为“大孔洞”。

孔道：按其宽度进行分级(表 15.9)。

裂隙：按其宽度进行分级(表 15.10)。

表 15.9 孔洞的大小分级

大小分级	宽度/mm
细微	＜ 0.01
细	0.01～0.03
中	0.04～0.06
粗	0.07～0.09
大	≥0.1

表 15.10 裂隙的大小分级

分级	名称	宽度/mm
裂隙(＞ 0.01mm)	细裂隙	0.01～0.03
	中裂隙	0.04～0.06
	粗裂隙	0.07～0.09
	大裂隙	≥0.1
裂纹(＜0.01mm)	细裂纹	0.001 0.003
	中裂纹	0.004～0.006
	粗裂纹	0.007～0.009

15.2.5 结构体(Peds)

结构体包括由团聚作用形成的近圆形或椭圆形土壤团聚体和主要由干湿交替、膨胀收缩作用形成的棱角形土块。

结构体按其复合程度分为简单结构体和复合结构体,后者是由两个或两个以上的一级(初级)结构体集合成的二级结构体,乃至由两个或两个以上的二级结构体组成的三级结构体。若在一已基本形成二级结构体形貌或三级结构体形貌的复合结构体中,前者的"二级结构体"之间的间隙大部分断续相连,尚未完全隔开,后者的"三级结构体"之间的间隙大部分断续隔开,则分别称准二级结构体和准三级结构体。

团聚体按其大小分为大团聚体和微团聚体,其划分界限为 0.25mm。按其发育程度可分为:①雏形团聚体。已隐约可见团聚体的形状,但彼此紧密相连,"团聚体"之间仅见少量孔隙,整个"团聚体"群尚未脱离"母体"。②连生团聚体。团聚体的发育稍差,由两个或两个以上的团聚体连在一起,基部未脱开。③游离团聚体。团聚体发育良好,彼此独立。对于后两者均要辅以描述其堆集密度,即分为疏松堆集的,稍紧实堆集的和紧实堆集的三种。

另外,在高寒土壤中尚可见有融冻团聚体,土壤基质以不同厚度包裹于粗骨颗粒周围,基质内黏粒呈光性定向排列。在动物活动旺盛的土层中,可见由动物粪粒组成的粪粒性团聚体，但严格地说应属"生物形成物"(见 15.2.8)。

15.2.6　有机物质(Organic materials)

(1) 植物残体

① 新鲜植物残体

新鲜植物残体是一些未分解的残根、残茎、残叶等植物器官，可能包括部分活的植物根。在单偏光下可辨认出明显的细胞构造，在正交偏光下可见纤维素所特有的相当高的双折射率，呈灰或亮黄等干涉色。

② 半分解植物残体

在单偏光下可见残留有不同比例和不同完整度的细胞构造。在细胞构造内有棕色物质形成，在正交偏光下保留部分纤维素的较高双折射率，有的则已减弱或丧失。

③ 腐殖化植物残体

细胞构造已不明显，主要是呈棕黄、黄棕、棕、黑棕色的腐殖物质，但尚保持植物体残体或其碎屑的外形。

④ 碳化和半碳化植物残体

前者黑色，后者黑棕或极暗红棕色，均保留有明显的细胞构造，见于森林土壤腐殖质层、火烧迹地土壤以及施过草木灰的耕种土壤中，后者属侵入体。

(2) 腐殖质

植物残体和其他有机残体完全腐殖化的产物。在单偏光下呈棕至棕黑色(与腐殖质组成有关)，在正交偏光下呈全黑，在斜反射光下泛暗棕至黑棕色，以此可与在斜反射光下主要泛不同程度带红色的铁质物质相区别。腐殖质在薄片中或浸染于土壤基质，或本身形成微密的土壤形成物，例如凝粒、斑块、条带、胶膜等，或作为胶结物质形成腐殖质胶结凝块、凝团等。

(3) 真菌体

土壤薄片可见到的真菌体存在形态有菌丝体、菌核和孢子等。

① 菌丝体

菌丝体是组成一个真菌菌体的菌丝总称。菌丝在低倍镜下观察呈发状，放大后可见其构造为具黑棕至棕黑色的菌丝壁(细胞壁)，内为原生质，常收缩为附于菌丝内壁的带棕色胶状物。菌丝体或寄生于活根的表皮或伸入细胞内，或腐生于死亡有机体，通过细胞壁的扩散作用获取养料，并使有机物质分解。菌丝体见于森林土壤腐殖质层中。

② 菌核

在真菌生活史中菌丝体可集合起来变成一种假薄壁组织而形成菌核，是一种抵抗不良环境的休眠体，有一坚硬的外壳。在薄片中外壳带黑色，内为由紧密排列的、圆形或椭圆形，状似高等植物薄壁细胞所组成的假薄壁组织；细胞内的原生质可能因标本干燥而与菌丝一样成为附于细胞壁的带棕色胶状物。

③ 孢子

孢子是大多数真菌进行繁殖的一种微小单位，有各种形态，在薄片中不常见。

(4) 动物残体

薄片中常见的动物残体是碳酸盐质介壳残体，如螺壳等在低湿土壤中常可见到。但作为主要土壤动物的节肢动物残体则很难发现，说明其分解速度很快。

15.2.7 土壤形成物(Pedological features)

土壤形成物是指土壤形成过程的产物，大体上相当于大形态上的“新生体”，但其含义和内容更广些。因为在薄片中所观察到的土壤形成物，除那些由含有一定物质成分的真溶液、胶体溶液和悬浊液在其移动过程中随土壤条件的变化而在一定的土壤环境中浓缩，其中的物质离析、结晶，并聚集成具有一定外形的单个实体，相当于大形态上的新生体(例如铁质凝团、黏粒胶膜等)外，尚包括一些在大形态上(借助肉眼或手持放大镜)和中形态上(借助体视显微镜)不能被辨识的土壤形成物(例如土壤物质中黏粒就地重新排列而形成的光性定向黏粒集结体和由可风化矿物风化生成的各种风化黏粒体)。

土壤形成物按其形貌可分为胶膜、晶膜、凝团、结核、晶管、晶囊、假晶、斑块等。

按其物质组成可分为黏粒形成物、颗粒形成物、铁锰形成物、碳酸盐形成物、硫酸盐形成物等。

按其物质组配状况可分为：

① 单一形成物

全部或几乎全部由某一物质组成，以“物质组成”+“土壤形成物形貌”命名，例如黏粒胶膜、腐殖质凝粒、方解石凝团等。

由某一物质胶结粗骨颗粒浓聚而成。以“物质组成”+“质”(或“胶结”)(后者仅用于腐殖质胶结情况，以避免出现重叠的“质”字)+“土壤形成物形貌”，例如方解石质凝团、腐殖质胶结凝块等。

② 复合形成物

由两种或两种以上的物质组成，一般呈层状排列，命名时两种物质组成之间用连字符连接，例如黏粒-方解石膜。

③ 混合形成物

由两种或两种以上物质混合组成的形成物，命名时两种物质组成间加黑点符号，在形成物的形貌名称前或冠以“混合”，例如腐殖质·黏粒(混合)胶膜。

④ 复杂形成物

一种土壤形成物被另一种土壤形成物包裹而形成新的形貌称为复杂形成物。在区分这两种先后形成的“形成物”时，将最终形成的复杂形成物称为主体形成物，被包裹者称为内含形成物。例如土壤中方解石晶出并将原来的黏粒胶膜包裹形成凝团，这种凝团便为主体形成物，命名为内含黏粒胶膜的方解石凝团。

对于复合形成物、混合形成物和复杂形成物来说，它们在物质组成上、排列上、发生上都有其主次或先后的关系。在命名时需反映它们的主次或先后关系，即将次要的或先发生的物质组成置于前面，主要的或后发生的放在后面。例如，在一复合胶膜中若黏粒淀积在先，后来因生态环境的变化又发生碳酸盐的淀积，在原淀积黏粒胶膜上沉积一层方解石膜，可命名为黏粒-方解石膜；反之则命名为方解石-黏粒胶膜，由此可以区分出这两种复合形成物在发生上的时间序列。又如在一混合胶膜中，占优势的组成成分为黏粒，次要成分为腐殖质，可命名为腐殖质・黏粒(混合)胶膜；反之，则称黏粒・腐殖质(混合)胶膜。在命名中反映出这两种混合形成物中各自优势的物质组成。前述关于复杂形成物的命名(例如内含黏粒胶膜的方解石凝团)也体现出本命名原则。

上述几种分类法，实际上是互相联系、互相交叉的，这是采取以物质组成分类为纲的描述。

(1) 黏粒形成物

① 淀积黏粒体

淀积黏粒胶膜，分布于孔隙壁，在单偏光下呈弯曲叠层状或流胶状内垒结，与孔隙壁有明显的界面，颜色比土壤基体鲜艳洁亮，多呈亮黄棕、亮棕黄、亮红棕、亮棕红等色，与黏粒晶格中存在一定的铁或与游离氧化铁的浸染有关。在氧化铁浸染明显的情况下称为淀积铁质黏粒胶膜。在正交偏光下呈叠层状或整体状光性定向型式，具较高的双折射率(0.018～0.025)，干涉色有金黄、金橙、金红等色，有黑色消光带垂直于层理，随着载物台的转动而掠过。

如果悬浊液中含有一定数量的粉砂，则可形成淀积粉砂・黏粒胶膜。

若黏粒与腐殖质一起移动则形腐殖质・黏粒(混合)胶膜，在单偏光下颜色带棕，而且不鲜艳；含腐殖质越多，在正交偏光下干涉色受掩蔽越明显。

若黏粒与其他物质在同一孔隙中先后淀积，则形成具层状分布的复合胶膜。

淀积-扩散黏粒胶膜：在颗粒堆集不紧实的土壤中，当悬浊液到达一定深度的孔隙内后，在被毛管提水作夺取的同时，大部分黏粒淀积于孔隙壁，有一部分细黏粒可进一步通过孔隙壁扩散入毛管孔隙而逐渐沉积，形成淀积-扩散黏粒胶膜。在单偏光下可见扩散部分沿原孔隙壁向土壤基体扩散，具隐约的层状“层理”，定向程度较差，在正交偏光下多呈纤维状光性定向，亮度较弱。

黏粒填塞体：当黏粒全部填充于较小的孔隙内或黏粒大量淀积于“粗粒质”土层的粒间孔隙内将粗骨颗粒胶结连成整体时称为黏粒填塞体。

淀积黏粒薄膜：见于“粗粒质”土层中，黏粒在粗骨颗表面形成薄膜。

老化黏粒胶膜：又称变形黏粒胶膜，在土壤发生扰动(例如干湿交替、融冻交替、膨胀收缩、土层翻转、动物活动、根系伸长等)的影响下,特别是在古土壤中,淀积黏粒可发生老化而变形,或向土壤基一侧呈不同程度的扩散,而且表面不洁亮;或随孔隙的变形而破裂解体;或有一部分土壤基体嵌入或混入;或嵌入土壤基体成为淀积黏粒胶膜残体;或最终融入土壤基质;或碎裂成黏粒胶膜碎屑,这在受耕种扰动影响的土壤也常见之。

淀积黏粒体数量的测定,土层中淀积黏粒体含量是鉴定淀积黏化层的重要微形态指标。当其面积百分率≥1%时,即可诊断为淀积黏化层;面积百分率为0.3%~0.9%时为黏淀现象;<0.3%则表明有黏淀迹象,但在土壤系统分类上没有意义。淀积黏粒体面积百分率可用图像分析仪精确测定;也可用投影仪将整个薄片形貌投影于透明方格纸上,用方格法计算其较精确的面积百分率;在大量鉴定时可借助估测卡作粗略测定。

② 黏粒集结体

黏粒集结体是黏粒在土层内就地位移,重新排列、集结而形成的一种纤维状或斑点状光性定向黏粒,是土壤干湿变替、冻融交替、受机械压力(耕作镇压、土块滑动、根系生长等)、沉积、搅动等影响的结果。在单偏光下一般不易辨认,在正交偏光下可呈纤维状或斑点状光性定向型,或具不同亮度的金黄干涉色,形态有斑点、亮线、纤维束、纤维簇等。分布型有杂乱(无序)状、光环状、平行状、斜交状、格子状等,常与粗骨颗粒、植物残体、各种土壤形成物、孔隙和裂隙壁等自然表面平行分布。在描述时还应说明其发育程度,包括数量和亮度,亮度的强弱主要决定于定向程度,在某些深色土壤中(例如红壤、赤红壤和砖红壤)还受基质颜色掩蔽的影响。

③ 风化黏粒体

风化黏粒体是由原生矿物风化生成的黏粒体。主要见于C层、BC层和次生黏化层。

黏粒假晶:可风化矿物晶体全部风化成黏粒,依整个晶体定向排列,其外形保持原来矿物晶体或岩屑(数个矿物晶体)的外形,前者称为假晶,后者称为假形,描述术语为"依黑云母(形成)的黏粒假晶"、"依岩屑(形成)的黏粒假形"等。

黏粒镶边:又称黏粒缘,在原生矿物边缘发生风化形成的黏粒。

风化黏粒斑块:是次生黏化层的一种主要风化黏粒体,土壤基质中的原生矿物全部或大部转化成黏粒,就地聚集成不规则的斑块状,尤以孔隙、裂隙附近最为明显,但形态与淀积黏粒胶膜明显不同。除形状外,风化黏粒斑块在单偏光下颜色比附近土壤基质鲜艳,在正交偏光下呈整体状光性定向型式,在受扰动的情况下可演变成纤维状光性定向型式。

风化黏粒胶膜:其形态和光性特征与淀积黏粒胶膜完全一致,应注意从其产状和分布进行鉴别。鉴别方法是:首先,观察土壤薄片的顺序应从母岩层开始,自下而上进行;其次,注意母岩层中,特别是风化岩石层中岩块或岩屑内存在有黏粒胶膜的前提下，即使在土壤基质内或土壤孔隙内有保存完整的黏粒胶膜，特别是有已经变形，扩散的黏粒胶膜和(或)黏粒胶膜残体，都可初步判断后者(即分布于土壤基质内或土壤孔隙壁的胶膜)属于风化黏粒胶膜的可能性较大；第三，在由下而上逐层观察薄片过程中，若发现这种黏粒胶膜在成土作用影响下有逐渐老化，解体现象，或者数量递减，便可认为这些黏粒胶膜应属风化黏粒胶膜，而淀积黏粒胶膜的剖面分布曲线应是两头小、中间大。

次生黏化层鉴定的微形态指标：风化黏粒斑块、黏粒假晶的面积百分率应达到1%；若面积百分率为0.3%～0.9%则鉴定为次生黏化现象；若面积百分率<0.3%时表明有次生黏化迹象，但无分类上的意义。风化黏粒胶膜与次生黏化作用无关。

(2) 铁锰形成物

土壤中铁锰形成物种类繁多，这里仅列举一些主要的铁锰形成物。

① 结核和凝团

结核呈圆形或近圆形，多呈暗棕色，在斜反射光下泛不同程度的棕红、橙红色，边界明显，内部呈同心圆垒结，浓聚致密，常包裹有粗骨颗粒，例如铁质结核与土壤环境中周期性氧化还原交替有关。凝团与结核的区别是无同心圆内垒结，铁质凝团多呈暗棕色，锰质凝团呈黑棕、棕黑或近黑色，斜反射光下泛棕黑色，其边缘常有枝状体和凝粒体伸出，微小的铁质凝团(0.02～0.03mm)称为铁质凝粒，应注意与铁质化矿物碎屑鉴别。

在观察时还应注意鉴别是就地形成的(包括现土层中发生的和前身土壤遗留的)，还是搬运带入的。就地形成者包裹有与土壤基体中同样的粗骨颗粒大小、形状和矿物组成。搬运带入者所包裹的粗骨颗粒状况与该层土壤基体中的不同或凝团、结核本身有残缺现象。

② 雏形结核和雏形凝团

雏形结核和雏形凝团是结核和凝团发育不完善的形态，铁锰的浓聚程度较低，原来的土壤物质清晰可见，其边界也不很明显，以雏形凝团为常见。

③ 铁质晕状凝团

铁质凝团形成后，由于氧化还原条件等变化，其表面的铁发生“活化”，一部分游离铁释放，在凝团周围呈晕状分布。

④ 铁质凝块

除形状为不规则形外，其他特征与铁质凝团相同，应注意与铁质化岩屑的鉴别。

⑤ 铁质胶膜与锰质胶膜

分布于孔隙和裂隙壁，两者的区别除颜色外，锰质胶膜常有枝状体或凝粒体伸出孔隙壁进入土壤基体。可以明显鉴定出含有铁、锰两种组成成分者称为铁锰胶膜。

⑥ 铁锰花斑或锰花斑

分布于土壤基体内,呈花斑状,有明显或较明的轮廓。前者可明显观察到两种组成成分的分异,后者则锰占绝对优势。两者共同特征是周围有枝状体和凝粒体伸出。

⑦ 铁质浸染斑

相当于大形态上的锈斑,是水稻土和其他水成土、半水成土中的主要土壤形成物。不规则形斑状分布,其边界常呈过渡状,在单偏光下一般呈棕色,在斜反射光下泛红棕或棕红色。

⑧ 根际铁质环状物

相当于大形态上的根锈、锈纹。在薄片中的特征是中央为根孔,常残留有植物根,紧挨根孔壁有一薄层(约 0.01mm)暗棕色铁染根表皮组织,周围为不同厚度的铁质环状物,在横切面或斜切面情况下呈环状,但其纵切面则呈长条状,状似铁质胶膜,但可从边缘呈扩散状予以区别。铁质环状物的内垒结一般无分异,但在周期性氧化还原交替环境下可形成同心圆扩散。

(3) 碳酸盐形成物

碳酸盐形成物的矿物组成主要是方解石,白云石和文石较为少见。在石灰性水稻土中有时可见有球粒状菱铁矿。

① 碳酸盐矿物晶体大小的分级

根据描述碳酸盐形成物的需要,按碳酸盐矿物晶体的形状和大小作如下的分级(表 15.11)。

表 15.11 各向等大形碳酸盐矿物晶体的分级

类型	粒径/mm	名称	存在状态	
			散布相	连续相
泥晶	<0.002	隐晶	基质中内晶霜、孔隙壁表晶霜	内晶霜、表晶霜、碳酸盐基质、胶结物、各种形成物
	0.002～0.005	细微晶	基质中内晶霜、孔隙壁表晶霜	内晶霜、表晶霜、碳酸盐基质、胶结物、各种形成物
	0.005～0.01	微晶	基质中内晶霜、孔隙壁表晶霜	内晶霜、表晶霜、碳酸盐基质、胶结物、各种形成物
亮晶	0.01～0.025	极细晶	自生方解石(嵌晶)	胶结物,各种形成物
	0.025～0.05	细晶	自生方解石(嵌晶)	各种形成物
	0.05～0.1	中晶	自生方解石(嵌晶)	各种形成物
	0.1～0.25	粗晶	自生方解石(嵌晶)	各种形成物
	0.25～0.5	极粗晶	自生方解石(嵌晶)	各种形成物
	0.5～1.0	伟晶	自生方解石(嵌晶)	各种形成物
	≥1	巨晶	自生方解石(嵌晶)	各种形成物

泥晶和亮晶中的细晶一般由于颗粒细小、排列较密实，在正交偏光下带灰色，在单偏光下带灰色，在正交偏光下干涉色多带宝蓝、品红、黄色，在低倍镜下有时易与斑点状光性定向黏粒混淆，放大后观察即可鉴别。大部分亮晶质方解石很易辨认，在单偏光下多呈粒状、突起高、有明显的假吸收现象，在正交偏光下显示珍珠晕彩的高级白色干涉色。

针状晶体：以 0.05mm 为界，分为长针和短针。

② 碳酸盐形成物的主要种类

隐晶质碳酸盐由于在偏光显微镜下不可能鉴定出矿物种类，所形成的土壤形成物只能以碳酸盐命名，例如隐晶质碳酸盐凝团、隐晶质碳酸盐膜等。亮晶质碳酸盐矿物在土壤中多系方解石，下面也以方解石形成物为例说明，完全的命名方式是“晶体大小分级”＋“矿物种类”＋“土壤形成物形貌”，例如细晶质方解石凝团。由各种大小各向等大形或针状方解石晶体形成的膜，均命名为“晶膜”，以与由细粒物质(plasma)形成的“胶膜”区别。

碳酸盐晶霜：是重碳酸钙溶液在土壤基体的微孔隙或隐孔隙内晶出的泥晶大小颗粒(内晶霜)或在较大孔隙壁表面晶出的泥晶大小颗粒(表晶霜)。

方解石(质)凝团、凝块和结核：凝团和结核多呈圆形或椭圆形。若在土壤孔隙内形成，不含土壤物质(即粗骨颗粒和土壤基质)，若在土壤基体内形成，则一定含有粗骨颗粒和土壤基质。后者在命名时，应在“方解石”后加“质”字。结核一般较大，凝团中＜0.05mm 者称为凝粒。方解石凝块为不规则形，在不含土壤物质的情况下，不易与石灰岩的方解石质岩屑区别，要注意根据它们的产状，分布和形态进行判别。在方解石凝团、凝块中还经常可见有铁、锰浸染。

方解石晶膜：是溶液进入较大孔隙后，在孔隙壁晶出方解石并紧密排列的膜状物。一般由于含碳酸盐土壤，土体不太致密，在淀积时可进一步通过孔隙壁向土壤基体扩散，并晶出排列较疏松的方解石晶体，故以淀积-扩散方解石晶膜最为常见。

方解石填塞体：在强烈淋溶淀积条件下，晶出的方解石可填满孔隙而形成各种形态的填塞体。填满孔道者称为晶管，填满孔洞者称为晶囊，填满裂隙者则形成晶页。

碳酸盐或方解石悬膜：见于粗骨颗粒的底面，相当于大形态上砾石底面的石灰结皮。其形状因粗骨颗粒底面的形状而异，内垒结无分异或呈层状。

针状方解石晶膜、晶束、晶簇和晶团，大形态上的假菌丝体在薄片中显示为分布于孔隙壁、孔隙内或土壤基体内由针状方解石组成的膜状物、束状物、簇状物或凝团状物。组成钟状方解石晶膜的针晶或与孔隙壁相平行或呈无序分布，晶束内的针晶多互相平行。晶簇和晶团内针晶多呈杂乱分布。库比纳认为土壤中针状方解石的形成与 pH 有关，测得除去针状方解石后的孔隙壁的 pH 为6.5～6.8。

(4) 硫酸盐形成物

① 石膏嵌晶、聚晶和集晶

石膏晶体在单偏光无色透明、形状有透镜状,纺锤状、菱形、柱状、不规则形等;折射率略低于树胶,双抑射率为0.010,故在正交偏光下的干涉色与石英相似。部分脱水的石膏(由于土壤强烈增温而自然形成,或制备土壤薄片过程中因加热而造成),其折射率和双折射率均较高,在正交偏光下干涉色呈黄至橙色,内部呈纤维状,“纤维”多依晶体的短轴方向排列。嵌晶是散布于土壤基体内的单个石膏晶体,在溶液浓度较稀、缩慢干燥条件下形成。聚晶是数量较少、排列较稀的石膏晶体,多分布于孔隙内。集晶是指大量自形或他形石膏晶体紧密或紧密聚集成不同面积大小的集合体。在土石膏层中常混有不同数量的土壤基质,在纯的石膏层中则为纯的连片石膏集晶体。

② 黄钾铁矾

见于酸性硫酸盐土,其鉴定参阅《光性矿物学》。

(5) 颗粒形成物

或称质地形成物,指由除黏粒外的粗、细颗粒组成的土壤形成物。

① 细粒沉降物

主要由基质颗粒和细粒物质组成,可夹有少量粉砂大小的粗骨颗粒;由上至下颗粒逐渐变粗。常见于水稻土耕作层,在水耕水耙后细颗粒逐渐沉降,胶结“成整体”又经耕作扰动形成各种形状的碎块。或见于低平地形部位的旱地土壤耕作层或老耕层中,原聚集于地表的迳流水,随细颗粒逐渐沉降“胶结”,又经耕作扰动后形成。

② 淋余斑

腐殖质层或耕作层中黏粒淋失后,粗骨颗粒残留于原位形成各种形状的斑块,多见于孔隙附近。

③ 粗骨颗粒膜

一般为粉砂大小的粗骨颗粒在更大的粗骨颗粒周围或孔隙壁表面形成膜状物。

15.2.8 生物形成物(Biological formations)

由生物活动转化形成的形貌谓之生物形成物。鉴定生物形成物可以了解土壤中物质的生物学积累作用和生物活动对土壤性质的影响。

(1) 植物石

植物石又称植物岩。可分为硅质植物石和盐类植物石两大类。

① 硅质植物石

硅质植物石是植物硅化作用的产物,硅化作用以禾本科植物以及某些苔藓类、蕨类植物最为强烈。在许多木本植物中也有不同程度的硅化作用。土壤溶液中的硅被植物吸收后,无定形二氧化硅可在细胞组织中积累而形成硅质植物石,包括蛋白石和玉髓。当植物残体进入土壤,遭受分解后,硅质植物石便成为土壤物质的组成成分。

蛋白石植物石:又称植物蛋白石,含二氧化硅 85%～90%,水分 5%～6%,碳约 1%。在单偏光下有明显轮廓,折射率低(1.406～1.420)。大小从 0.001～>1mm,通常为 0.02～0.1mm,形状多种多样,以棒状为常见,其形状与植物种类有关,禾本科草类一般呈长棒状,湿草原高草类多呈哑铃状,湿润土壤矮草类有短棒状、方形、圆形,椭圆形等。光性均质,在正交偏光下全黑。一般见于土壤表层或埋藏 A 层。草地土壤中要比森林土壤中多几倍。由土壤中蛋白石质植物石的形状可以判断该土壤的植物类型或者植被演替。

玉髓植物石:主要见于植物残体细胞组织内。

② 盐类植物石

有方解石植物石和草酸钙植物石两种。前者可见于植物残体的细胞组织内和散落于该植物残体附近的土壤基体内,后者主要见植物残体的细胞组织内。

(2) 硅藻骨骼

硅藻是一种硅质生物,大量存在于现代海、湖及其沉积物,硅藻骨骼是低湿地土壤中常见的生物形成物,其矿物成分和光学性质同植物蛋白石,形状有圆形、长圆形、纺锤形,新月形、长条形和三角形等,内壁有很细的隔纹。

(3) 海绵骨针

有海水和淡水两种。其大小、矿物成分和光学性质与植物蛋白石、硅藻骨骼相同,形状多为长棒形,有一明显纵孔-中央管(有时只能见到细的中央线),横切面呈圆形,中有一孔,中央管两端或开口,或封闭。中央管壁或有一些小圆孔,外表面光滑,也有具细皱纹者,有的有分枝。海绵骨针一般见于土壤表层,有原地起源,也有风成起源、海浸起源、鸟兽携带的,形状完整者多半为原地起源,折断者多半系搬运带入。

(4) 胶磷矿形成物

在我国南海诸岛的磷质石灰土中可见有大量由鸟粪起源的磷酸盐矿物-胶磷矿。在单偏光下呈黄、棕黄和黄棕色,与有机质结合时颜色更暗,在正交偏光下全黑。形状有球粒状、团块状、条状等,或与珊瑚砂胶结,有时可全部或部分置换珊瑚骨骼或贝壳等碎屑的碳酸盐成分,成为生物骨骼假形。

(5) 动物粪粒

由土壤动物的排泄物可以判断土壤中动物活动状况。螨类粪粒较小,一般为 0.05～0.25mm,球形或卵形,成分为腐殖质,在新鲜植物残体中呈黄棕或棕色,在腐殖化植物残体中常呈棕至黑棕色。当植物残体破裂后便进入孔隙或土壤基体中，大节肢动物的粪粒较大，为 0.25～2mm，多为椭圆形，其成分多为腐殖化有机物质和矿质颗粒的混合物，也有土壤基质性的，甚至全土性的，一般分布于土壤孔隙中。蚯蚓粪粒一般>1mm，其成分与蚯蚓所吃的食物有关：以土壤基质性和全土性最为常见，有时可见混有不同分解程度的植物残体，主要见于大孔隙中。大量节肢动物和蚯蚓粪粒进入土壤基体，状似发育良好的团聚体，但描述时应说明是粪粒性团聚体。

15.2.9 土壤残遗体和侵入体(Soil relicts and intrusions)

(1) 土壤残遗体

土壤残遗体是指非该土壤发生过程产生的，而是继承自母质或母土中原土壤形成物或原土壤物质。在鉴定时应注意予以识别，以免得出错误的结论或印象。土壤残遗体常见的有残遗淀积黏粒胶膜及其碎屑、一些铁锰形成物、耕作层内的母土生土块等。

(2) 侵入体

由耕作施肥带入的外来物质有砖瓦碎屑、炉渣、火土灰、石灰碎屑、碳化和半碳化植物残体(草木灰)、贝壳碎屑等，其中炉渣和火土灰的形貌与铁质化岩屑或铁质凝块有些相似，经仔细观察可予以识别。

15.2.10 小结

薄片观察按上述顺序进行鉴定。即①土壤基质，分别描述颜色+基质类型和基质比，例如："浊黄棕-暗棕色(10YR3.5/4)黏结基质，基质比约为 0.3"。若基质成分内含有碳酸盐泥晶，应进一步说明含碳酸盐基质状况，例如："浊黄棕-暗棕色(10YR3.5/4)低碳酸盐黏结基质，碳酸盐成分约占 10%，基质比约为 0.4"。②胶结形式。③粗骨颗粒。④孔隙。⑤结构状况。⑥有机物质。⑦土壤形成物。⑧生物形成物。⑨侵入体。最后可根据需要对该薄片的观察结果写出鉴定印象或小结。全部薄片观察完毕后，应将观察记录进行整理，作为微形态鉴定报告的一部分。

15.3 土壤薄片的摄影及照片整理

15.3.1 摄影

完成土壤薄片的观察和描述后，应将能说明该诊断层或发生层特征的形貌予以摄影记录。

(1) 显微摄影

用偏光显微镜附设的显微摄影装置进行显微摄影。根据说明问题的需要，选择适宜的视野和放大倍数或在单偏光下，或在正交偏光下（必要时两者并取）进行。在摄影记录上记下薄片号，土壤名称、深度、单偏光或正交偏光下、放大倍数（摄影目镜倍数×物镜倍数）。最好画出该摄影视野在薄片上的位置，以供必要时重新摄影进行查找原视野。显微摄影一般采用黑白胶卷。

（2）薄片印相

有时，为了全面反映土壤薄片中的结构和孔隙状况，可将土壤薄片正面朝下直接置于放大机的负片夹中进行印相放大。

15.3.2　照片整理

借显微摄影冲洗放大出的照片叫显微照片，用土壤薄片直接印相放大的照片叫薄片印相照片。对采用的每张照片，均需分别说明其微形态特征，必要时注明某形貌在照片中的位置、颜色、形状等。对显微照片来说，在照片说明后还要写出“单偏光”或“正交偏光”和放大倍数（例如单偏光，×20）；对薄片印相照片则写为“薄片印相放大，×3”等。显微照片的放大倍数以底片的摄影倍数乘以照片放大系数表示，例原摄影倍数为×10，将 135 底片（24mm×36mm）放大成 48mm×72mm 大小后，照片放大系数为 2，则该显微照片放大倍数即为×20。薄片印相照片放大倍数的计算是分别量出两固定点在土壤薄片和照片上的长度，照片上的两点长度除以土壤薄片上的两点长度即该照片的放大倍数。显微照片或（和）薄片印相照片及其说明是土壤微形态鉴定报告重要组成部分，应力求照片清晰、说明简练。

主要参考文献

曹升赓. 1980. 土壤微形态在土壤发生、分类中的应用. 土壤专报，（第 37 号）：25-50.

曹升赓. 1986. 我国红壤的微形态特征. 土壤专报，（第 40 号）：1-28.

曹升赓. 1989. 我国铁铝土发生层的划分及其微形态诊断指标. 土壤专报，（第 43 号）：15-29.

曹升赓. 1989. 中国土壤系统分类诊层和诊断特性再拟. 土壤，21(2)：80-84.

曹升赓. 1992. 中国水稻土. 水稻土的微形态特征. 北京：科学出版社.

曹升赓，高以信. 1981. 西藏高原土壤多元发生的微形态研究. 土壤学报，18(1)：38-49.

曹升赓，金光. 1982. 水稻土肥力特性的微形态诊断. 土壤学报，19(4)：383-395.

罗吉斯，凯尔著. 1956. 光性矿物学. 李学清等译. 北京：地质出版社.

帕尔芬塔娃 EI，亚里洛娃 EA 著. 1987. 土壤微形态研究指南. 曹升赓译. 北京：农业出版社.

王德滋. 1975. 光性矿物学. 上海：上海人民出版社.

中国科学院南京土壤研究所土壤微形态实验室. 1977. 制备黏质黏密土壤薄片的方法. 土壤，(4)：213-215.

中国科学院南京土壤研究所土壤微形态实验室. 1976. 用不饱和聚酯树脂制备土壤薄片的方法. 土壤，(5-6)：329-333，336.

Brewer R. 1964. Fabric and Mineral Analysis. New York：John Wiley and Sons：470.

Cao S G. 1990. Micromorphological study on the argillification in Aridisols of China. Soil-Micro-Morphology：A Basic and Applied Science. Developments in Soil Science，19：347-354.

FitzPatrick E A. 1984. Micromorphology of Soils. London：Chapman and Hall：433.

Jongerius A，Heintzberger G. 1975. Methods in Soil Micromorphology，A Technique for the Preparation of Large Thin Sections. Netherland Soil Survey Institute，Wageningen：Soil Survey Papers，No. 10：48.

附　　录

一、酸碱指示剂

名称	变色 pH 范围	颜色变化	通常使用浓度	备注
甲基绿(Methyl green)	0.1～2.0	黄—绿—浅蓝	0.05%的水溶液	
甲基紫(Methyl violet)	0.13～0.5	黄—绿	0.1%的水溶液	第一次变色范围
孔雀绿(Malachite green)	0.13～2.0	黄—浅蓝—绿	0.1%的水溶液	第一次变色范围
甲基紫(Methyl violet)	1.0～1.5	绿—蓝	0.1%的水溶液	第二次变色范围
间甲酚紫(*m*-Cresol purple)	1.2～2.8	红—黄	0.04%的酒精溶液	第一次变色范围
百里酚蓝(Thymol blue)	1.2～2.8	红—黄	0.1%的酒精溶液	第一次变色范围
金莲橙 OO(橘黄 Ⅳ) Tropeolin OO(Orang Ⅳ)	1.4～3.2	红—黄	1%的水溶液	
甲基紫(Methyl violet)	2.0～3.0	蓝—紫	0.1%的水溶液	第三次变色范围
2,6-二硝基酚 (2,6-Dinitrophenol)	2.4～4.0	无色—黄	0.2%的水溶液	又名 β-二硝基酚
2,4-二硝基酚 (2,4-Dinitrophenol)	2.8～4.4	无色—黄	0.2%的水溶液	又名 α-二硝基酚
甲基黄(Methyl yellow)	2.9～4.0	红—黄	0.1%的酒精溶液	
溴酚蓝(Bromophenol blue)	3.0～4.6	黄—蓝紫	0.1%的酒精溶液	
刚果红(Congo red)	3.0～5.2	紫蓝—红	0.1%的水溶液	
甲基橙(Methyl orange)	3.0～4.4	红—橙	0.1%的水溶液	
茜素磺酸钠 (Alizarin sodium-sulfonate)	3.7～5.2	黄—紫	0.1%的水溶液	
溴甲酚绿 (Bromo cresol green)	3.8～5.4	黄—蓝	0.1%的酒精溶液	
甲基红(Methyl red)	4.4～6.2	红—黄	0.2%的酒精溶液	
溴甲酚紫(Bromocresol purple)	5.2～6.8	黄—红紫	0.1%的酒精溶液	
溴酚红(Bromophenol red)	5.2～6.8	黄—红	0.1%的水溶液	或 0.1%的酒精溶液

续表

名称	变色 pH 范围	颜色变化	通常使用浓度	备注
氯酚红(Chloro phenol red)	5.2～6.6	黄—红	0.1%的酒精溶液	
石蕊素(Azolitmine)	5.0～8.0	红—蓝	0.5%的水溶液	
对硝基酚(*p*-Nitrophenol)	5.6～7.6	无色—黄	0.1%的水溶液	
溴百里酚蓝(Bromothymol blue)	6.2～7.6	黄—蓝	0.1%的酒精溶液	
酚红(Phenol red)	6.8～8.4	黄—红	0.1%的酒精溶液	
中性红(Neutral red)	6.8～8.0	红—黄	0.1%的酒精溶液	
甲酚红(Cresol red)	7.2～8.8	黄—红	0.1%的酒精溶液	
金莲橙 OOO(Tropeolin OOO)	7.4～8.6	棕—橙	0.1%的水溶液	
间甲酚紫(*m*-Cresol purple)	7.4～9.0	黄—紫	0.04%的酒精溶液	第二次变色范围
百里酚蓝(Thymol blue)	8.0～9.6	黄—蓝	0.1%的酒精溶液	第二次变色范围
酚酞(Phenol phthalein)	8.2～10.0	无色—红	0.1%的酒精溶液	
百里酚钛(Thymol phthalein)	9.4～10.6	无色—蓝	0.1%的酒精溶液	
尼尔蓝(Nile blue)	10.1～11.1	蓝—红	0.1%的水溶液	
重氮紫(Diazo violet)	10.1～12.0	黄—紫	0.1%的水溶液	
金莲橙 O(Tropeolin O)	11.0～13.0	黄—橙棕	0.1%的水溶液	
硝胺(Nitra mine)	11.0～13.0	无色—橙棕	0.1%的酒精溶液	
孔雀绿(Malachite green)	11.5～13.2	绿—无色	0.1%的水溶液	第二次变色范围
达旦黄(Titan yellow)	12.0～13.0	黄—红	0.1%的水溶液	
三硝基苯甲酸(Trinitrobenzoic acid)	12.0～13.4	无色—橙红	0.1%的水溶液	

二、酸碱混合指示剂

指示剂溶液组成	变色点 pH	酸色	碱色	备注
1 份 0.1%甲基黄的酒精溶液，1 份 0.1%次甲基蓝的酒精溶液	3.25	蓝紫	绿	pH=3.4 绿 pH=3.2 蓝紫
1 份 0.1%甲基橙的水溶液，1 份 0.2%靛蓝胭脂红水溶液	4.1	紫	绿	
1 份 0.1%溴甲酚绿的酒精溶液，1 份 0.02%甲基橙水溶液	4.3	橙	蓝绿	pH=3.5 黄色 pH=4.05 绿黄 pH=4.3 浅绿
0.1g 甲基红和 0.5g 溴甲酚绿，溶于 100mL 95%酒精溶液(调至 pH4.5)	4.4～5.4	红	蓝	即定氮混合指示剂颜色变化十分明显

续表

指示剂溶液组成	变色点 pH	酸色	碱色	备注
4 份 0.1%甲基红的酒精溶液，1 份 0.1%次甲基蓝的酒精溶液混合	5.2～5.6	红紫	绿	即塔施尔指示剂
1 份 0.1%氯酚红的酒精溶液，1 份 0.1%苯胺蓝水溶液	5.8	绿	紫	pH=5.8 浅紫
1 份 0.1%溴甲酚绿的酒精溶液，1 份 0.1%氯酚红的酒精溶液	6.1	黄绿	蓝紫	pH=5.4 蓝绿 pH=5.8 蓝 pH=6.0 蓝微带紫 pH=6.2 蓝紫
2 份 0.1%溴百里酚蓝的酒精溶液，1 份 0.1%石蕊素水溶液	6.9	紫	蓝	
1 份 0.1%中性红酒精溶液，1 份 0.1%次甲基蓝的酒精溶液	7.0	紫蓝	绿	pH=7.0 蓝紫
1 份 0.1%溴百里酚蓝的酒精溶液，1 份 0.1%酚红的酒精溶液	7.5	黄	紫	pH=7.2 暗绿 pH=7.4 淡紫 pH=7.6 深紫
1 份 0.1%甲酚红的酒精溶液，1 份 0.1%百里酚蓝的酒精溶液	8.3	黄	紫	pH=8.2 玫瑰色 pH=8.4 紫
1 份 0.1%酚酞酒精溶液，2 份 0.1%甲基绿酒精溶液	8.9	绿	紫	pH=8.8 淡蓝 pH=9.0 紫
1 份 0.1%百里酚酞的酒精溶液，3 份 0.1%酚酞的酒精溶液	9.0	黄	紫	由黄经过绿再到紫
1 份 0.1%百里酚蓝的酒精溶液，1 份 0.1%酚酞的酒精溶液	9.9	无色	紫	pH=9.6 玫瑰色 pH=10.0 紫
1 份 0.1%酚酞的酒精溶液，2 份 0.2%尼尔蓝的酒精溶液	10.0	蓝	红	pH=10.0 紫
2 份 0.2%尼尔蓝的水溶液，1 份 0.1%茜素黄的酒精溶液	10.8	绿	红棕	

三、氧化还原指示剂

名称	E_0(pH=0)/V	颜色变化		溶液浓度
		氧化形	还原形	
靛蓝-磺酸(Indigo monosulfonate)	0.26	蓝	无色	0.1%的水溶液
次甲基蓝(Methlene blue)	0.36	绿蓝	无色	0.05%的水溶液
靛酚[Indophenol(1-naphthol-2-sulfonic acid)]	0.54	红	无色	0.02%的酒精溶液
二苯胺(Diphenye amine)	0.76	紫	无色	1%的浓硫酸溶液
二苯胺磺酸(Diphenylamine sulfonic acid)	0.85	红紫	无色	0.5%的酒精溶液
爱丽亚蓝 A(Erioglaucine A)	1.0	红	绿	0.1%的水溶液
息托格劳斯 O(Setoglaucine O)	1.06	淡红	黄绿	0.1%的水溶液
邻苯氨基苯甲酸(别名 2-羧基代二苯胺)[*o*-phenylanthranilic acid(*o*-Anilino-benzoic acid)]	1.08	棕红→紫	绿色	0.25g 试剂中加入 0.1mol·L^{-1}氢氧化钠 12mL,加热溶解后,稀释至 250mL
邻菲罗啉(邻二氮杂菲)(*o*-phenanthroline)	1.08(1mol·L^{-1}硫酸)	蓝色→绿色	红棕色	1.485g 试剂加 0.695g 硫酸亚铁,溶于 100mL 水中
硝基邻二氮杂菲(Nitro-*o*-phenanthroline)	1.25	淡蓝	紫红	1.688g 试剂加 0.695g 硫酸亚铁,溶于 100mL 水中

四、络合指示剂

通用名称	化学名称	滴定金属	配置方法	颜色变化	pH
埃罗黑 T(BT)(Eriochrome black T)		钙、镁、镉、钡、锌、铅及稀土元素	0.5g 试剂加 1mL 1mol·L^{-1} $1/2Na_2CO_3$ 及 30mL 蒸馏水并以异丙醇稀释至 100mL	红~蓝	10
酸性铬蓝 K(Acid chrome blue K)及萘酚绿 B(Naphthol green B)混合指示剂		钙、镁	酸性铬蓝 K 1 份;萘酚绿 B 2 份,硫酸钾 100 份混合而成	红~蓝	10(Ca、Mg) 12(Ca)

续表

通用名称	化学名称	滴定金属	配置方法	颜色变化	pH
钙黄绿素（Calcein，Fluorexon）		钙	0.02%的水溶液；或4份钙黄绿素，1份酚酞络合剂，400份硝酸钾混合而成	荧光绿—黄橙	12
酚酞络合剂（Phenol phthalexon Ind）		钙、钡、镁	0.1g试剂溶100mL水中，加数滴氢氧化铵	玫瑰红—无色	11(Ba)
紫脲酸铵（Murexide）		钙、铜、镍	0.2g试剂和100g氯化钠的饱和水溶液	黄—红紫（Cu、Ni）红—红紫（Ca）	12
儿茶酚紫（Pyrocatechin sulfonphthalein violet）	邻苯二酚紫	镉、镍、铅、锌、铁、铝、铜	0.1%的水溶液	蓝—黄	8.2
PAN［1-(2-Pyridylazo)-2-naphthol］	1-(2-吡啶偶氮)-2-萘酚	镉、锌、铜、镍、铟、铝	0.001%的酒精溶液	黄—红紫	
二甲酚橙（Xylenol orange）		铝	1%的水溶液	红—黄	5.4～5.9
二苯咔唑混合指示剂（Diphenyl carbazone）	苯肼羰偶氮苯与溴酚蓝混合指示剂	汞离子	0.5g二苯咔唑，0.05g溴酚蓝溶于100mL 95%酒精溶液中（硝酸汞滴定氯离子）	黄—紫	3.3
铬酸钾	K_2CrO_4	银离子	5g试剂溶于100mL水中（硝酸银滴定氯离子）	黄—橙红	6.5～10.5
水杨酸		铁离子	2%酒精溶液或固体	红—黄	2
钙红（钙指示剂）（Calcon）	依来铬蓝黑R	钙离子	0.2g试剂与20g硫酸钾混合	红—蓝	
$PAN\text{-}Cu^{2+}$		铝离子	0.1g PAN与1.3g Cu-EDTA混合溶于100mL二　烷中	红—黄	3

五、不同组成形式的换算因数表

换算前的表示形式	换算因数	换算后的表示形式
CO_2	0.2729	C
C	3.6641	CO_2
有机碳(C)	1.724	有机质
有机质	0.5800	有机碳(C)
NH_4Cl	0.3372	NH_4
$(NH_4)_2SO_4$	0.2730	NH_4
NH_4	2.9654	NH_4Cl
NH_4	3.6626	$(NH_4)_2SO_4$
NH_4Cl	0.2619	N
$(NH_4)_2SO_4$	0.2120	N
N	3.8190	NH_4Cl
N	4.7168	$(NH_4)_2SO_4$
KNO_3	0.6133	NO_3
NO_3	1.6306	KNO_3
KNO_3	0.1385	N
N	7.2182	KNO_3
$NaNO_2$	0.6668	NO_2
NO_2	1.4997	$NaNO_2$
$NaNO_2$	0.2030	N
N	4.9259	$NaNO_2$
N	1.2878	NH_4
N	1.2159	NH_3
N	4.4268	NO_3
N	3.2846	NO_2
NH_4	0.7765	N
NH_3	0.8225	N
NO_3	0.2259	N
NO_2	0.3044	N
NO_3	0.7420	NO_2
NO_3	0.2909	NH_4
NO_2	1.3478	NO_3
NH_4	3.4374	NO_3

续表

换算前的表示形式	换算因数	换算后的表示形式
KH_2PO_4	0.5215	P_2O_5
KH_2PO_4	0.2276	P
P_2O_5	1.9174	KH_2PO_4
P	4.3936	KH_2PO_4
P_2O_5	0.4364	P
P	2.2913	P_2O_5
KH_2PO_4	0.6979	PO_4
PO_4	1.4329	KH_2PO_4
P	3.0662	PO_4
PO_4	0.7473	P_2O_5
PO_4	0.3261	P
P_2O_5	1.3381	PO_4
KCl	0.5244	K
KCl	0.6318	K_2O
K_2SO_4	0.4487	K
K_2SO_4	0.5406	K_2O
K	1.9068	KCl
K_2O	1.5829	KCl
K	2.2284	K_2SO_4
K_2O	1.8499	K_2SO_4
K	1.2046	K_2O
K_2O	0.8301	K
$K[B(C_6H_5)_4]$	0.1091	K
$K[B(C_6H_5)_4]$	0.1314	K_2O
K	9.1644	$K[B(C_6H_5)_4]$
K_2O	7.6078	$K[B(C_6H_5)_4]$
NaCl	0.3934	Na
NaCl	0.5303	Na_2O
Na	2.5421	NaCl
Na_2O	1.8859	NaCl
Na	1.3480	Na_2O
Na_2O	0.7419	Na
Na_2SO_4	0.3237	Na
Na	3.0891	Na_2SO_4
Na_2SO_4	0.4364	Na_2O
Na_2O	2.2917	Na_2SO_4

续表

换算前的表示形式	换算因数	换算后的表示形式
NaCl	0.6066	Cl
KCl	0.4756	Cl
Cl	1.6485	NaCl
Cl	2.1028	KCl
Cl	4.7915	$AgNO_3$
$AgNO_3$	0.2087	Cl
K_2SO_4	0.5513	SO_4
SO_4	1.8141	K_2SO_4
SO_4	2.4298	$BaSO_4$
$BaSO_4$	0.4116	SO_4
$BaSO_4$	0.7377	$CaSO_4 \cdot 2H_2O$
$CaSO_4 \cdot 2H_2O$	1.3556	$BaSO_4$
$CaSO_4 \cdot 2H_2O$	0.5570	SO_4
SO_4	1.7923	$CaSO_4 \cdot 2H_2O$
SO_4	0.3338	S
S	2.4971	SO_3
SO_3	0.4005	S
$CaCO_3$	0.4004	Ca
$CaCO_3$	0.5603	CaO
Ca	1.3992	CaO
CaO	0.7146	Ca
Ca	2.4973	$CaCO_3$
CaO	1.7848	$CaCO_3$
$CaSO_4 \cdot 2H_2O$	0.2328	Ca
$CaSO_4 \cdot 2H_2O$	0.3257	CaO
Ca	4.2956	$CaSO_4 \cdot 2H_2O$
CaO	3.0701	$CaSO_4 \cdot 2H_2O$
$CaCO_3$	0.4397	CO_2
CO_2	2.2742	$CaCO_3$
Mg	1.6583	MgO
MgO	0.6030	Mg
Fe	1.4297	Fe_2O_3
Fe_2O_3	0.6994	Fe
Ti	1.6680	TiO_2
TiO_2	0.5995	Ti

续表

换算前的表示形式	换算因数	换算后的表示形式
Al_2O_3	0.5292	Al
Al	1.8895	Al_2O_3
$AlCl_3 \cdot 6H_2O$	0.1118	Al
$AlCl_3 \cdot 6H_2O$	0.2112	Al_2O_3
Al	8.9454	$AlCl_3 \cdot 6H_2O$
Al_2O_3	4.7343	$AlCl_3 \cdot 6H_2O$
Mn	1.2912	MnO
MnO	0.7745	Mn
Si	2.1393	SiO_2
SiO_2	0.4674	Si
氧化还原法换算因数		
$KMnO_4$	2.1198	$Na_2C_2O_4$
$Na_2C_2O_4$	0.4717	$KMnO_4$
KIO_3	0.9353	SO_3
SO_3	1.0692	KIO_3
$Na_2S_2O_3 \cdot 7H_2O$	0.1506	KIO_3
KIO_3	6.6403	$Na_2S_2O_3 \cdot 7H_2O$
$K_2Cr_2O_7$	5.7963	$Na_2S_2O_3 \cdot 7H_2O$
$Na_2S_2O_3 \cdot 7H_2O$	0.1725	$K_2Cr_2O_7$
$KMnO_4$	8.7960	$FeSO_4 \cdot 7H_2O$
$FeSO_4 \cdot 7H_2O$	0.1137	$KMnO_4$
$FeSO_4 \cdot 7H_2O$	0.1764	$K_2Cr_2O_7$
$K_2Cr_2O_7$	5.6700	$FeSO_4 \cdot 7H_2O$

六、标准筛孔对照表

筛号	筛孔直径/mm	孔径/in	网目/cm	网目/in	筛号	筛孔直径/mm	孔径/in	网目/cm	网目/in
2.5	8.00	0.315	1	2.6	8	2.38	0.094	3	7.9
3	6.72	0.265	1.2	3.0	10	2.00	0.079	3.5	9.2
3.5	5.66	0.223	1.4	3.6	12	1.68	0.066	4	10.8
4	4.76	0.187	1.7	4.2	14	1.41	0.0557	5	12.5
5	4.00	0.157	2	5.0	16	1.19	0.0468	6	14.7
6	3.36	0.132	2.3	5.8	18	1.00	0.0394	7	17.2
7	2.83	0.111	2.7	6.8	20	0.84	0.0331	8	20.2

续表

筛号	筛孔直径/mm	孔径/in	网目/cm	网目/in	筛号	筛孔直径/mm	孔径/in	网目/cm	网目/in
25	0.71	0.0278	9	23.6	100	0.149	0.0059	40	101
30	0.59	0.0234	11	27.5	120	0.125	0.0049	47	120
35	0.50	0.0197	13	32.3	140	0.105	0.0041	56	143
40	0.42	0.0166	15	37.9	170	0.088	0.0035	66	167
45	0.35	0.0139	18	44.7	200	0.074	0.0029	79	200
50	0.30	0.0117	20	52.4	230	0.062	0.0025	93	233
60	0.25	0.0098	24	61.7	270	0.053	0.0021	106	270
70	0.21	0.0083	29	72.5	325	0.044	0.0017	125	323
80	0.177	0.0070	34	85.5					

注：1inch=25.4mm。